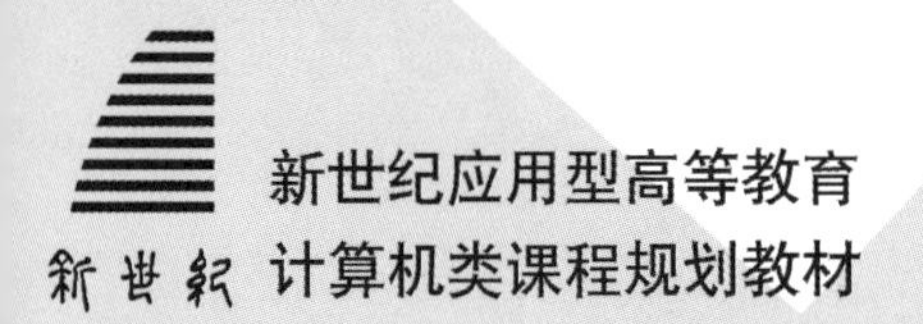

新世纪应用型高等教育
计算机类课程规划教材

Spark 大数据技术实战教程

SPARK DASHUJU JISHU SHIZHAN JIAOCHENG

主　编　潘正军　赵莲芬
主　审　林子雨　张　屹

大连理工大学出版社

图书在版编目(CIP)数据

Spark大数据技术实战教程 / 潘正军，赵莲芬主编
. -- 大连 : 大连理工大学出版社，2023.1
新世纪应用型高等教育计算机类课程规划教材
ISBN 978-7-5685-3994-4

Ⅰ. ①S… Ⅱ. ①潘… ②赵… Ⅲ. ①数据处理软件－高等学校－教材 Ⅳ. ①TP274

中国版本图书馆CIP数据核字(2022)第233585号

大连理工大学出版社出版
地址:大连市软件园路80号　邮政编码:116023
发行:0411-84708842　邮购:0411-84708943　传真:0411-84701466
E-mail:dutp@dutp.cn　URL:https://www.dutp.cn
辽宁虎驰科技传媒有限公司印刷　　大连理工大学出版社发行

幅面尺寸:185mm×260mm　印张:16　字数:389千字
2023年1月第1版　　2023年1月第1次印刷

责任编辑:王晓历　　责任校对:孙兴乐
封面设计:对岸书影

ISBN 978-7-5685-3994-4　　定　价:52.80元

前言 Preface

Spark 是一个大规模数据处理的统一分析引擎;是基于内存计算的大数据分布式计算框架;也是一个快速、分布式、可扩展、容错的集群计算框架。Spark 不仅计算速度快,而且内置了丰富的API,能够更加容易地编写程序。Spark 具有快速、易用、通用和兼容性等特点。Spark 生态系统组件主要包含了 Spark SQL、Spark Streaming、Structured Streaming、GraphX、MLlib 等,分别用于各种计算、SQL 查询、流数据处理、机器学习等。

Spark 计算框架在处理数据时,所有的中间数据都保存在内存中,从而减少磁盘读写操作,提高框架计算效率。同时,Spark 还兼容 HDFS、Hive,可以很好地与 Hadoop 系统融合,从而弥补 MapReduce 高延迟的性能缺点。因此,Spark 是一个更加快速、高效的大数据计算平台。

Spark 的编程语言可以选择 Scala、Python、R、Java 和 SQL。因为 Python 有着广泛的应用群体,所以本教材基于 Python 语言进行编写。全书共分为 10 章,包括 Spark 概述与运行原理、Spark 本地实验环境和集群实验环境搭建、基于 Python 开发 Spark 应用程序、Spark RDD 弹性分布式数据集、Spark SQL 结构化数据文件处理、Spark Streaming 实时计算框架、Structured Streaming 结构化流、Spark MLlib 机器学习库、基于 Spark 的电商网站用户行为统计分析、基于 Spark 的餐饮平台菜品智能分析推荐系统。本教材的每一章都配有丰富的实践任务,每个实践任务都有详细的实验步骤和实现代码,可以帮助读者快速巩固所学知识,提升自己的实际应用和开发能力,达到学以致用的目的。

本教材适合作为高等院校计算机、数据科学与大数据技术、软件工程等工科专业的大数据技术教材,也可作为编程爱好者的自学参考书。

本教材随文提供视频微课供学生即时扫描二维码进行观看,实现了教材的数字化、信息化、立体化,增强了学生学习的自主性与自由性,将课堂教学与课下学习紧密结合,力图为广大读者提供更为全面且多样化的教材配套服务。

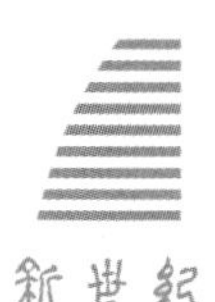

为响应教育部全面推进高等学校课程思政建设工作的要求,本教材融入思政元素,逐步培养学生正确的思政意识,树立肩负建

设国家的重任，从而实现全员、全过程、全方位育人。学生树立爱国主义情感，能够积极学习技术，立志成为社会主义事业建设者和接班人。

本教材由广州软件学院潘正军、赵莲芬任主编。具体编写分工如下：潘正军负责编写第1章至第8章实践任务部分，第9章、第10章；赵莲芬负责编写第1章至第8章的理论部分、小结和习题，并负责全书的校对和整理。全书由潘正军负责策划、统稿和审核。本教材在编写过程中得到了广州软件学院领导、同事的大力支持，同时也得到了广东省教育厅立项建设的“数据科学与大数据技术教学团队”的大力支持，在此一并表示感谢。此外，厦门大学林子雨、广州软件学院张屹审阅了本教材，并提出了许多宝贵的意见和建议，在此表示衷心的感谢。

在编写本教材的过程中，编者参考、引用和改编了国内外出版物中的相关资料以及网络资源，在此表示深深的谢意！相关著作权人看到本教材后，请与出版社联系，出版社将按照相关法律的规定支付稿酬。

限于水平，书中仍有疏漏和不妥之处，敬请专家和读者批评指正，以便教材日臻完善。

编　者
2023年1月

所有意见和建议请发往：dutpbk@163.com
欢迎访问高教数字化服务平台：https://www.dutp.cn/hep/
联系电话：0411-84708445　84708462

目录 Contents

第1章

Spark 概述与运行原理

学习目标

1.了解 Spark 的发展历史、特点和生态系统
2.理解 Spark 与 Hadoop 之间的关系
3.理解 Spark 的应用场景
4.理解 Spark 的架构与运行原理
5.掌握 Spark 基础实验环境搭建
6.理解 Spark 的部署模式

思政元素

第一部分:基础理论

1.1 Spark 概述

Spark 是一个大规模数据处理的统一分析引擎;是基于内存计算的大数据分布式计算框架;也是一个快速、分布式、可扩展、容错的集群计算框架;适用于低延时的复杂分析、计算量大、效率要求高的应用场景。

1.1.1 Spark 的发展历史

Spark 于 2009 年诞生于美国加州大学伯克利分校的 AMP 实验室,它是一个可应用于大规模数据处理的统一分析引擎。Spark 不仅计算速度快，而且内置了丰富的 API，能够更加容易编写程序。Spark 在 2013 年加入 Apache 孵化器项目，之后获得迅猛的发展，并于 2014 年正式成为 Apache 软件基金会的顶级项目。Spark 各版本主要的发展简史如表 1-1 所示。

表 1-1 Spark 发展简史

年代	发展说明
2009 年	Spark 诞生于美国加州大学伯克利分校 AMP 实验室，属于伯克利分校的研究性项目
2010 年	通过 BSD 许可协议正式对外开源发布
2012 年	Spark 第一篇论文发布，第一个正式版(Spark 0.6.0)发布
2013 年	成立了 Aparch 基金项目；发布 Spark Streaming、Spark MLlib(机器学习)、Shark(Spark on Hadoop)
2014 年	Spark 成为 Apache 的顶级项目，5 月底 Spark 1.0.0 发布；发布 Spark Graphx(图计算)、Spark SQL 代替 Shark
2015 年	推出 DataFrame(大数据分析)；2015 年至今，Spark 在国内 IT 行业变得愈发火爆，大量的公司开始重点部署或者使用 Spark 来替代 MapReduce、Hive、Storm 等传统的大数据计算框架
2016 年	推出 dataset(更强的数据分析手段)
2017 年	structured streaming 发布
2018 年	Spark 2.4.0 发布，成为全球较大的开源项目
2020 年	Spark 3.0.0 发布，增加了很多优秀的新特性，包括动态分区修剪(Dynamic Partition Pruning)、自适应查询执行(Adaptive Query Execution)、加速器感知调度(Accelerator-aware Scheduling)、支持 Catalog 的数据源 API(Data Source API with Catalog Supports，参见 SPARK-31121)、SparkR 中的向量化(Vectorization in SparkR)、支持 Hadoop 3/JDK 11/Scala 2.12 等

1.1.2 Spark 的特点

微课

Spark的特点及其生态组件

Spark 具有快速、易用性、通用性和兼容性等特点。

Spark 计算框架在处理数据时，所有的中间数据都保存在内存中，从而减少磁盘读写操作，提高框架计算效率。同时 Spark 还兼容 HDFS、Hive，可以很好地与 Hadoop 系统融合，从而弥补 MapReduce 高延迟的性能缺点。因此，Spark 是一个更加快速、高效的大数据计算平台。Spark 特点描述如表 1-2 所示。

表 1-2 Spark 特点

特点	描述
快速	与 Hadoop 的 MapReduce 相比，Spark 基于内存的运算是 MapReduce 的 100 倍，基于硬盘的运算也要快 10 倍以上。Apache Spark 实现了高效的 DAG 执行引擎，可以基于内存来高效处理数据流
易用性	Spark 支持 Scala、Java、Python、R 和 SQL 脚本，并提供了超过 80 种高性能的 operators，非常容易创建并行 App，而且 Spark 支持交互式的 Python、Scala、sql、R 的 shell；Spark 提供了丰富的 API
通用性	Spark 结合了 SQL(离线)、Streaming(实时)和复杂分析。Spark 提供了大量的类库，可以用于批处理、交互式查询(Spark SQL)、实时流处理(Spark Streaming)、机器学习(Spark MLlib)和图计算(GraphX)。这些不同类型的处理都可以在同一个 App 中无缝使用。这可以实现用统一的平台去处理遇到的问题，减少开发和维护的人力成本和部署平台的物力成本

（续表）

特点	描述
兼容性	Spark 可以非常方便地与其他的开源产品进行融合。比如，Spark 可以使用 Hadoop 的 Yarn 和 Apache Mesos 作为它的资源管理和调度器，并且可以处理所有 Hadoop 支持的数据，包括 HDFS、HBase 和 Cassandra 等。这对于已经部署 Hadoop 集群的用户特别重要，因为不需要做任何数据迁移就可以使用 Spark 的强大处理能力。Spark 也可以不依赖于第三方的资源管理和调度器，它实现了 Standalone 作为其内置的资源管理和调度框架，这样进一步降低了 Spark 的使用门槛，使得所有人都可以非常容易地部署和使用 Spark

1.1.3 Spark 生态组件

Spark 生态组件已经发展成为一个可应用于大规模数据处理的统一分析引擎，它是基于内存计算的大数据并行计算框架，适用于各种各样的分布式平台的系统。在 Spark 生态系统组件中包含了 Spark SQL、Spark Streaming、MLlib、GraphX 等组件。Spark 生态系统组件如图 1-1 所示。

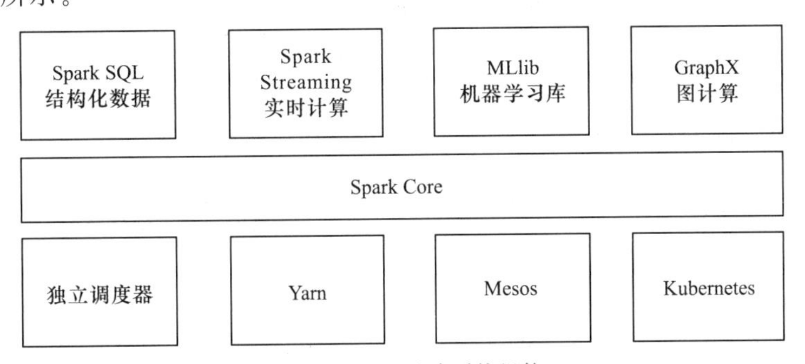

图 1-1　Spark 生态系统组件

Spark 生态系统组件说明如表 1-3 所示。

表 1-3　Spark 生态系统组件说明

组件名称	组件说明
Spark SQL	用来操作结构化数据的核心组件，基于 Spark Core 之上，提供结构化数据的处理模块。Spark SQL 支持以 SQL 语言对数据进行处理，Spark SQL 本身针对离线计算场景。同时基于 Spark SQL，Spark 提供了 Structured Streaming 模块，可以以 Spark SQL 为基础，进行数据的流式计算。通过 Spark SQL 可直接查询 Hive、HBase 等多种外部数据源中的数据。Spark SQL 的重要特点是能够统一处理关系表和 RDD
Spark Streaming	以 Spark Core 为基础，提供数据的流式计算功能。Spark 提供的流式计算框架，支持高吞吐量、可容错处理的实时流式数据处理，其核心原理是将流数据分解成一系列短小的批处理作业
Spark MLlib	以 Spark Core 为基础，进行机器学习计算，内置了大量的机器学习库和 API 算法等。方便用户以分布式计算的模式进行机器学习计算。Spark 提供的关于机器学习功能的算法程序库包括分类、回归、聚类、协同过滤算法等，还提供了模型评估、数据导入等额外的功能
Spark Core	Spark 核心组件，Spark 核心功能均由 Spark Core 模块提供，是 Spark 运行的基础。包含任务调度、内存管理、错误恢复、与存储系统交互等模块。Spark Core 中还包含对弹性分布式数据集的 API 定义。Spark Core 以 RDD 为数据抽象，提供 Python、Java、Scala、R 语言的 API，可以编程进行海量离线数据批处理计算

（续表）

组件名称	组件说明
GraphX	以 Spark Core 为基础，进行图计算，提供了大量的图计算 API，方便用于以分布式计算模式进行图计算。Spark 提供的分布式图处理框架，拥有对图计算和图挖掘算法的 API 接口及丰富的功能和运算符，便于对分布式图处理的需求，能在海量数据上运行复杂的图算法
独立调度器、Yarn、Mesos、Kubernetes	集群管理器，负责 Spark 框架高效地在一个到数千个节点之间进行伸缩计算的资源管理

1.1.4 Spark 与 Hadoop 的关系

Spark 是 Hadoop MapReduce 的替代方案。MapReduce 不适合迭代和交互式任务，Spark 主要为交互式查询和迭代算法设计，支持内存存储和高效的容错恢复。Spark 拥有 MapReduce 具有的优点，但不同于 MapReduce，Spark 中间输出结果可以保存在内存中，减少读写 HDFS 的次数。Spark 和 Hadoop 的对比如表 1-4 所示。

表 1-4　Spark 与 Hadoop 对比关系

对比角度	说明
编程方式	Hadoop 的 MapReduce 计算数据时，要转化为 Map 和 Reduce 两个过程，从而难以描述复杂的数据处理过程；而 Spark 的计算模型不局限于 Map 和 Reduce 操作，还提供了多种数据集的操作类型，编程模型比 MapReduce 更加灵活
数据存储	Hadoop 的 MapReduce 进行计算时，每次产生的中间结果都存储在本地磁盘中；而 Spark 在计算时产生的中间结果存储在内存中
数据处理	Hadoop 在每次执行数据处理时，都要从磁盘中加载数据，导致磁盘 IO 开销较大；而 Spark 在执行数据处理时，要将数据加载到内存中，直接在内存中加载中间结果数据集，减少了磁盘的 IO 开销
数据容错	MapReduce 计算的中间结果数据，保存在磁盘中，Hadoop 底层实现了备份机制，从而保证了数据容错；Spark RDD 实现了基于 Lineage 的容错机制和设置检查点方式的容错机制，弥补数据在内存处理时，因断电导致数据丢失的问题

1.1.5 Spark 应用场景

微课

Spark应用场景与领域

应用场景一：数据工程师

利用 Spark 进行数据分析与建模，由于 Spark 具有良好的易用性，数据工程师只需要具备一定的 SQL 语言基础、统计学、机器学习等方面的经验，以及使用 Python、Matlab 或者 R 语言的基础编程能力，就可以使用 Spark 进行上述工作。

应用场景二：大数据工程师

将 Spark 技术应用于广告、报表、推荐系统等业务中，在广告业务中，利用 Spark 系统进行应用分析、效果分析、定向优化等业务。在推荐系统业务中，利用 Spark 内置机器学习算法训练模型数据，进行个性化推荐及热点点击分析等业务。

主要应用领域说明如表 1-5 所示。

表 1-5　应用领域说明

应用领域	应用说明
互联网	使用 Spark 的 ML 功能来识别虚假的配置文件，并增强它们向客户展示的产品匹配

（续表）

应用领域	应用说明
博客情绪分析	分析大量的推文，以确定特定组织和产品的积极、消极或中立的情绪
零售业	使用 Spark 分析销售点数据和优惠券使用情况
银行业	使用 Spark 的机器学习模型来预测某些金融产品零售银行客户的资料
保险行业	通过使用 Spark 的机器学习功能来处理和分析所有索赔，优化索赔报销流程
医疗保健	使用 Spark Core、Streaming 和 SQL 构建病人护理系统
科学研究	通过时间、深度、地理分析地震事件来预测未来的事件
地理空间分析	按时间和地理分析旅行，以预测未来的需求和定价

1.2 Spark 架构与运行原理

微课

Spark架构与运行原理

1.2.1 Spark 架构设计

Spark 运行架构主要由 SparkContext、Cluster Manager 和 Worker Node 组成，其中 Cluster Manager 负责整个集群的统一资源管理，Worker Node 中的 Executor 是应用执行的主要进程，内部含有多个 Task 线程以及内存空间。下面通过图 1-2 深入了解 Spark 运行架构。

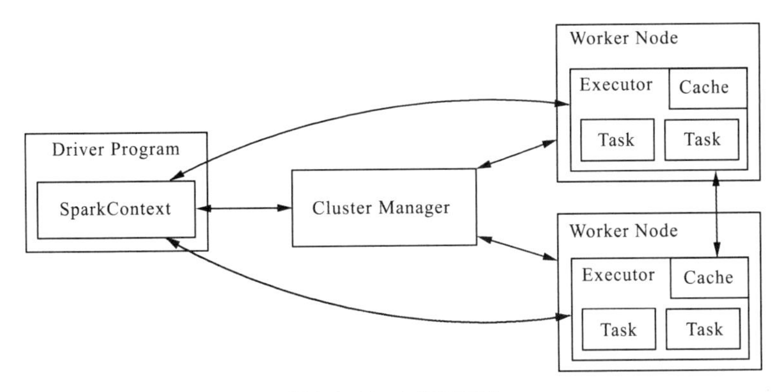

图 1-2 Spark 运行架构

Spark 运行架构各组件说明如表 1-6 所示。

表 1-6 Spark 运行架构各组件说明

组件名称	组件说明
Application（应用）	Spark 上运行的应用。Application 中包含一个驱动器进程和集群上的多个执行器进程
Driver Program（驱动器）	运行 main()方法并创建 SparkContext 的进程
Cluster Manager（集群管理器）	用于在集群上申请资源的外部服务（如：独立部署的集群管理器、Mesos 或者 Yarn）

（续表）

组件名称	组件说明
Worker Node（工作节点）	集群上运行应用程序代码的任意一个节点
Executor（执行器）	在集群工作节点上为某个应用启动的工作进程，该进程负责运行计算任务，并为应用程序存储数据
Job（作业）	一个并行计算作业，由一组任务组成，并由 Spark 的行动算子（如 save、collect）触发启动
Stage（阶段）	每个 Job 可划分为更小的 Task 集合，每组任务被称为 Stage

用户程序从最开始的提交到最终的计算执行，需要经历以下几个阶段：

（1）用户程序创建 SparkContext 时，新创建的 SparkContext 实例会连接到 Cluster Manager。Cluster Manager 会根据用户提交时设置的 CPU 和内存等信息为本次提交分配计算资源，启动 Executor。

（2）Driver 会将用户程序划分为不同的执行阶段 Stage，每个执行阶段 Stage 由一组完全相同的 Task 组成，这些 Task 分别作用于待处理数据的不同分区。在阶段划分完成和 Task 创建后，Driver 会向 Executor 发送 Task。

（3）Executor 在接收到 Task 后，会下载 Task 的运行时依赖，在准备好 Task 的执行环境后，会开始执行 Task，并且将 Task 的运行状态汇报给 Driver。

（4）Driver 会根据收到的 Task 的运行状态来处理不同的状态更新。Task 分为两种：一种是 Shuffle Map Task，它可以实现数据的重新洗牌，洗牌的结果保存到 Executor 所在节点的文件系统中；另外一种是 Result Task，它负责生成结果数据。

（5）Driver 会不断地调用 Task，将 Task 发送到 Executor 执行，在所有的 Task 都正确执行或者超过执行次数的限制仍然没有执行成功时停止。

1.2.2 Spark 作业运行流程

Spark 应用在集群上作为独立的进程组来运行，具体运行流程如图 1-3 所示。

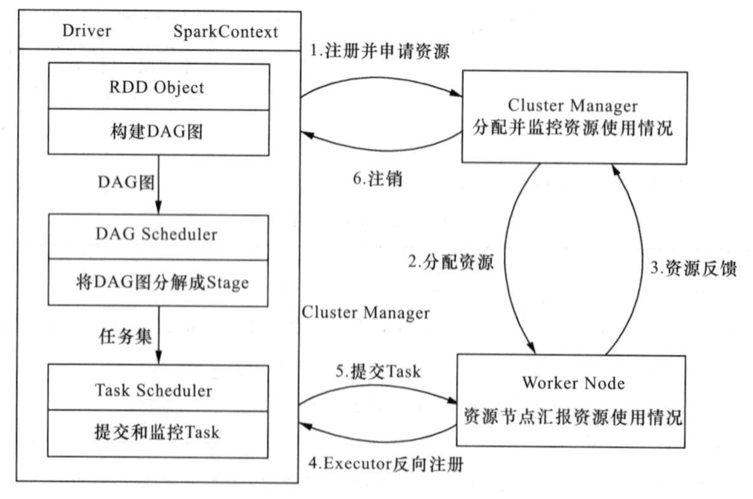

图 1-3 Spark 运行基本流程

Spark 作业运行流程步骤如下：

步骤 1：当一个 Spark 应用被提交时，根据提交参数创建 Driver 进程，Driver 进程初始化 SparkContext 对象，由 SparkContext 负责与 Cluster Manager 的通信及资源的申请、任务的分配和监控等。

步骤 2：Driver 进程向 Cluster Manager 申请资源，Cluster Manager 接收到 Application 的注册请求后，会使用自己的资源调度算法，在 Spark 集群的 Worker Node 上，通知 Worker 为应用启动多个 Executor。

步骤 3：Executor 创建后，会向 Cluster Manager 进行资源及状态的反馈，便于 Cluster Manager 对 Executor 进行状态监控，如果监控到 Executor 失败，则会立刻重新创建。

步骤 4：Executor 会向 SparkContext 反向注册申请 Task。

步骤 5：Task Scheduler 将 Task 发送给 Worker 进程中的 Executor 运行并提供应用程序代码。

步骤 6：当程序执行完毕后写入数据，Driver 向 Cluster Manager 注销申请的资源。

1.2.3 Spark 分布式计算流程

Spark 分布式计算流程包含以下几个步骤，如图 1-4 所示。

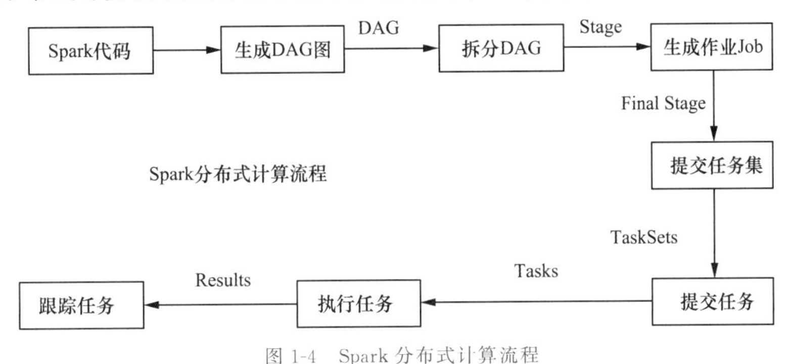

图 1-4 Spark 分布式计算流程

（1）分析应用的代码创建有向无循环图 DAG。

（2）将有向无循环图划分为阶段 Stage。

（3）将阶段 Stage 生成作业 Job。

（4）生成作业后由 FinalStage 提交任务集，提交任务的工作交给 TaskSets 完成。

（5）每个 Task 执行分配的任务。

（6）Results 跟踪任务结果。

1.3 Spark 基础实验环境准备

Spark基础实验环境准备

1.3.1 Spark 基础实验环境简介

Spark 的安装分为本地单机安装和集群安装，基础实验环境也分为本地伪分布式安装和集群安装。

Spark 环境如果选择本地安装，就需要先构建 Hadoop 伪分布式基础实验环境；如果要选择集群安装，就需要先构建 Hadoop 集群实验环境。

Spark 是一个开源的可应用于大规模数据处理的分布式计算框架，该框架可以独立安装使用，也可以和 Hadoop 集群一起安装使用。为了让 Spark 获取更好的大规模数据处理能力，需要构建 Spark 集群环境，但构建 Spark 集群环境之前必须先构建 Hadoop 分布式集群，因此要搭建 Spark 集群环境必须先搭建 Hadoop 分布式集群基础环境。

本教程集群环境采用如下配置：

Linux 系统：Ubuntu 20.04 版本

Hadoop：3.3.1 版本

JDK：1.11 版本

Spark：3.1.2 版本

Hadoop 集群环境采取 1 个主节点和 2 个从节点架构，具体说明如下：

（1）第一台 Ubuntu 主机系统做 Master 节点，第二台 Ubuntu 主机系统做 slave1 节点，第三台 Ubuntu 主机系统做 slave2 节点。三台主机处于同一局域网下。

（2）如果有实体物理机更好；如果没有，也可以使用三台虚拟主机。

（3）本教程使用三台虚拟主机搭建分布式集群环境，更多台机器同样可以使用该配置。

（4）注意集群虚拟机静态 ip 的配置。

1.3.2 Spark 部署模式

Spark 的部署模式分为本地(Local)模式和集群模式。

Spark 集群分为四种模式，分别为 Standalone 模式、Mesos 模式、Yarn 模式和基于 Kubernetes 的 Spark 集群部署模式。各模式描述如下：

1.Standalone 模式

Standalone 模式被称为集群单机模式。该模式下，Spark 集群架构为主从模式，即一台 Master 节点与多台 Slave 节点，Slave 节点启动的进程名称为 Worker，存在单点故障的问题。

2.Mesos 模式

Mesos 模式被称为 Spark on Mesos 模式。Mesos 是一款资源调度管理系统，为 Spark 提供服务，由于 Spark 与 Mesos 存在密切的关系，因此在设计 Spark 框架时充分考虑到对 Mesos 的集成。

3.Yarn 模式

Yarn 模式被称为 Spark on Yarn 模式。即把 Spark 作为一个客户端，将作业提交给 Yarn 服务。由于在生产环境中，很多时候都要与 Hadoop 使用同一个集群，因此采用 Yarn 来管理资源调度，可以提高资源利用率。

4.基于 Kubernetes 的 Spark 集群部署模式

Kubernetes 是 Google 开源的容器集群管理系统，提供应用部署、维护、扩展等功能，能够方便地管理大规模跨主机的容器应用。Docker 是轻量级虚拟化容器技术，具有轻便性、隔离性、一致性等特点，可以极大简化开发者的部署运维流程，降低服务器成本。

相比于在物理机上部署，在Kubernetes集群上部署Spark集群，具有以下优势：

（1）快速部署：安装2 000台级别的Spark集群，在Kubernetes集群上只需设定Worker副本数目replicas=2 000，即可一键部署。

（2）快速升级：升级Spark版本，只需替换Spark镜像，一键升级。

（3）弹性伸缩：需要扩容、缩容时，自动修改Worker副本数目replicas即可。

（4）高一致性：各个Kubernetes节点上运行的Spark环境一致、版本一致。

（5）高可用性：如果Spark所在的某些node或pod死掉，Kubernetes会自动将计算任务转移到其他node或创建新的pod。

（6）强隔离性：通过设定资源配额等方式，可与WebService应用部署在同一集群，提升机器资源使用效率，从而降低服务器成本。

第二部分：实践任务

1.4 实践任务1：Linux虚拟系统安装与配置

1.4.1 安装方式

本教程Linux采取虚拟机方式进行安装。在Windows平台下使用VMware Workstation虚拟机软件安装Ubuntu 20.04虚拟机。

虚拟机是通过软件模拟的具有完整硬件系统功能的、运行在一个完全隔离环境中的完整计算机系统。在虚拟机中，用户可以安装各种操作系统、组建局域网等，模拟的完全是一个真实系统环境，不会对宿主机造成危害。

常用流行的虚拟机软件有VMware Workstation、Virtual Box和Virtual PC，其中VMware Workstation是全球领先的虚拟云计算产品服务商。

VMware Workstation可在一部实体机上模拟完整的网络环境，以及可便于携带的虚拟机，其更好的灵活性与先进的技术胜过了市面上其他的虚拟计算机软件。对于企业的IT开发人员和系统管理员而言，VMware Workstation在虚拟网路、实时快照、拖曳共享文件夹、支持PXE等方面的特点使它成为必不可少的工具。

用户可以根据自己的实际需求选择虚拟机软件。

1.4.2 安装环境与软件

安装环境为Windows系统，安装软件为VMware Workstation 15.5.2和Ubuntu 20.04。

1.4.3 VMware Workstation安装Ubuntu 20.04桌面版虚拟机系统

1.Ubuntu 20.04下载

请读者在Ubuntu官方网站自行下载安装文件。

2.打开 VMware 虚拟机软件,单击创建新的虚拟机,再单击“下一步”按钮,如图 1-5 所示。

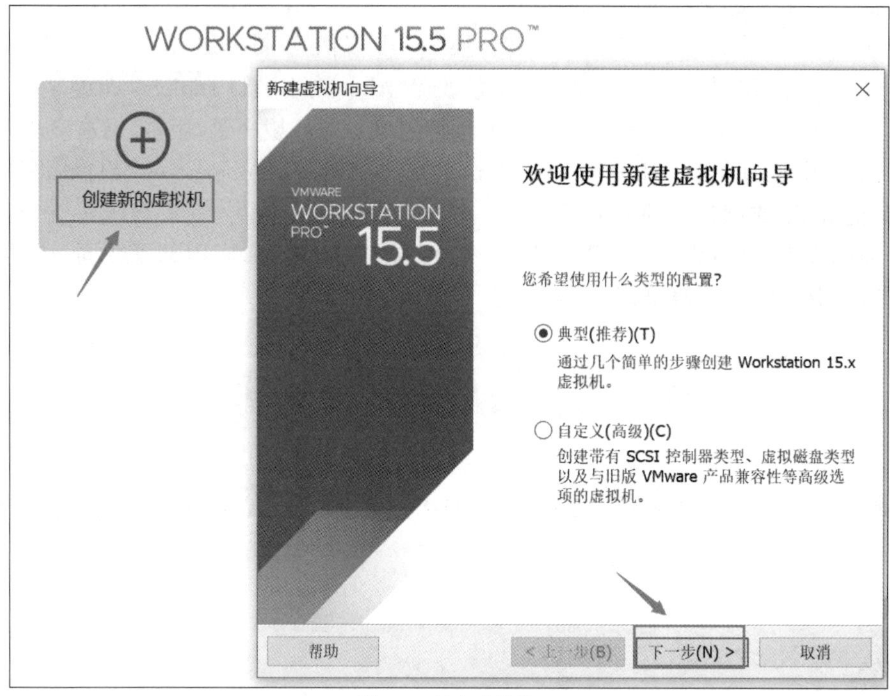

图 1-5 创建虚拟机

3.选择“稍后安装操作系统(S)”,单击“下一步”按钮,如图 1-6 所示。

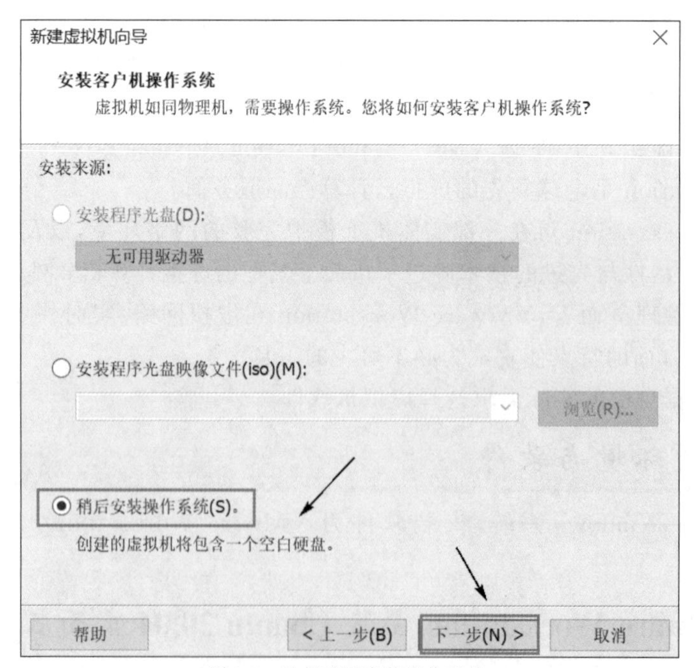

图 1-6 选择稍后安装操作系统

4.选择操作系统和系统版本，因为 Ubuntu 20.04 的 Linux 内核是 5.4 版本的，所以应该选择 5.x 版本或更高版本。Windows 系统如果是 64 位的就选 64 位这个选项，单击“下一步”按钮，如图 1-7 所示。

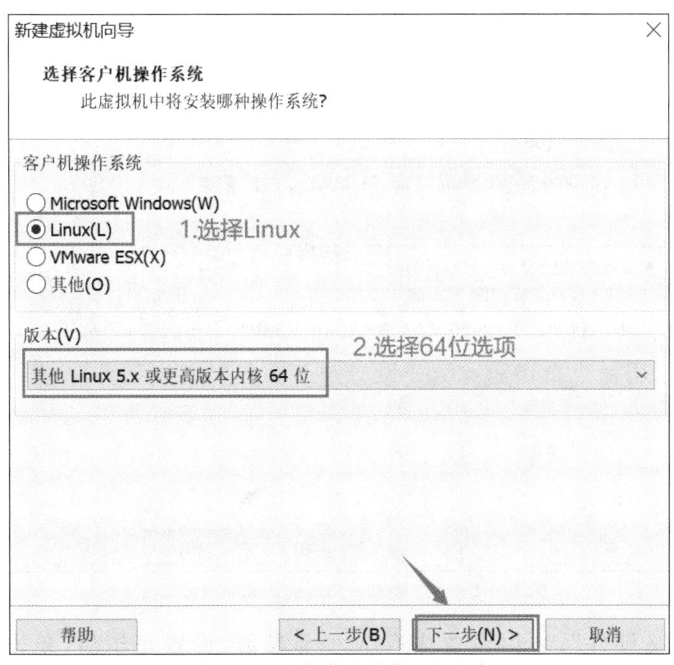

图 1-7　选择操作系统类型和版本

5.填写虚拟机名称和想要存放的位置，最好新建一个专门用于安装虚拟机的目录(英文最好)，选择好之后单击“下一步”按钮，如图 1-8 所示。

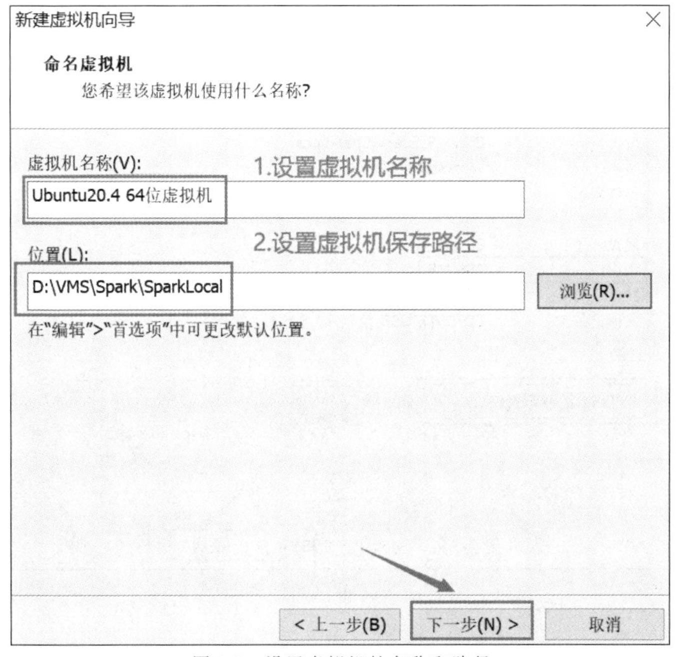

图 1-8　设置虚拟机的名称和路径

6.磁盘设置,建议设置为 60 GB,选择存储为单个文件,如图 1-9 所示。

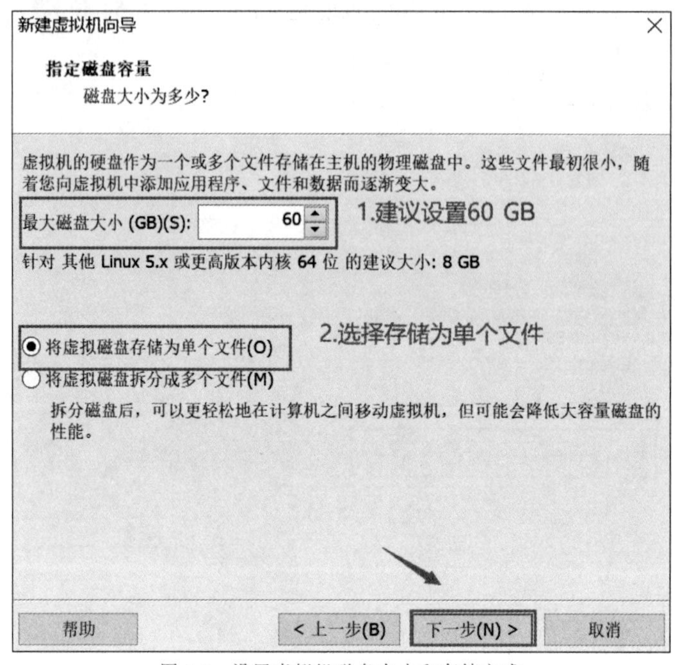

图 1-9 设置虚拟机磁盘大小和存储方式

7.单击“自定义硬件”,可以设置内存大小等参数,设置完毕后,单击“完成”按钮,如图 1-10 所示。

图 1-10 自定义硬件参数

8.设置虚拟机内存和处理器核数。如图 1-11 所示。

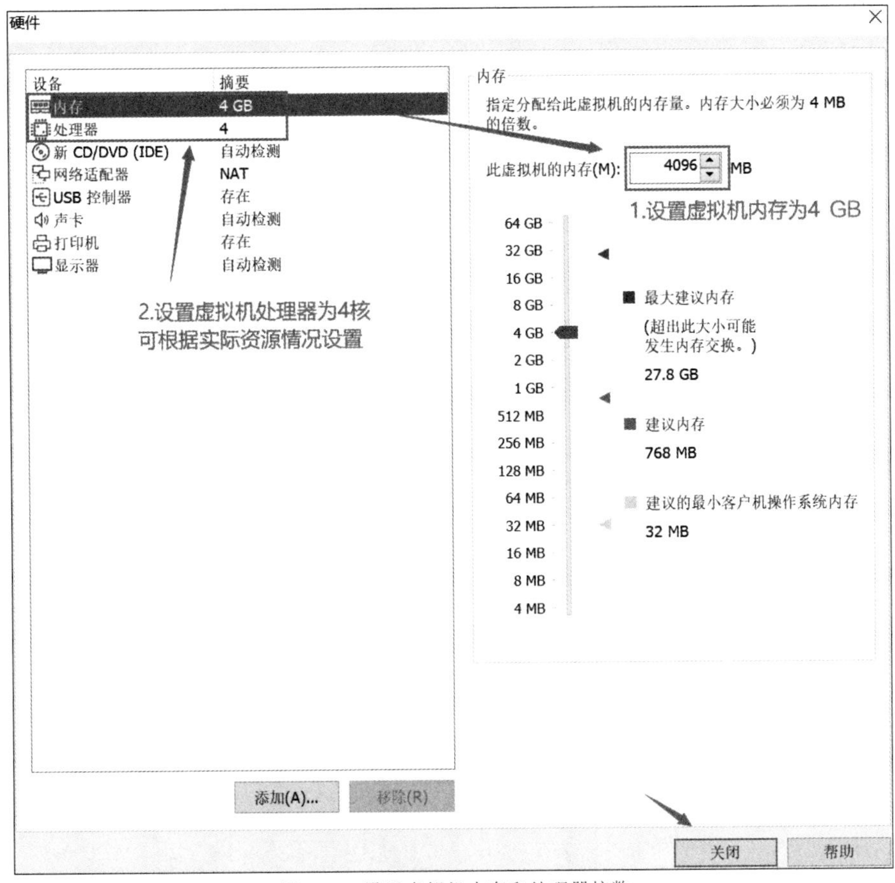

图 1-11　设置虚拟机内存和处理器核数

9.安装完成后先不要开机，因为刚开始没装系统，所以开不了机，单击编辑虚拟机设置，进行系统安装文件 ISO 镜像的选择。如图 1-12 所示。

图 1-12　编辑虚拟机设置

10.选择驱动器,加载本地 ISO 镜像文件。如图 1-13 所示。

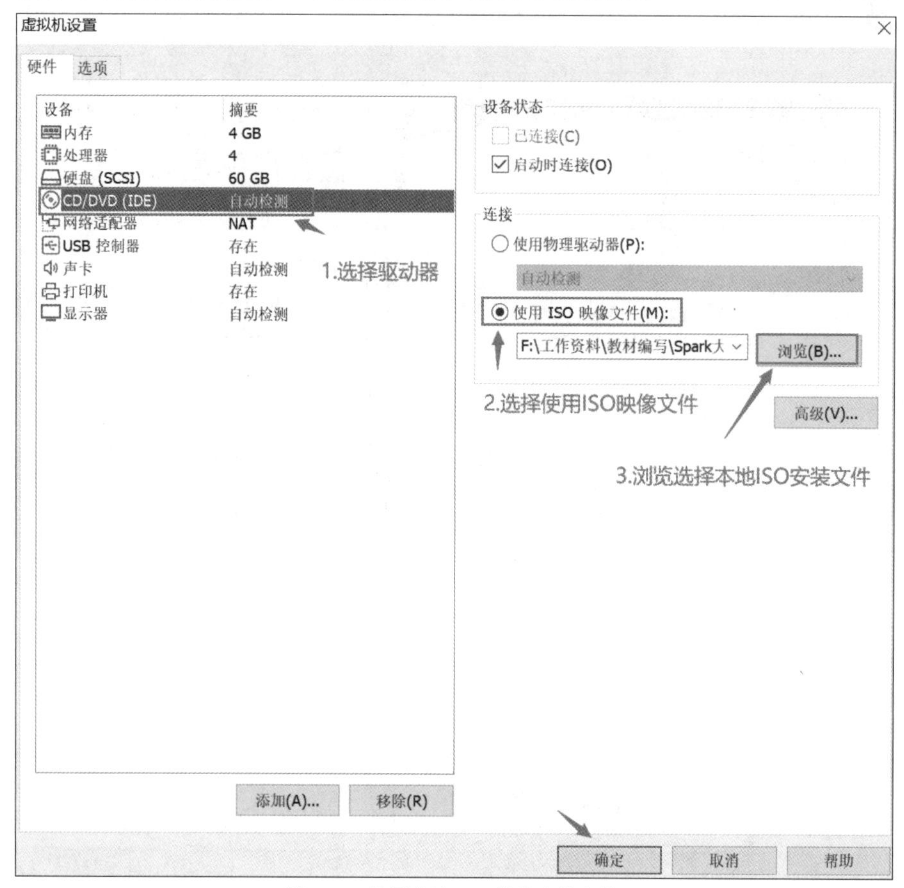

图 1-13 设置本地 ISO 镜像安装文件

11.选择要打开的虚拟机,单击“开启此虚拟机”。如图 1-14 所示。

图 1-14 开启虚拟机

12.单击“开启此虚拟机”后，进入自检状态，此时需要等待一会。然后进入如下界面，选择“中文(简体)”“安装 Ubuntu”。如图 1-15 所示。

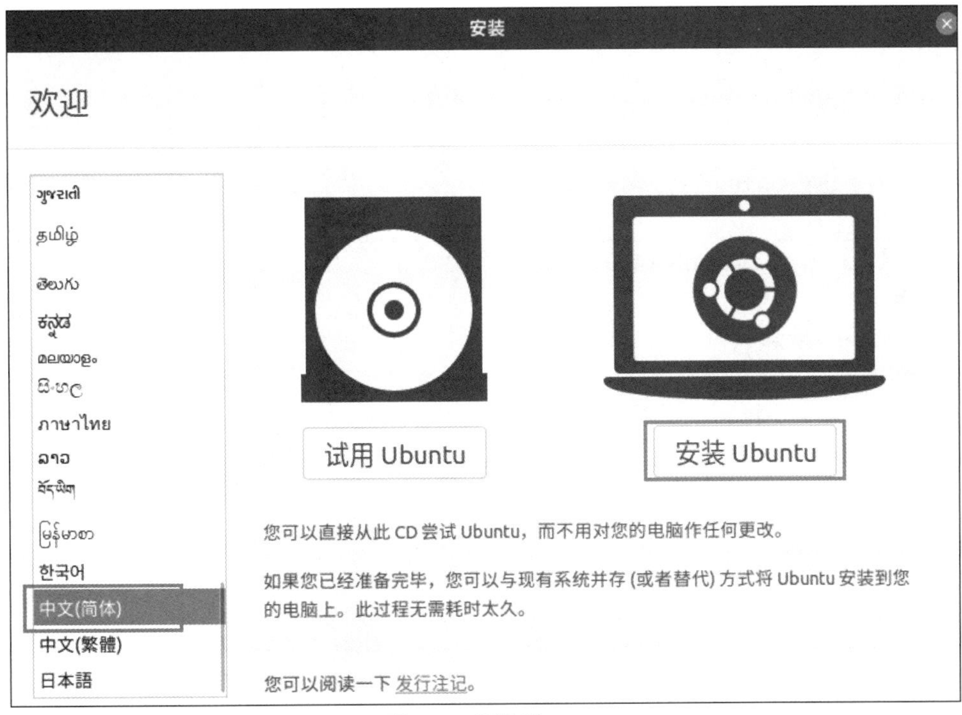

图 1-15　安装 Ubuntu

13.键盘布局设置，默认即可。如图 1-16 所示。

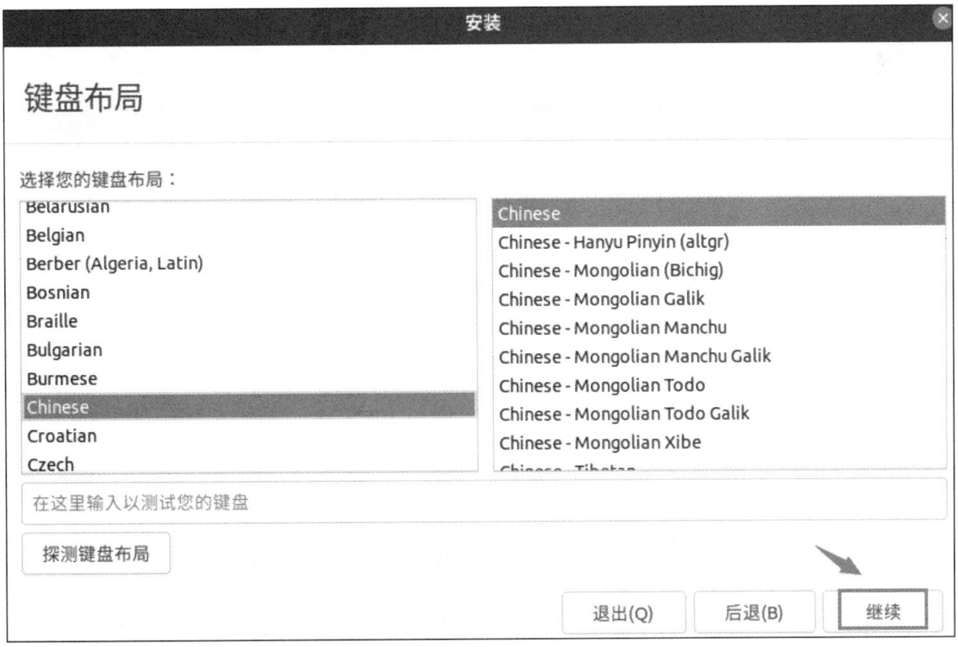

图 1-16　键盘布局设置

14.选择“正常安装”“安装 Ubuntu 时下载更新”，然后单击“继续”按钮并根据提示进行配置。如图 1-17 所示。

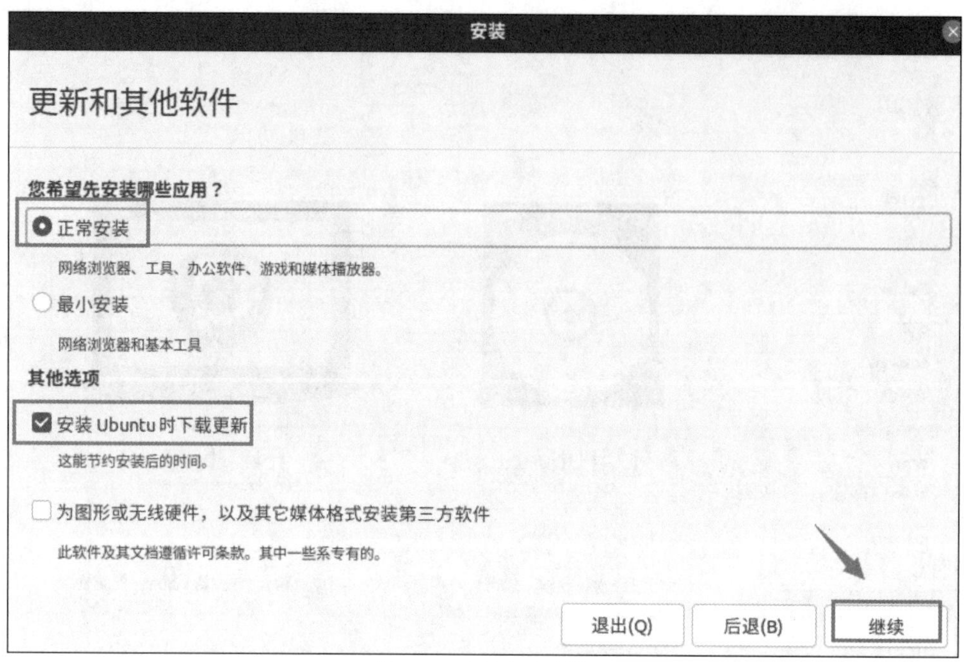

图 1-17 安装方式选择

15.选择默认选项，单击“现在安装”。如图 1-18 所示。

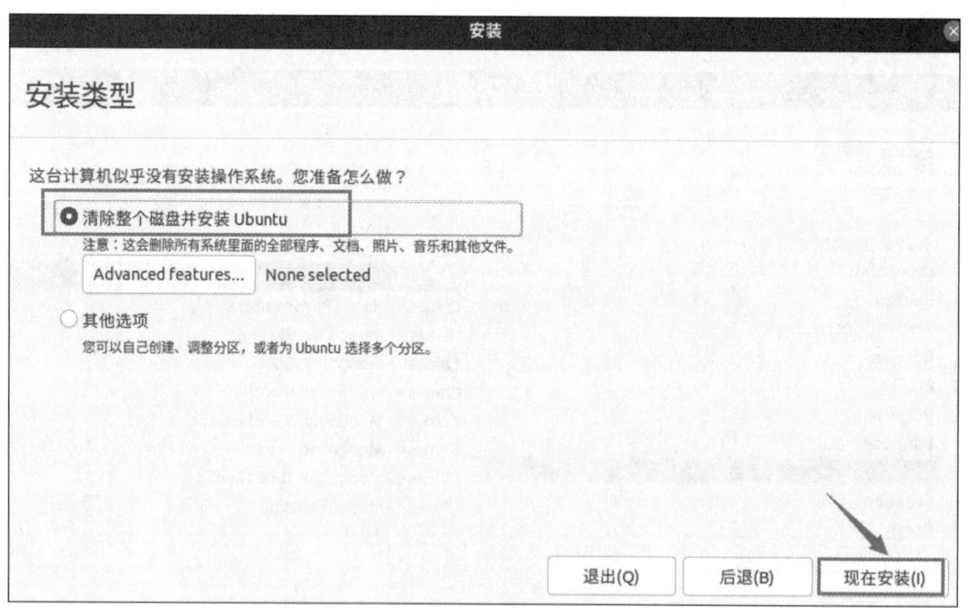

图 1-18 安装类型选择

16.磁盘分区格式化，单击“继续”。如图 1-19 所示。

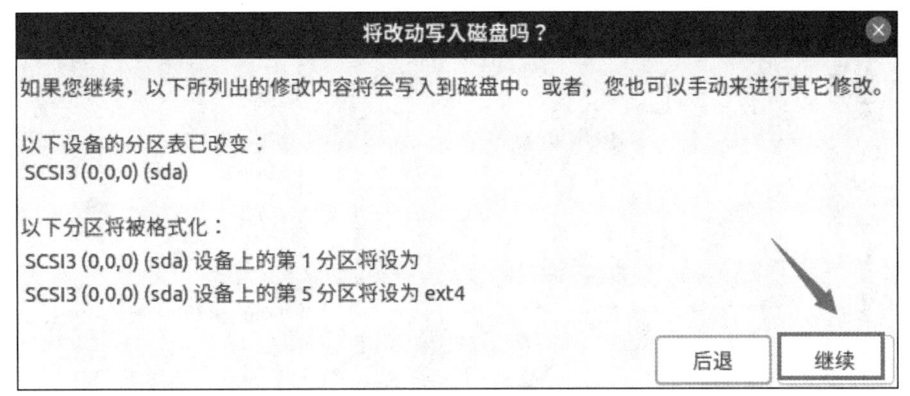

图 1-19　磁盘分区格式化

17.地区选择上海，单击“继续”。如图 1-20 所示。

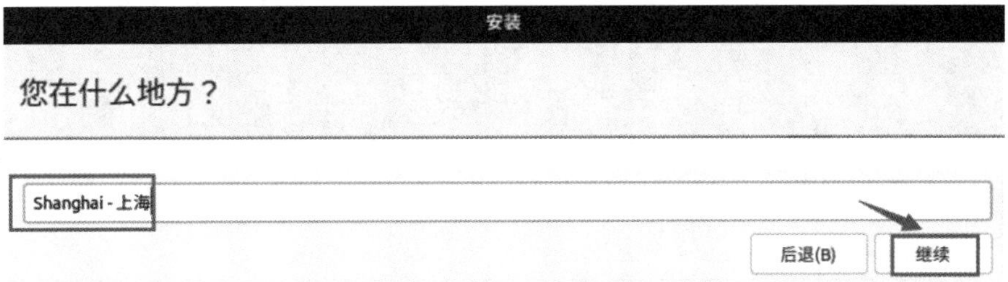

图 1-20　地区选择设置

18.设置虚拟机名称、用户名、密码，要记住此密码，因为后面安装完成登录时会用到。如图 1-21 所示。

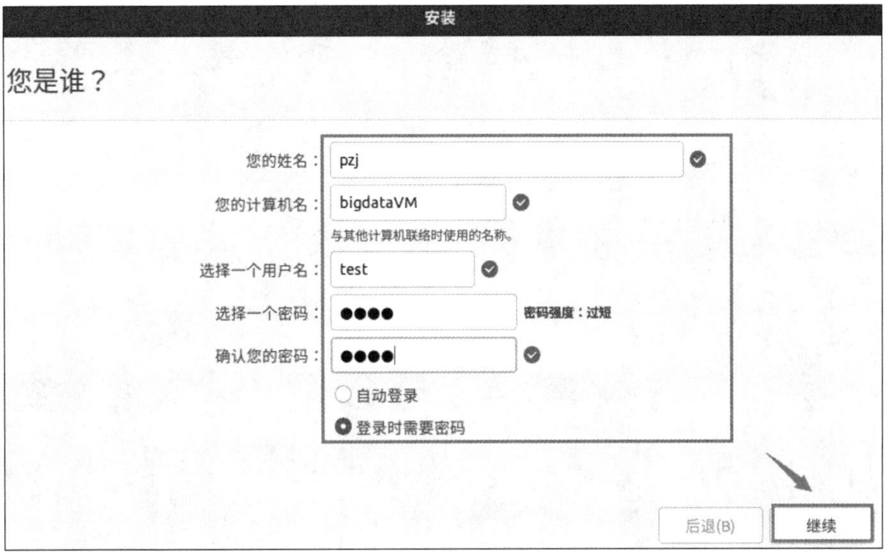

图 1-21　虚拟机账号设置

19.等待安装完成。根据用户分配给虚拟机的资源大小,等待时间会有所不同,分配资源越多,等待时间越少。如图 1-22 所示。

图 1-22 安装过程

20.输入密码登录,安装完成。如图 1-23 所示。

图 1-23 安装完成

21.登录成功界面。如图 1-24 所示。

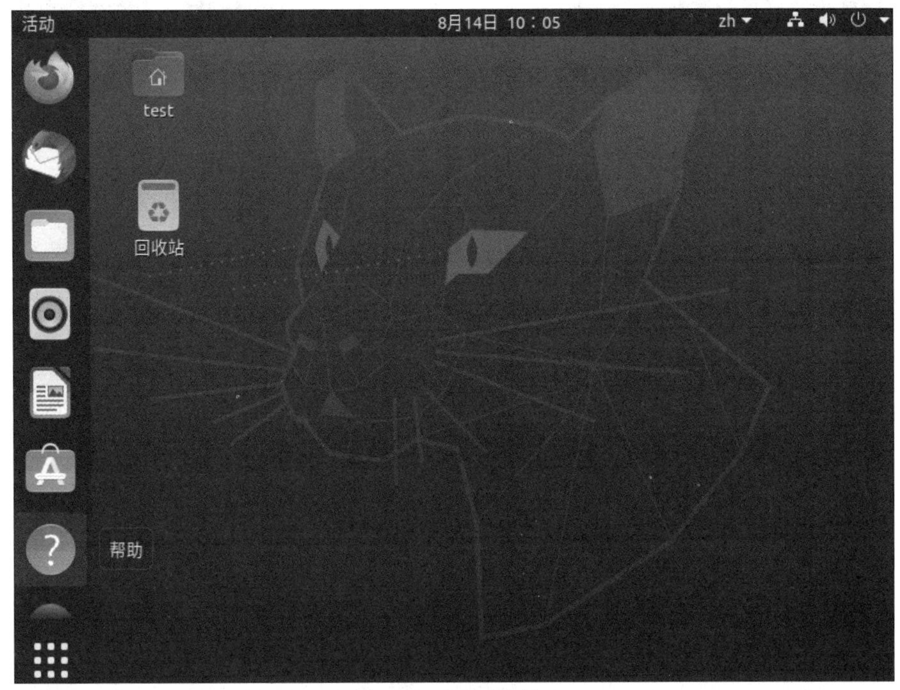

图 1-24　登录成功界面

22.登录成功后发现桌面没有自适应，需要安装 VMware Tools 工具扩展功能进行桌面自适应，宿主机和虚拟机直接相互拷贝或者拖放文件等。首先选择虚拟机→重新安装 VMware Tools 工具。如图 1-25 所示。

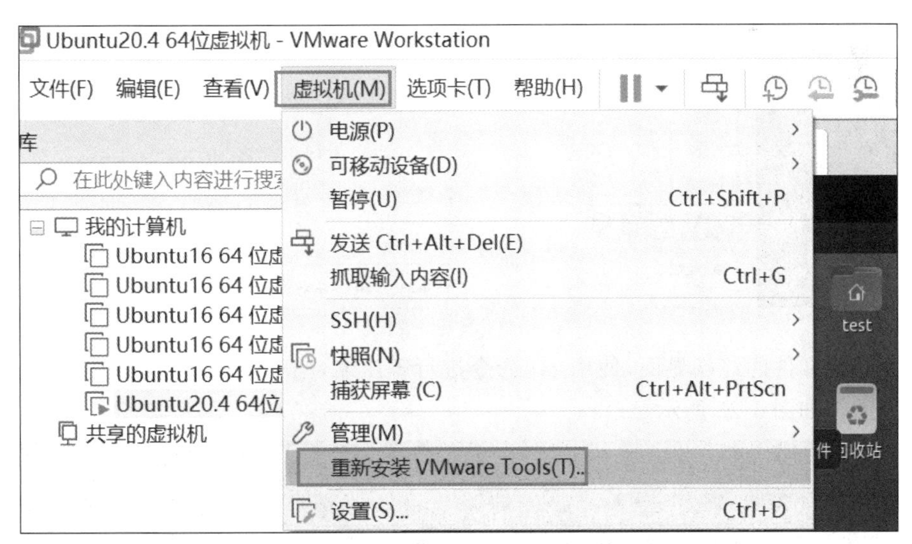

图 1-25　安装 VMware Tools 工具

23.在屏幕最下面会提示解压缩安装程序，然后执行 vmware-install.pl 进行安装。如图 1-26 所示。

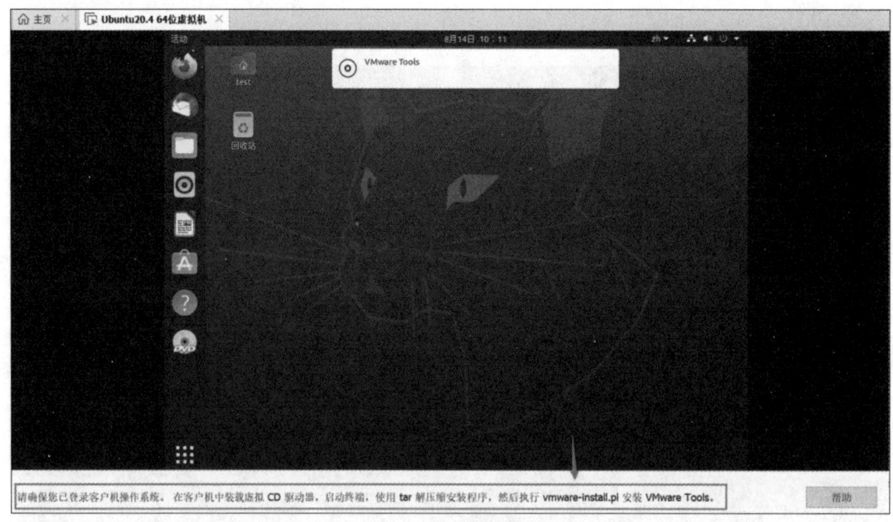

图 1-26　安装提示

24.单击左侧的驱动器 DVD，打开 VMware Tools 安装文件，然后在空白处单击右键，选择在终端打开。如图 1-27 所示。

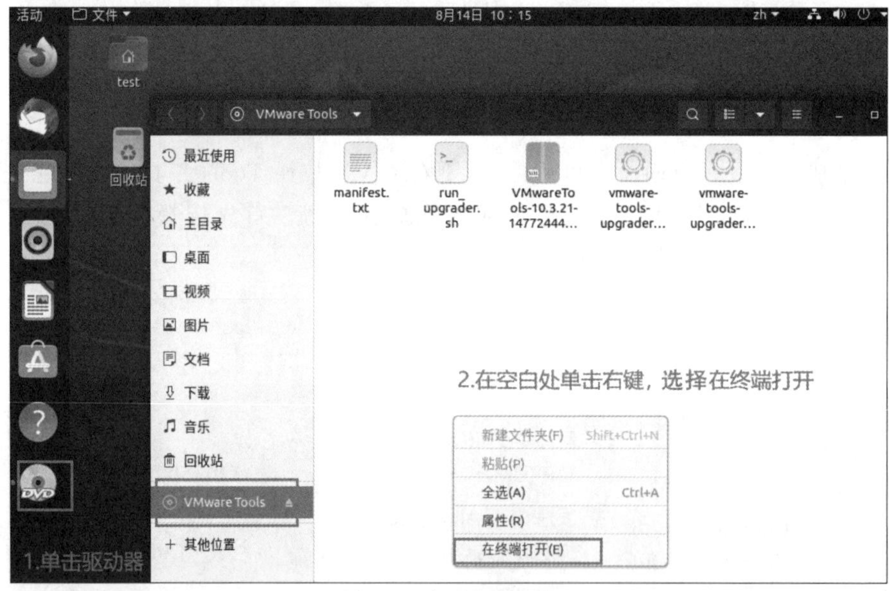

图 1-27　打开终端安装

进入安装文件的终端界面，使用 tar 命令进行解压缩，把安装文件解压缩到 test 默认用户目录下面。如图 1-28 所示。

图 1-28　解压缩安装文件

进入解压缩后的安装目录，找到安装文件 vmware-install.pl，如图 1-29 所示。

```
test@bigdataVM:/media/test/VMware Tools$ cd /home/test/
test@bigdataVM:~$ ls
公共的  模板  视频  图片  文档  下载  音乐  桌面  vmware-tools-distrib
test@bigdataVM:~$ cd vmware-tools-distrib/
test@bigdataVM:~/vmware-tools-distrib$ ls
bin  caf  doc  etc  FILES  INSTALL  installer  lib  vgauth  vmware-install.pl
```

图 1-29 查看安装文件 vmware-install.pl

执行安装命令：sudo ./vmware-install.pl，安装过程根据提示输入 yes，路径可以按 Enter 选择默认即可。如图 1-30 所示。

```
test@bigdataVM:~/vmware-tools-distrib$ sudo ./vmware-install.pl
open-vm-tools packages are available from the OS vendor and VMware recommends
using open-vm-tools packages. See http://kb.vmware.com/kb/2073803 for more
information.
Do you still want to proceed with this installation? [no] yes

INPUT: [yes]

Creating a new VMware Tools installer database using the tar4 format.

Installing VMware Tools.

I ... ory do you want to install the binary files?
[ Ubuntu Software

INPUT: [/usr/bin]  default

What is the directory that contains the init directories (rc0.d/ to rc6.d/)?
[/etc]
```

图 1-30 执行安装

如果出现如图 1-31 所示提示，则证明安装成功，桌面会自适应屏幕。如果没有成功自适应，请重启登录即可。

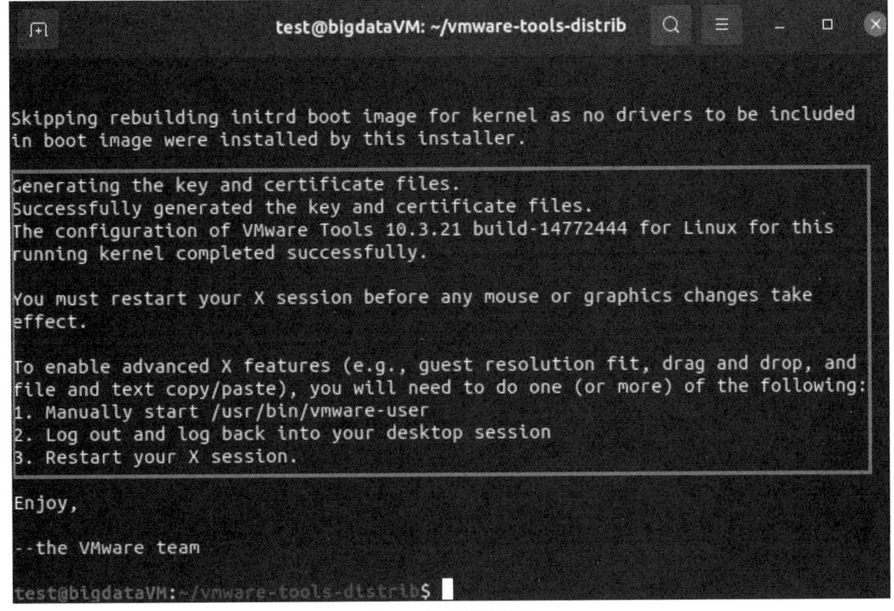

图 1-31 安装成功

25.默认情况下 VMware Tools 安装成功后还持宿主机和虚拟机之间相互复制粘贴文件，拖放文件等。如果未生效，请按照如图 1-32 所示进行设置。

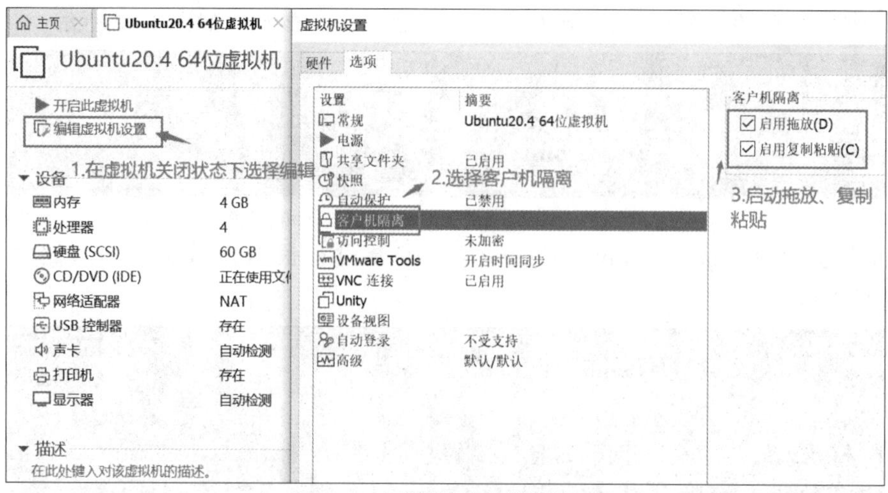

图 1-32 启用拖放、复制粘贴设置

26.可以在命令行窗口通过“配置文件首选项”来设置命令行的显示风格。作者设置为“黑底白字”的风格，这样显得更清晰简洁。在文本 Tab 项下还可以设置字体和字号等。如图 1-33 所示。配置如图 1-34 所示。

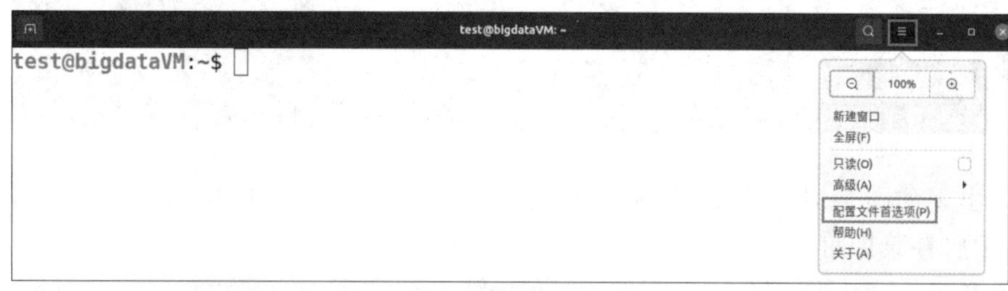

图 1-33 配置命令行窗口显示风格

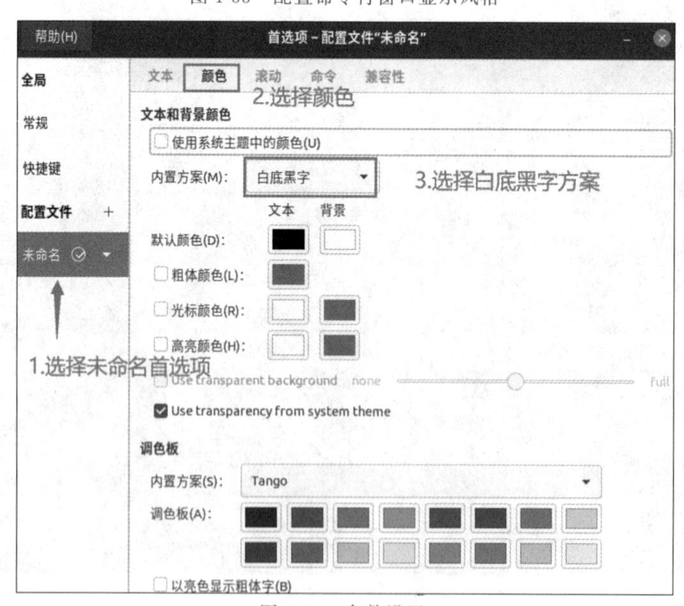

图 1-34 参数设置

27.所有配置完毕，可以克隆一份作为备份，当实验过程发生意外时可以迅速恢复，节约时间。该克隆版本也可以作为后续章节进行分布式环境搭建的原始虚拟机使用。克隆方法，先关闭虚拟机，菜单中选择虚拟机→管理→克隆，并根据向导选择完整克隆。如图 1-35 所示。

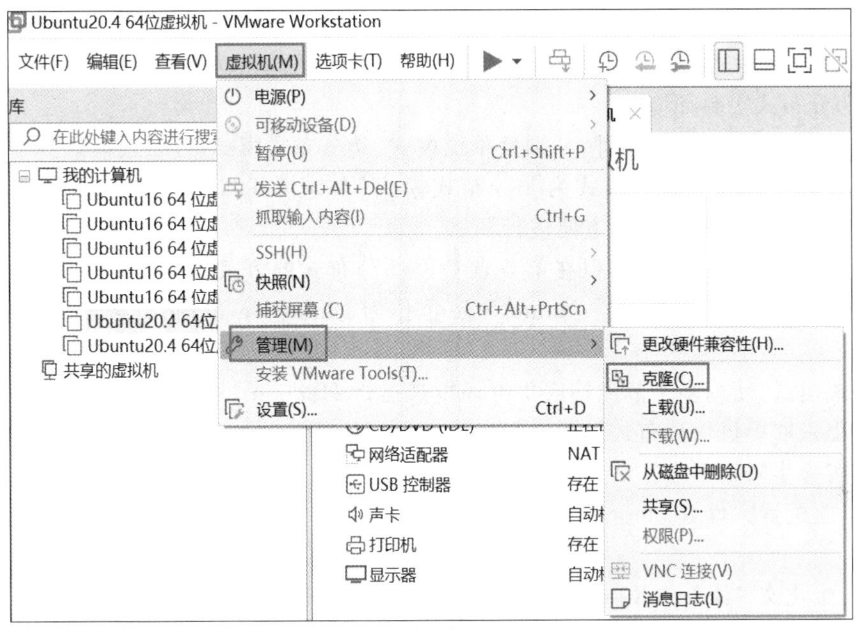

图 1-35 克隆虚拟机

克隆方法请选择“创建完整克隆”，然后设置保存路径。如图 1-36 所示。选择保存路径，克隆完成。

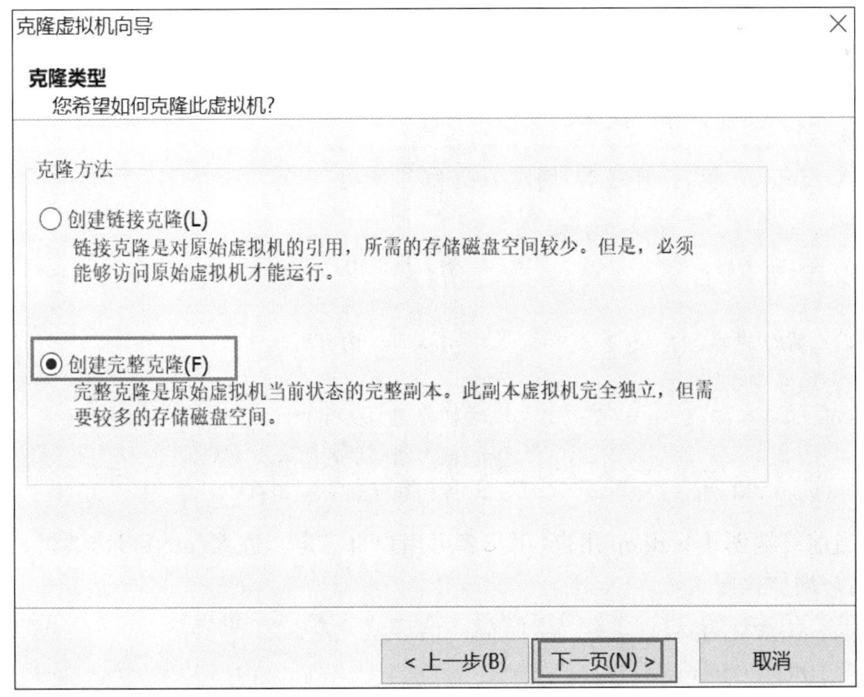

图 1-36 克隆类型选择

1.5 实践任务2:Spark本地单机基础实验环境Hadoop准备

Spark的存储依赖于Hadoop环境,因此准备Spark的本地单机基础实验环境就是搭建Hadoop伪分布式实验环境。

Hadoop的安装方式有三种,分别是单机模式、伪分布式模式、分布式模式。

单机模式:Hadoop默认模式为非分布式模式(本地模式),无须进行其他配置即可运行。非分布式即单Java进程,方便进行调试。

伪分布式模式:Hadoop可以在单节点上以伪分布式的方式运行,Hadoop进程以分离的Java进程来运行,节点既作为NameNode也作为DataNode,同时,读取的是HDFS中的文件。

分布式模式:使用多个节点构成集群环境来运行Hadoop。

本教程采取单机伪分布式模式进行搭建Spark的本地单机基础实验环境。

总体实验步骤如下:

(1)修改配置文件:hadoop-env.sh、core-site.xml、hdfs-site.xml、mapred-site.xml、yarn-site.xml。

(2)初始化文件系统hdfs namenode -format。

(3)启动所有进程start-all.sh或者分步启动start-dfs.sh、start-yarn.sh。

(4)访问web界面,查看Hadoop信息。

(5)运行实例。

(6)停止所有实例:stop-all.sh。

具体实验步骤:

1.5.1 创建用户并授权

1.进入Linux系统,打开终端,创建root账号密码。

```
test@bigdataVM:~$ sudo passwd
[sudo] test 的密码:                          # 输入当前用户的密码
新的 密码:                                    # 输入 root 的密码
重新输入新的 密码:                            # 确认 root 的密码
passwd:已成功更新密码
test@bigdataVM:~$ su root                    # 切换到 root 用户
密码:                                         # 输入刚刚设置的 root 密码
root@bigdataVM:/home/test#                   # 成功切换到 root 用户
```

2.在当前终端创建hadoop用户(用户名可用户自己定),进入/etc目录,编辑sudoers给hadoop用户增加权限。

```
root@bigdataVM:/home/test# sudo adduser hadoop
正在添加用户"hadoop"...
正在添加新组"hadoop" (1001)...
```

```
正在添加新用户"hadoop"(1001)到组"hadoop"...
创建主目录"/home/hadoop"...
正在从"/etc/skel"复制文件...
新的 密码:
重新输入新的 密码:
passwd:已成功更新密码
正在改变 hadoop 的用户信息
请输入新值,或直接敲 Enter 键以使用默认值
    全名 []:
    房间号码 []:
    工作电话 []:
    家庭电话 []:
    其他 []:
这些信息是否正确?[Y/n] Y
root@bigdataVM:/home/test# cd /etc
root@bigdataVM:/etc# vi sudoers
```

sudoers 增加内容如下所示。

```
# User privilege specification
root    ALL=(ALL:ALL) ALL
hadoop  ALL=(ALL:ALL) ALL
```

3.在当前终端下安装 vim 编辑器,终端命令:

root@bigdataVM:/etc# apt-get install vim   # 如果提示没有 vim 安装包,执行 apt-get update 更新软件包,然后再进行 vim 安装。

root@bigdataVM:/etc# vim sudoers   # 测试是否安装成功,如果安装成功,则可以正常编辑 sudoers,可以看到刚才的文件内容颜色已经改变。

```
# User privilege specification
root    ALL=(ALL:ALL) ALL
hadoop  ALL=(ALL:ALL) ALL
```

4.使用 su hadoop 命令切换到刚创建的 hadoop 用户,测试 hadoop 用户是否创建成功。

```
root@bigdataVM:/etc# su hadoop
hadoop@bigdataVM:/etc $
```

1.5.2 SSH 无密码登录安装与配置

集群、单节点模式都需要用到 SSH 登录,类似于远程登录,用户可以登录某台 Linux 主机,并且在上面运行命令。Ubuntu 默认已安装了 SSH client,此外还需要安装 SSH server,安装过程根据提示确认即可。安装命令如下:

```
hadoop@bigdataVM:~ $ sudo apt-get install openssh-server
```

安装后,可以使用如下命令登录本机。此时会有如下提示(SSH 首次登录提示),输入 yes。然后按提示输入 hadoop 账号密码,这样就登录到本机了。登录成功有欢迎提示。如下所示。

```
hadoop@bigdataVM:~$ ssh localhost
```

```
hadoop@bigdataVM:~$ ssh localhost
The authenticity of host 'localhost (127.0.0.1)' can't be established.
ECDSA key fingerprint is SHA256:+LNw5Lvc+kLde1S5YBPLDvX4utKiNXuhZYJaL62hP9M.
Are you sure you want to continue connecting (yes/no/[fingerprint])? yes
Warning: Permanently added 'localhost' (ECDSA) to the list of known hosts.
hadoop@localhost's password:
Welcome to Ubuntu 20.04.2 LTS (GNU/Linux 5.11.0-25-generic x86_64)

 * Documentation:  https://help.ubuntu.com
 * Management:     https://landscape.canonical.com
 * Support:        https://ubuntu.com/advantage

193 updates can be installed immediately.
0 of these updates are security updates.
To see these additional updates run: apt list --upgradable

Your Hardware Enablement Stack (HWE) is supported until April 2025.
```

但是这样登录是每次都需要输入密码的，因此需要配置成SSH无密码登录，这样比较方便。

首先退出刚才的ssh，回到原先的终端窗口，然后利用ssh-keygen生成密钥，并将密钥加入授权，命令和操作如下所示。

```
hadoop@bigdataVM:~$ exit                          # 退出刚才的 ssh localhost
注销
Connection to localhost closed.
hadoop@bigdataVM:~$ cd ~/.ssh/                    # 若没有该目录，请先执行一次 ssh localhost
hadoop@bigdataVM:~/.ssh$ ssh-keygen -t rsa        # 会有提示，都按 Enter 就可以
hadoop@bigdataVM:~/.ssh$ cat ./id_rsa.pub >> ./authorized_keys      # 加入授权
```

```
hadoop@bigdataVM:~$ cd ~/.ssh/
hadoop@bigdataVM:~/.ssh$ ssh-keygen -t rsa
Generating public/private rsa key pair.
Enter file in which to save the key (/home/hadoop/.ssh/id_rsa):
Enter passphrase (empty for no passphrase):
Enter same passphrase again:
Your identification has been saved in /home/hadoop/.ssh/id_rsa
Your public key has been saved in /home/hadoop/.ssh/id_rsa.pub
The key fingerprint is:
SHA256:j7iR5qtvK7hz/ONukqdSOLxB/GAAfdYGSJwhI14mXGw hadoop@bigdataVM
The key's randomart image is:
+---[RSA 3072]----+
|B==B.o           |
|++OEo o          |
| +.o .           |
|  =              |
| + +    S        |
|  = o  o o       |
|   B .= . .      |
|  = *o=o         |
|  .=o&X+         |
+----[SHA256]-----+
hadoop@bigdataVM:~/.ssh$ cat ./id_rsa.pub >> ./authorized_keys
```

此时再用 ssh localhost 命令,无须输入密码就可以直接登录了,如图 1-37 所示。

```
hadoop@bigdataVM:~/.ssh$ ssh localhost
Welcome to Ubuntu 20.04.2 LTS (GNU/Linux 5.11.0-25-generic x86_64)

 * Documentation:  https://help.ubuntu.com
 * Management:     https://landscape.canonical.com
 * Support:        https://ubuntu.com/advantage

193 updates can be installed immediately.
0 of these updates are security updates.
To see these additional updates run: apt list --upgradable

Your Hardware Enablement Stack (HWE) is supported until April 2025.
Last login: Sat Aug 14 16:27:11 2021 from 127.0.0.1
hadoop@bigdataVM:~$ 
```

图 1-37　无密码登录成功示例

1.5.3 下载并安装 JDK

1.在线下载 JDK 或直接本地拷贝或者拖放到 Linux 虚拟机当前用户下载 Downloads 目录下。本教材选择 jdk-11.0.12,并把软件安装在/opt 目录下,后面所有的软件也默认安装到该目录下,方便统一管理。下载完成后拖放到 hadoop 用户“下载”目录下,如图 1-38 所示。

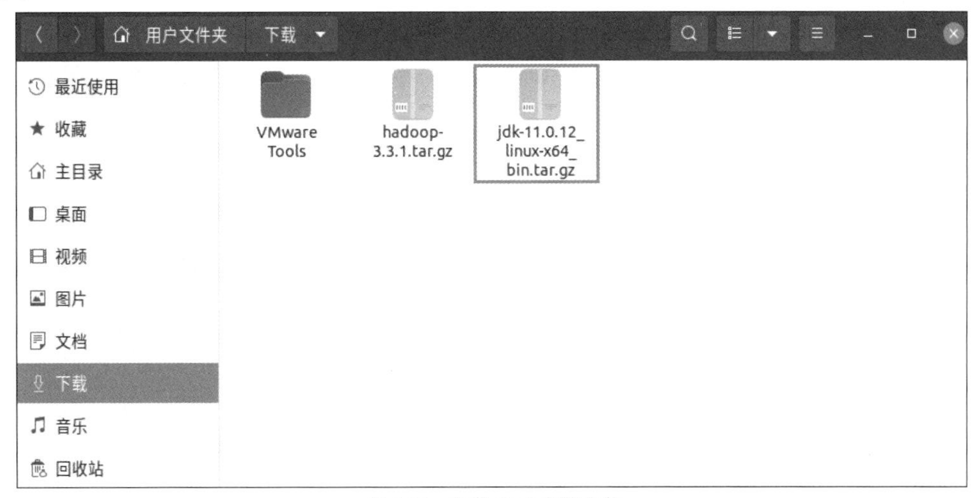

图 1-38　下载 JDK 安装文件

2.查看安装文件是否在指定目录下,命令和操作如下所示。

```
hadoop@bigdataVM:~$ cd 下载
hadoop@bigdataVM:~/下载$ ls
jdk-11.0.12_linux-x64_bin.tar.gz  'VMware Tools'
```

```
hadoop@bigdataVM: ~/下载
hadoop@bigdataVM:~$ cd 下载
hadoop@bigdataVM:~/下载$ ls
 jdk-11.0.12_linux-x64_bin.tar.gz   'VMware Tools'
hadoop@bigdataVM:~/下载$ 
```

3.进入/opt 目录,创建 java 文件夹,然后解压 JDK 到该文件夹,命令和操作如下所示。

```
sudo mkdir /opt/java
sudo tar -zxvf jdk-11.0.12-linux-x64_bin.tar.gz -C /opt/java/
```

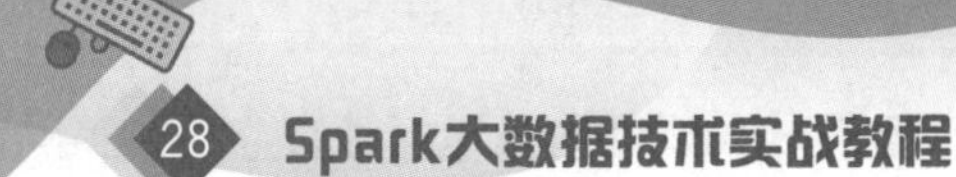

```
hadoop@bigdataVM:~/下载$ cd /opt
hadoop@bigdataVM:/opt$ sudo mkdir java
[sudo] hadoop 的密码:
hadoop@bigdataVM:/opt$ cd ~/下载
hadoop@bigdataVM:~/下载$ sudo tar -zxvf jdk-11.0.12_linux-x64_bin.tar.gz -C /opt/java/
```

4.配置jdk环境变量有2种方式,修改/etc目录下的profile文件或者/usr/目录下的.bashrc文件,任选其一即可。本教程所有的配置选择profile文件,命令和操作如下所示。

```
sudo vim /etc/profile          # 编辑profile文件
# 增加如下内容:
export JAVA_HOME=/opt/java/jdk-11.0.12
export PATH=$PATH:$JAVA_HOME/bin
```

```
hadoop@bigdataVM:~
# /etc/profile: system-wide .profile file for the Bourne shell (sh(1))
# and Bourne compatible shells (bash(1), ksh(1), ash(1), ...).

export JAVA_HOME=/opt/java/jdk-11.0.12/
export PATH=$PATH:$JAVA_HOME/bin
if [ "${PS1-}" ]; then
  if [ "${BASH-}" ] && [ "$BASH" != "/bin/sh" ]; then
    # The file bash.bashrc already sets the default PS1.
    # PS1='\h:\w\$ '
    if [ -f /etc/bash.bashrc ]; then
      . /etc/bash.bashrc
    fi
  else
```

5.重新加载环境变量脚本,验证Java是否生效,命令和操作如下所示。

```
source /etc/profile
java -version
```

```
hadoop@bigdataVM:~$ sudo vim /etc/profile
hadoop@bigdataVM:~$ source /etc/profile
hadoop@bigdataVM:~$ java -version
java version "11.0.12" 2022-07-20 LTS
Java(TM) SE Runtime Environment 18.9 (build 11.0.12+8-LTS-237)
Java HotSpot(TM) 64-Bit Server VM 18.9 (build 11.0.12+8-LTS-237, mixed mode)
hadoop@bigdataVM:~$
```

1.5.4 下载Hadoop安装包并解压

1.下载Hadoop安装包,如图1-39所示。

Download

Hadoop is released as source code tarballs with corresponding binary tarballs for convenience. The downloads are distributed via mirror sites and should be checked for tampering using GPG or SHA-512.

Version	Release date	Source download	Binary download	Release notes
3.3.1	2021 Jun 15	source (checksum signature)	binary (checksum signature) binary-aarch64 (checksum signature)	Announcement
3.2.2	2021 Jan 9	source (checksum signature)	binary (checksum signature)	Announcement
2.10.1	2020 Sep 21	source (checksum signature)	binary (checksum signature)	Announcement

图1-39　下载Hadoop安装包

用户可以选择合适版本，最新版是 hadoop-3.3.1.tar.gz，下载完成后拖放到 hadoop 用户“下载”目录下。

2.解压安装包。

先在/opt 目录下新建文件夹 hadoop，然后解压安装包到该目录下，命令和操作如下所示。

```
hadoop@bigdataVM:~$ cd /opt
hadoop@bigdataVM:/opt$ sudo mkdir hadoop
hadoop@bigdataVM:/opt$ cd ~/下载
hadoop@bigdataVM:~/下载$ sudo tar -zxvf hadoop-3.3.1.tar.gz -C /opt/hadoop/
```

```
hadoop@bigdataVM:~$ cd /opt
hadoop@bigdataVM:/opt$ sudo mkdir hadoop
hadoop@bigdataVM:/opt$ cd ~/下载
hadoop@bigdataVM:~/下载$ sudo tar -zxvf hadoop-3.3.1.tar.gz -C /opt/hadoop/
```

在 Hadoop 安装包目录下有几个比较重要的目录。具体说明如下：

sbin：启动或停止 Hadoop 相关服务的脚本。

bin：对 Hadoop 相关服务（HDFS，YARN）进行操作的脚本。

etc：Hadoop 的配置文件目录。

share：Hadoop 的依赖 jar 包和文档，文档可以被删掉。

lib：Hadoop 的本地库（对数据进行压缩解压缩功能的）。

3.配置 hadoop 环境变量，命令如下所示。

```
hadoop@bigdataVM:~$ sudo vim /etc/profile
```

在原来的基础上增加标注内容，如图 1-40 所示。

```
hadoop@bigdataVM: /opt/hadoop/hadoop-3.3.1/sbin
# /etc/profile: system-wide .profile file for the Bourne shell (sh(1))
# and Bourne compatible shells (bash(1), ksh(1), ash(1), ...).
export JAVA_HOME=/opt/java/jdk-11.0.12/
export HADOOP_HOME=/opt/hadoop/hadoop-3.3.1/
export PATH=$PATH:$JAVA_HOME/bin:$HADOOP_HOME/bin:$HADOOP_HOME/sbin

if [ "${PS1-}" ]; then
  if [ "${BASH-}" ] && [ "$BASH" != "/bin/sh" ]; then
```

图 1-40 配置 Hadoop 环境变量

4.重新读取环境变量，检查是否可用。如果正确显示版本号，则证明可用。命令和操作如下所示。

```
hadoop@bigdataVM:~$ source /etc/profile
hadoop@bigdataVM:~$ hadoop version
```

```
hadoop@bigdataVM:~$ sudo vim /etc/profile
hadoop@bigdataVM:~$ source /etc/profile
hadoop@bigdataVM:~$ hadoop version
Hadoop 3.3.1
Source code repository https://github.com/apache/hadoop.git -r a3b9c37a397ad4188041dd80621bdeef
Compiled by ubuntu on 2021-06-15T05:13Z
Compiled with protoc 3.7.1
From source with checksum 88a4ddb2299aca054416d6b7f81ca55
This command was run using /opt/hadoop/hadoop-3.3.1/share/hadoop/common/hadoop-common-3.3.1.jar
hadoop@bigdataVM:~$
```

5.修改文件夹权限，命令和操作如下所示。

```
hadoop@bigdataVM:~ $ cd /opt/hadoop/
hadoop@bigdataVM:/opt/hadoop $ sudo chown -R hadoop:hadoop hadoop-3.3.1/ #授权用户和组
```

```
hadoop@bigdataVM:~$ cd /opt/hadoop/
hadoop@bigdataVM:/opt/hadoop$ sudo chown -R hadoop:hadoop hadoop-3.3.1/
```

1.5.5 配置 Hadoop 环境

配置 Hadoop 伪分布式环境，需要修改其中的 5 个配置文件。

1.进入 Hadoop 的 etc 目录下，命令如下所示。

```
hadoop@bigdataVM:~ $ cd /opt/hadoop/hadoop-3.3.1/etc/hadoop/
```

修改如图 1-41 所示 5 个文件。

```
hadoop@bigdataVM:~$ cd /opt/hadoop/hadoop-3.3.1/etc/hadoop/
hadoop@bigdataVM:/opt/hadoop/hadoop-3.3.1/etc/hadoop$ ls
capacity-scheduler.xml            httpfs-env.sh              mapred-site.xml
configuration.xsl                 httpfs-log4j.properties    shellprofile.d
container-executor.cfg            httpfs-site.xml            ssl-client.xml.example
core-site.xml                     kms-acls.xml               ssl-server.xml.example
hadoop-env.cmd                    kms-env.sh                 user_ec_policies.xml.template
hadoop-env.sh                     kms-log4j.properties       workers
hadoop-metrics2.properties        kms-site.xml               yarn-env.cmd
hadoop-policy.xml                 log4j.properties           yarn-env.sh
hadoop-user-functions.sh.example  mapred-env.cmd             yarnservice-log4j.properties
hdfs-rbf-site.xml                 mapred-env.sh              yarn-site.xml
hdfs-site.xml                     mapred-queues.xml.template
hadoop@bigdataVM:/opt/hadoop/hadoop-3.3.1/etc/hadoop$ 
```

图 1-41 需要修改的配置文件(5 个)

2.修改第 1 个配置文件，命令和操作如下所示。

```
sudo vi hadoop-env.sh
```

```
hadoop@bigdataVM:/opt/hadoop/hadoop-3.3.1/etc/hadoop$ sudo vim hadoop-env.sh
```

找到第 54 行，修改 JAVA_HOME，命令和操作如下所示。

```
export JAVA_HOME=/opt/java/jdk-11.0.12
```

```
52 # The java implementation to use. By default, this environment
53 # variable is REQUIRED on ALL platforms except OS X!
54  export JAVA_HOME=/opt/java/jdk-11.0.12
```

3.修改第 2 个配置文件，命令和操作如下所示。

```
sudo vi core-site.xml
```

```
hadoop@bigdataVM:/opt/hadoop/hadoop-3.3.1/etc/hadoop$ sudo vim core-site.xml
```

在<configuration> </configuration>之间添加如下配置：

```
<configuration>
<! -- 配置 hdfs 的 namenode(老大)的地址 -->
  <property>
    <name>fs.defaultFS</name>
    <value>hdfs://localhost:9000</value>
  </property>

  <! -- 配置 Hadoop 运行时产生数据的存储目录，不是临时的数据 -->
  <property>
```

```
    <name>hadoop.tmp.dir</name>
    <value>file:/opt/hadaoop/hadoop-3.3.1/tmp</value>
  </property>
</configuration>
```

4.修改第 3 个配置文件，命令和操作如下所示。

```
sudo vi hdfs-site.xml
hadoop@bigdataVM:/opt/hadoop/hadoop-3.3.1/etc/hadoop$ sudo vim hdfs-site.xml
```

在<configuration> </configuration>之间添加如下配置：

```
<configuration>
<! -- 指定 HDFS 存储数据的副本数据量 -->
  <property>
    <name>dfs.replication</name>
    <value>1</value>
  </property>
<! -- 指定 HDFS 名称节点(namenode)和数据节点(DataNode)保存路径 -->
<property>
    <name>dfs.namenode.name.dir</name>
    <value>file:/opt/hadoop/hadoop-3.3.1/tmp/dfs/name</value>
</property>
<property>
    <name>dfs.datanode.data.dir</name>
    <value>file:/opt/hadoop/hadoop-3.3.1/tmp/dfs/data</value>
</property>
</configuration>
```

5.修改第 4 个配置文件，命令和操作如下所示。

```
sudo vi mapred-site.xml
hadoop@bigdataVM:/opt/hadoop/hadoop-3.3.1/etc/hadoop$ sudo vim mapred-site.xml
```

添加如下配置：

```
<configuration>
  <! -- 指定 mapreduce 编程模型运行在 yarn 上  -->
   <property>
    <name>mapreduce.framework.name</name>
    <value>yarn</value>
  </property>
</configuration>
```

6.修改第 5 个配置文件，命令和操作如下所示。

```
sudo vi yarn-site.xml
hadoop@bigdataVM:/opt/hadoop/hadoop-3.3.1/etc/hadoop$ sudo vim yarn-site.xml
```

添加如下配置：

```
<configuration>
  <! -- 指定 yarn 的老大(ResourceManager 的地址) -->
  <property>
    <name>yarn.resourcemanager.hostname</name>
    <value>localhost</value>
  </property>
  <! -- mapreduce 执行 shuffle 时获取数据的方式 -->
  <property>
    <name>yarn.nodemanager.aux-services</name>
    <value>mapreduce_shuffle</value>
  </property>
</configuration>
```

7.对 hdfs 进行初始化，也即格式化 HDFS。命令和操作如下所示。

```
hadoop@bigdataVM:~$ cd /opt/hadoop/hadoop-3.3.1/bin/
hadoop@bigdataVM:/opt/hadoop/hadoop-3.3.1/bin$ hdfs namenode -format
```

```
hadoop@bigdataVM: /opt/hadoop/hadoop-3.3.1/bin
hadoop@bigdataVM:~$ cd /opt/hadoop/hadoop-3.3.1/bin/
hadoop@bigdataVM:/opt/hadoop/hadoop-3.3.1/bin$ hdfs namenode -format
```

8.如果提示如下信息，证明格式化成功。如图 1-42 所示。

```
2021-08-15 18:04:46,293 INFO common.Storage: Storage directory /opt/hadoop/hadoop-3.3.1/tmp/dfs/name has
been successfully formatted.
2021-08-15 18:04:46,348 INFO namenode.FSImageFormatProtobuf: Saving image file /opt/hadoop/hadoop-3.3.1/t
mp/dfs/name/current/fsimage.ckpt_0000000000000000000 using no compression
2021-08-15 18:04:46,470 INFO namenode.FSImageFormatProtobuf: Image file /opt/hadoop/hadoop-3.3.1/tmp/dfs/
name/current/fsimage.ckpt_0000000000000000000 of size 399 bytes saved in 0 seconds .
2021-08-15 18:04:46,492 INFO namenode.NNStorageRetentionManager: Going to retain 1 images with txid >= 0
2021-08-15 18:04:46,515 INFO namenode.FSNamesystem: Stopping services started for active state
2021-08-15 18:04:46,515 INFO namenode.FSNamesystem: Stopping services started for standby state
2021-08-15 18:04:46,526 INFO namenode.FSImage: FSImageSaver clean checkpoint: txid=0 when meet shutdown.
2021-08-15 18:04:46,527 INFO namenode.NameNode: SHUTDOWN_MSG:
/************************************************************
SHUTDOWN_MSG: Shutting down NameNode at bigdataVM/127.0.1.1
************************************************************/
```

图 1-42 HDFS 格式化成功

1.5.6 启动并测试 Hadoop

1.切换到 sbin 目录下，启动命令：start-all.sh，停止命令：stop-all.sh。命令和操作如下所示。

```
hadoop@bigdataVM:~$ cd /opt/hadoop/hadoop-3.3.1/sbin/
hadoop@bigdataVM:/opt/hadoop/hadoop-3.3.1/sbin$ sudo ./start-all.sh
```

```
hadoop@bigdataVM:~$ cd /opt/hadoop/hadoop-3.3.1/sbin/
hadoop@bigdataVM:/opt/hadoop/hadoop-3.3.1/sbin$ sudo ./start-all.sh
```

如果启动时报以下错误提示，需要修改 4 个文件，如图 1-43 所示。

```
hadoop@bigdataVM:/opt/hadoop/hadoop-3.3.1/sbin$ sudo ./start-all.sh
Starting namenodes on [localhost]
ERROR: Attempting to operate on hdfs namenode as root
ERROR: but there is no HDFS_NAMENODE_USER defined. Aborting operation.
Starting datanodes
ERROR: Attempting to operate on hdfs datanode as root
ERROR: but there is no HDFS_DATANODE_USER defined. Aborting operation.
Starting secondary namenodes [bigdataVM]
ERROR: Attempting to operate on hdfs secondarynamenode as root
ERROR: but there is no HDFS_SECONDARYNAMENODE_USER defined. Aborting operation.
Starting resourcemanager
ERROR: Attempting to operate on yarn resourcemanager as root
ERROR: but there is no YARN_RESOURCEMANAGER_USER defined. Aborting operation.
Starting nodemanagers
ERROR: Attempting to operate on yarn nodemanager as root
ERROR: but there is no YARN_NODEMANAGER_USER defined. Aborting operation.
```

图 1-43 启动报"HDFS 和 YARN 未定义"错误提示

根据以上错误，需要修改/hadoop/sbin 路径下的以下 4 个文件：start-dfs.sh、stop-dfs.sh、start-yarn.sh、stop-yarn.sh。

2.首先，切换到 sbin 目录下，将 start-dfs.sh、stop-dfs.sh 两个文件顶部添加以下参数。命令和操作如下所示。

```
hadoop@bigdataVM:/opt/hadoop/hadoop-3.3.1/sbin$ sudo vim start-dfs.sh
hadoop@bigdataVM:/opt/hadoop/hadoop-3.3.1/sbin$ sudo vim stop-dfs.sh   # 打开文件后，在 2 个文件最上面都添加如下代码：
#!/usr/bin/env bash
HDFS_DATANODE_USER=root
HADOOP_DATANODE_SECURE_USER=hdfs
HDFS_NAMENODE_USER=root
HDFS_SECONDARYNAMENODE_USER=root
```

3.在/hadoop/sbin 路径下，将 start-yarn.sh、stop-yarn.sh 顶部添加以下参数。命令和操作如下所示。

```
hadoop@bigdataVM:/opt/hadoop/hadoop-3.3.1/sbin$ sudo vim start-yarn.sh
hadoop@bigdataVM:/opt/hadoop/hadoop-3.3.1/sbin$ sudo vim stop-yarn.sh   # 打开文件后，在 2 个文件最上面都添加如下代码：
#!/usr/bin/env bash
YARN_RESOURCEMANAGER_USER=root
HADOOP_SECURE_DN_USER=yarn
YARN_NODEMANAGER_USER=root
```

4.修改后重启，执行 ./start-all.sh，如果有 5 个进程，表明成功！命令和操作如下所示。

```
hadoop@bigdataVM:~$ cd /opt/hadoop/hadoop-3.3.1/sbin/
hadoop@bigdataVM:/opt/hadoop/hadoop-3.3.1/sbin$ ./start-all.sh
```

```
hadoop@bigdataVM:~$ cd /opt/hadoop/hadoop-3.3.1/sbin/
hadoop@bigdataVM:/opt/hadoop/hadoop-3.3.1/sbin$ ./start-all.sh
WARNING: Attempting to start all Apache Hadoop daemons as hadoop in 10 seconds.
WARNING: This is not a recommended production deployment configuration.
WARNING: Use CTRL-C to abort.
Starting namenodes on [localhost]
Starting datanodes
Starting secondary namenodes [bigdataVM]
Starting resourcemanager
Starting nodemanagers
```

提示：如果启动执行没有成功，出现如图 1-44 所示错误，是因为无密码登录没有设置成功。

```
hadoop@bigdataVM:/opt/hadoop/hadoop-3.3.1/sbin$ sudo ./start-all.sh
[sudo] hadoop 的密码:
Starting namenodes on [localhost]
localhost: Warning: Permanently added 'localhost' (ECDSA) to the list of known hosts.
localhost: root@localhost: Permission denied (publickey,password).
Starting datanodes
localhost: root@localhost: Permission denied (publickey,password).
Starting secondary namenodes [bigdataVM]
bigdataVM: Warning: Permanently added 'bigdatavm' (ECDSA) to the list of known hosts.
bigdataVM: root@bigdatavm: Permission denied (publickey,password).
Starting resourcemanager
Starting nodemanagers
localhost: root@localhost: Permission denied (publickey,password).
```

图 1-44 启动报错(Permission denied)

要解决上述错误,请参考前面步骤重新设置无密码登录,重新设置之前要先删除以前设置生成的所有文件。设置完成后,输入 ssh localhost,登录成功后启动 hadoop。命令如下所示。

```
ssh localhost
```

如果提示写日志错误,需要对日志目录进行授权。如图 1-45 所示。

```
hadoop@bigdataVM:/opt/hadoop/hadoop-3.3.1/sbin$ ./start-all.sh
WARNING: Attempting to start all Apache Hadoop daemons as hadoop in 10 seconds.
WARNING: This is not a recommended production deployment configuration.
WARNING: Use CTRL-C to abort.
Starting namenodes on [localhost]
localhost: ERROR: Unable to write in /opt/hadoop/hadoop-3.3.1/logs. Aborting.
Starting datanodes
localhost: ERROR: Unable to write in /opt/hadoop/hadoop-3.3.1/logs. Aborting.
Starting secondary namenodes [bigdataVM]
bigdataVM: ERROR: Unable to write in /opt/hadoop/hadoop-3.3.1/logs. Aborting.
Starting resourcemanager
ERROR: Unable to write in /opt/hadoop/hadoop-3.3.1//logs. Aborting.
Starting nodemanagers
localhost: ERROR: Unable to write in /opt/hadoop/hadoop-3.3.1/logs. Aborting.
```

图 1-45 写日志报错(logs)

为避免后续启动报错或者缺少进程节点,除了对日志 logs 授权外,还需要对 HDFS 数据存储路径 tmp 文件夹进行授权(授予 777 权限),允许日志和分布式文件进行正常的写入。命令和操作如下所示,目录变为绿色表明授权成功。

```
sudo chmod 777 -R tmp/
sudo chmod 777 -R logs/
```

```
hadoop@bigdataVM:/opt/hadoop/hadoop-3.3.1$ ls
bin  include  libexec        licenses-binary  logs           NOTICE.txt  sbin   tmp
etc  lib      LICENSE-binary LICENSE.txt      NOTICE-binary  README.txt  share
hadoop@bigdataVM:/opt/hadoop/hadoop-3.3.1$ sudo chmod -R 777 logs/
hadoop@bigdataVM:/opt/hadoop/hadoop-3.3.1$ sudo chmod -R 777 tmp/
hadoop@bigdataVM:/opt/hadoop/hadoop-3.3.1$ ls
bin  include  libexec        licenses-binary  logs           NOTICE.txt  sbin   tmp
etc  lib      LICENSE-binary LICENSE.txt      NOTICE-binary  README.txt  share
```

5.启动成功,使用 jps 命令检查进程是否存在,总共包含 5 个进程(jps 进程本身除外),缺一不可,5 个进程分别为:NameNode、DataNode、SecondaryNameNode、NodeManager、ResourceManager,每次重启,进程 ID 号都会不一样。命令和操作如下所示。

```
jps
```

```
hadoop@bigdataVM:/opt/hadoop/hadoop-3.3.1$ jps
18869 ResourceManager
19352 Jps
19017 NodeManager
18457 DataNode
18283 NameNode
18668 SecondaryNameNode
```

6.如果要关闭 hadoop 可以使用 stop-all.sh 命令。因为前面在/etc/profile 下配置了环境变量，所有在任何路径下都可以随时执行 start-all.sh 和 stop-all.sh 命令进行启动和停止，不必切换到 sbin 目录下。命令和操作如下所示。

```
stop-all.sh
```

```
hadoop@bigdataVM:~$ stop-all.sh
WARNING: Stopping all Apache Hadoop daemons as hadoop in 10 seconds.
WARNING: Use CTRL-C to abort.
Stopping namenodes on [localhost]
Stopping datanodes
Stopping secondary namenodes [bigdataVM]
Stopping nodemanagers
Stopping resourcemanager
```

7.当然，也可以使用如下命令分步启动 hadoop，先启动 hdfs，再启动 yarn。命令和操作如下所示。

```
start-dfs.sh
start-yarn.sh
```

```
hadoop@bigdataVM:~$ start-dfs.sh
Starting namenodes on [localhost]
Starting datanodes
Starting secondary namenodes [bigdataVM]
hadoop@bigdataVM:~$ start-yarn.sh
Starting resourcemanager
Starting nodemanagers
```

8.访问 hdfs 的管理界面。Hadoop 3.x 版本默认访问地址：localhost：9870，如图 1-46 所示。

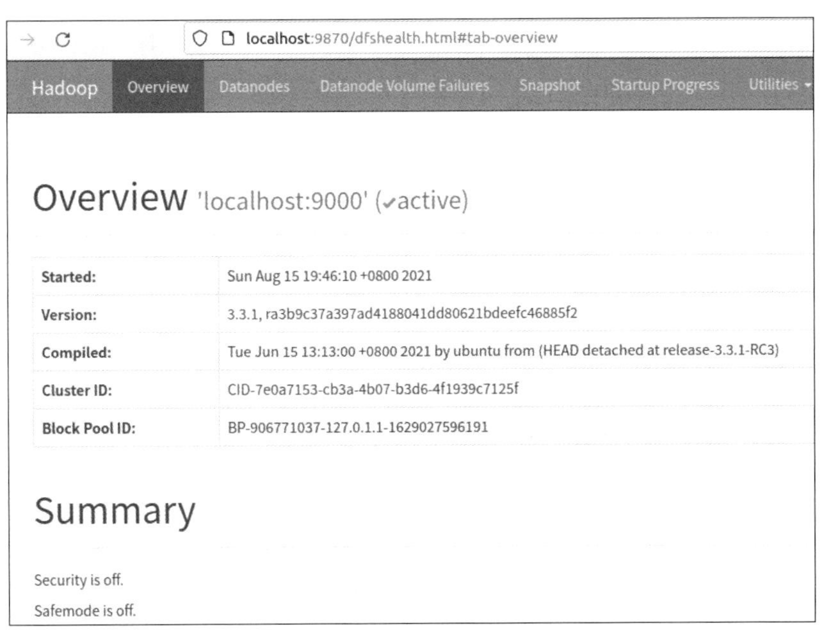

图 1-46 访问 HDFS 系统管理界面

9.访问 yarn 的管理界面。yarn 的默认访问地址：localhost：8088，集群节点的相关信息，这个集群监控界面在后面 Spark on Yarn 时会用到，如图 1-47 所示。

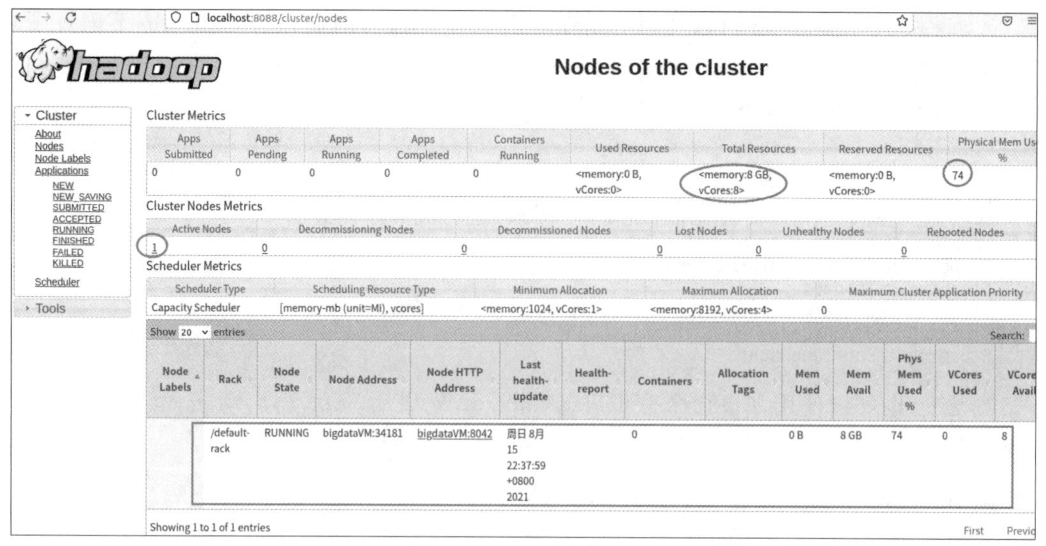

图 1-47 yarn 访问界面

10.如果单击节点 Node HTTP Adress，会发现 bigdataVM:8042 也可访问，显示相关节点信息。如图 1-48 所示。

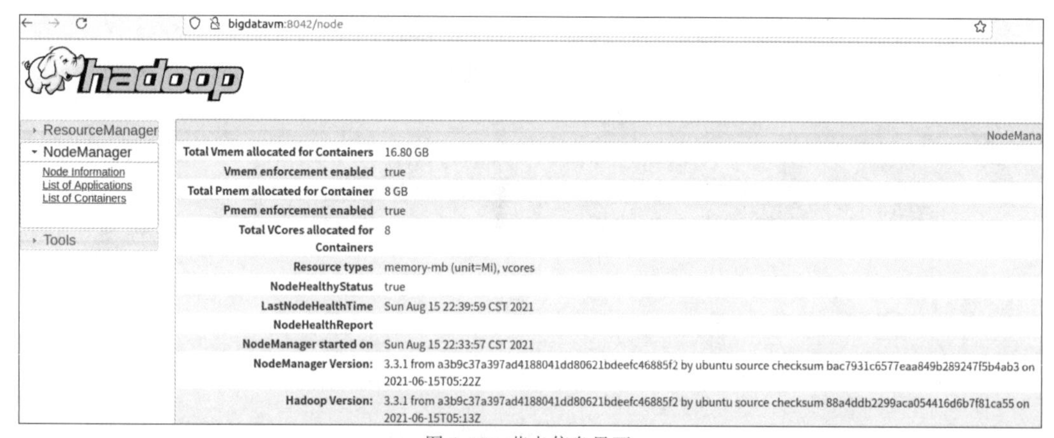

图 1-48 节点信息界面

11.如果想停止所有服务，请输入 stop-all.sh。

1.5.7 Hadoop 启动错误问题解决方法

一般可以查看启动日志来排查原因，注意几点：

1.启动时会提示形如“bigdataVM: starting namenode, logging to /opt/hadoop/hadoop-3.3.1/logs/hadoop-hadoop-namenode-bigdataVM.out”，其中 bigdataVM 对应机器名，但其实启动日志信息是记录在/opt/hadoop/hadoop/logs/hadoop-hadoop-namenode-bigdataVM.log 中，所以应该查看后缀为 .log 的文件，如图 1-49 所示。

2.每一次的启动最新日志都是追加在日志文件之后，拖拉滚动条到最后面查看，通过日志记录查看最新生成的日志。一般出错的提示通常是写着 Fatal、Error、Warning 或者 Java Exception 的地方。

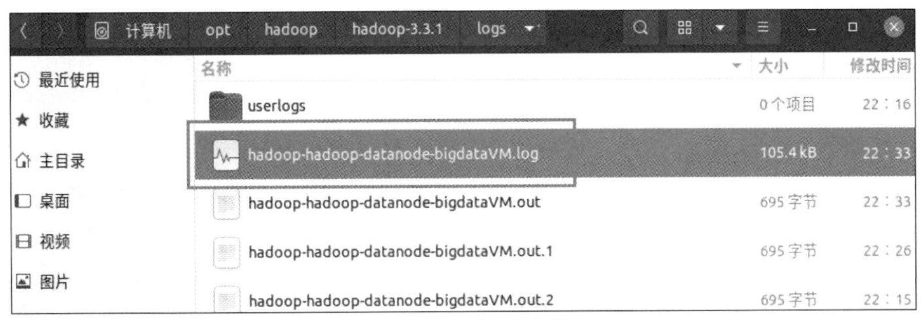

图 1-49　查看日志文件

3.若是有 DataNode 节点未启动，以上方法都无法解决，可尝试重新格式化 namenode 节点的方法。方法 1：命令如下所示。

```
stop-all.sh                 # 关闭
rm -r ./tmp                 # 删除 tmp 文件，注意这会删除 HDFS 中原有的所有数据
hdfs namenode -format       # 重新格式化 namenode
start-all.sh                # 重启
```

注意：这会删除 HDFS 中原有的所有数据，如果原有的数据很重要请谨慎操作。

方法 2：检查 data/current 和 name/current 文件夹下 version 版本里面的集群 clusterID 是否一致，如果不一致，将 DataNode 节点下的集群 ID 修改为 NameNode 节点下的集群 ID。示例如下所示。

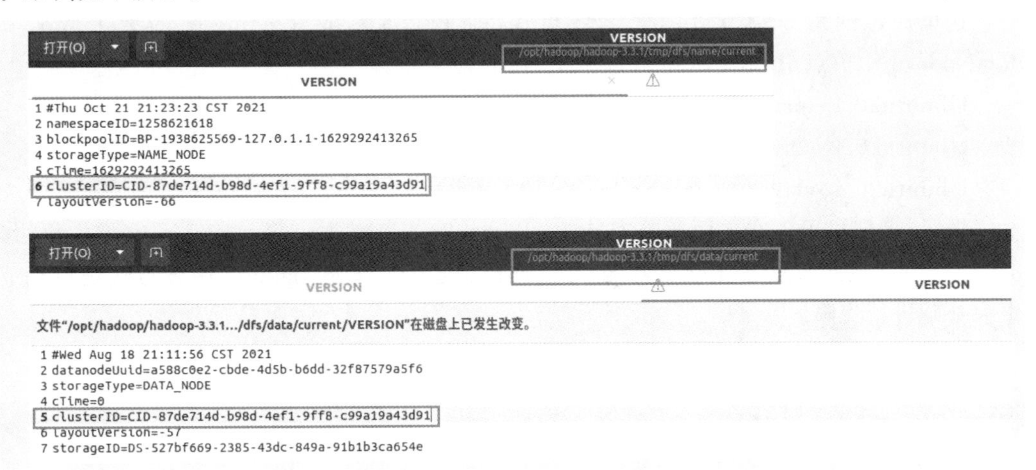

1.6 实践任务 3：Spark 集群基础实验环境 Hadoop 准备

Spark 是一个开源的可应用于大规模数据处理的分布式计算框架，为了让 Spark 获取更好的大规模数据处理能力，需要构建 Spark 集群环境，但构建 Spark 集群环境之前必须先构建 Hadoop 分布式集群。本实验搭建 Spark 集群环境的基础实验环境 Hadoop 分布式集群，为后续 Spark 集群的构建做好准备。

Ubuntu20.4 下搭建 hadoop3.3.1 完全分布式集群环境说明如下：

一台 Ubuntu 主机系统做 Master，一台 Ubuntu 主机系统做 slave1，一台 Ubuntu 主机系统做 slave2。三台主机机器处于同一局域网下。

这里使用三台主机搭建分布式集群环境，若需要更多台机器同样可以使用如下配置。

主机对应的 IP 在不同局域网环境下有可能不同，可以用 ifconfig 命令查看当前主机的 IP 地址为：192.168.252.135，如图 1-50 所示。根据自己虚拟机的实际情况进行相应的配置即可。

```
hadoop@bigdataVM:~$ ifconfig
ens33: flags=4163<UP,BROADCAST,RUNNING,MULTICAST>  mtu 1500
        inet 192.168.252.135  netmask 255.255.255.0  broadcast 192.168.252.255
        inet6 fe80::5e77:cc28:f591:acdc  prefixlen 64  scopeid 0x20<link>
        ether 00:0c:29:ee:f3:10  txqueuelen 1000  (以太网)
        RX packets 49  bytes 7055 (7.0 KB)
        RX errors 0  dropped 0  overruns 0  frame 0
        TX packets 98  bytes 10320 (10.3 KB)
        TX errors 0  dropped 0 overruns 0  carrier 0  collisions 0

lo: flags=73<UP,LOOPBACK,RUNNING>  mtu 65536
        inet 127.0.0.1  netmask 255.0.0.0
        inet6 ::1  prefixlen 128  scopeid 0x10<host>
        loop  txqueuelen 1000  (本地环回)
        RX packets 161  bytes 13244 (13.2 KB)
        RX errors 0  dropped 0  overruns 0  frame 0
        TX packets 161  bytes 13244 (13.2 KB)
        TX errors 0  dropped 0 overruns 0  carrier 0  collisions 0
```

图 1-50　ifconfig 查看虚拟机 IP 地址

这里搭建的是 3 个节点的完全分布式，即 1 个名称节点 nameNode，2 个数据节点 dataNode，3 个节点 IP 地址配置分别如下：

Ubuntu20.4 -master　nameNode　192.168.252.135

Ubuntu20.4 -slave1　dataNode　192.168.128.136

Ubuntu20.4 -slave2　dataNode　192.168.128.137

提示：虚拟机可以在前面章节安装的 Ubuntu20.4 基础上克隆一份 Linux 虚拟机，作为 master 节点，在此节点上进行安装；也可以选择已经安装好的 hadoop 伪分布式虚拟机节点作为基础进行克隆。

Hadoop 完全分布式集群环境搭建步骤如下：

1.6.1 安装 JDK

1.参考前面章节的解压步骤进行解压，解压完成后执行 sudo vim /etc/profile 配置环境变量，命令和操作如下所示。

```
sudo vim /etc/profile

export JAVA_HOME=/opt/java/jdk-11.0.12/
export HADOOP_HOME=/opt/hadoop/hadoop-3.3.1/
export PATH=$PATH:$JAVA_HOME/bin:$HADOOP_HOME/bin:$HADOOP_HOME/sbin

if [ "${PS1-}" ]; then
  if [ "${BASH-}" ] && [ "$BASH" != "/bin/sh" ]; then
```

2.保存退出后，执行 source 命令让环境变量生效，然后查看 jdk 版本，如果版本输出正常，表示 jdk 配置成功。命令和操作如下所示。

```
source /etc/profile
java  -version
```

```
hadoop@bigdataVM:~$ source /etc/profile
hadoop@bigdataVM:~$ java -version
java version "11.0.12" 2021-07-20 LTS
Java(TM) SE Runtime Environment 18.9 (build 11.0.12+8-LTS-237)
Java HotSpot(TM) 64-Bit Server VM 18.9 (build 11.0.12+8-LTS-237, mixed mode)
```

1.6.2 安装 Hadoop

1.创建 Hadoop 集群解压缩目录。输入 sudo mkdir /opt/hadoopcluster 创建一个 hadoopcluster 的文件夹。命令和操作如下所示。

```
sudo mkdir /opt/hadoopcluster
```

```
hadoop@bigdataVM:~$ sudo mkdir /opt/hadoopcluster
[sudo] hadoop 的密码:
hadoop@bigdataVM:~$
```

2.进入存放 hadoop 安装包的目录，输入 sudo tar -zxvf hadoop-3.3.1.tar.gz -C /opt/hadoopcluster/解压 tar 包。命令和操作如下所示。

```
hadoop@bigdataVM:~$ cd 下载
hadoop@bigdataVM:~/下载$ sudo tar -zxvf hadoop-3.3.1.tar.gz -C /opt/hadoopcluster/
```

```
hadoop@bigdataVM:~$ cd 下载
hadoop@bigdataVM:~/下载$ sudo tar -zxvf hadoop-3.3.1.tar.gz -C /opt/hadoopcluster/
```

3.配置环境变量。输入 sudo vim /etc/profile，加入如下内容，保存并退出。命令和操作如下所示。

```
sudo vim /etc/profile
```

```
# and Bourne compatible shells (bash(1), ksh(1), ash(1), ...).
export JAVA_HOME=/opt/java/jdk-11.0.12/
export HADOOP_HOME=/opt/hadoopcluster/hadoop-3.3.1/
export PATH=$PATH:$JAVA_HOME/bin:$HADOOP_HOME/bin:$HADOOP_HOME/sbin

if [ "${PS1-}" ]; then
```

4.使环境变量生效。执行 source /etc/profile 。命令和操作如下所示。

```
source /etc/profile
```

```
hadoop@bigdataVM:~$ sudo vim /etc/profile
hadoop@bigdataVM:~$ source /etc/profile
```

5.在任意目录下输入 hado，然后按 Tab 键，如果自动补全为 hadoop，则说明环境变量配置正确，否则应检查环境变量配置文件是否有误。创建 3 个文件夹，用来保存集群数据，后面集群的配置会用到这 3 个文件夹。命令和操作如下所示。

```
sudo mkdir /opt/hadoopcluster/tmp
sudo mkdir -p /opt/hadoopcluster/hdfs/name
sudo mkdir -p /opt/hadoopcluster/hdfs/data
```

6.进入 hadoop 解压后的 /etc/hadoop 目录，里面存放的是 hadoop 的配置文件，接下来就是要修改这些配置文件，有 2 个.sh 文件 hadoop-env.sh 和 yarn-env.sh，需要指定一下 JAVA 的目录。首先输入 sudo vim hadoop-env.sh 修改配置文件，其次输入 sudo vim yarn-env.sh 修改配置文件。命令和操作如下所示。

```
hadoop@bigdataVM:~$ cd /opt/hadoopcluster/hadoop-3.3.1/etc/hadoop/
hadoop@bigdataVM:/opt/hadoopcluster/hadoop-3.3.1/etc/hadoop$ sudo vim hadoop-env.sh
hadoop@bigdataVM:/opt/hadoopcluster/hadoop-3.3.1/etc/hadoop$ sudo vim yarn-env.sh
```

解除原有的JAVA_HOME注释，根据自己的JDK安装位置，精确配置JAVA_HOME如下，保存并退出。

```
hadoop@bigdataVM:~$ cd /opt/hadoopcluster/hadoop-3.3.1/etc/hadoop/
hadoop@bigdataVM:/opt/hadoopcluster/hadoop-3.3.1/etc/hadoop$ sudo vim hadoop-env.sh
54 # export JAVA_HOME=
55
56 # Location of Hadoop.  By default, Hadoop will attempt to determine
57 # this location based upon its execution path.
58 export JAVA_HOME=/opt/java/jdk-11.0.12/
hadoop@bigdataVM:/opt/hadoopcluster/hadoop-3.3.1/etc/hadoop$ sudo vim yarn-env.sh
hadoop@bigdataVM: /opt/hadoopcluster/hadoop-3.3.1/etc/hadoop
1 export JAVA_HOME=/opt/java/jdk-11.0.12/
2
3 # Licensed to the Apache Software Foundation (ASF)
```

7.输入 sudo vim core-site.xml，修改配置文件 core-site.xml。命令和操作如下所示。

```
hadoop@bigdataVM:/opt/hadoopcluster/hadoop-3.3.1/etc/hadoop$ sudo vim core-site.xml
hadoop@bigdataVM:/opt/hadoopcluster/hadoop-3.3.1/etc/hadoop$ sudo vim core-site.xml
```

在打开的配置文件中的<configuration></configuration>之间增加如下内容：

```
<property>
    <name>fs.defaultFS</name>
    <value>hdfs://master:9000</value>
</property>
<property>
    <name>hadoop.tmp.dir</name>
    <value>/opt/hadoopcluster/tmp</value>
</property>
```

增加的内容示例如下：

```
<configuration>
<property>
<name>fs.defaultFS</name>
<value>hdfs://master:9000</value>
</property>
<property>
<name>hadoop.tmp.dir</name>
<value>/opt/hadoopcluster/tmp</value>
</property>
</configuration>
```

8.输入 sudo vim hdfs-site.xml，修改配置文件 hdfs-site.xml。命令和操作如下所示。

```
hadoop@bigdataVM:/opt/hadoopcluster/hadoop-3.3.1/etc/hadoop$ sudo vim hdfs-site.xml
hadoop@bigdataVM:/opt/hadoopcluster/hadoop-3.3.1/etc/hadoop$ sudo vim hdfs-site.xml
```

在打开的配置文件中的<configuration></configuration>之间增加如下内容：

```
<property>
```

```
        <name>dfs.namenode.name.dir</name>
        <value>file:/opt/hadoopcluster/hdfs/name</value>
    </property>
    <property>
        <name>dfs.datanode.data.dir</name>
        <value>file:/opt/hadoopcluster/hdfs/data</value>
    </property>
    <property>
        <name>dfs.replication</name>
        <value>1</value>
    </property>
# 增加的内容示例如下：
<configuration>
<property>
        <name>dfs.namenode.name.dir</name>
        <value>file:/opt/hadoopcluster/hdfs/name</value>
    </property>
    <property>
        <name>dfs.datanode.data.dir</name>
        <value>file:/opt/hadoopcluster/hdfs/data</value>
    </property>
    <property>
        <name>dfs.replication</name>
                <value>1</value>
</property>

</configuration>
```

9.输入 sudo vim mapred-site.xml，修改配置文件 mapred-site.xml。命令和操作如下所示。

```
hadoop@bigdataVM:/opt/hadoopcluster/hadoop-3.3.1/etc/hadoop $ sudo vim mapred-site.xml
hadoop@bigdataVM:/opt/hadoopcluster/hadoop-3.3.1/etc/hadoop$ sudo vim mapred-site.xml
在打开的配置文件中的<configuration></configuration>之间增加如下内容：
    <property>
        <name>mapreduce.framework.name</name>
        <value>yarn</value>
    </property>
# 增加的内容示例如下：
<configuration>
<property>
        <name>mapreduce.framework.name</name>
        <value>yarn</value>
</property>
</configuration>
```

10.输入 sudo vim yarn-site.xml，修改配置文件 yarn-site.xml。命令和操作如下所示。

```
hadoop@bigdataVM:/opt/hadoopcluster/hadoop-3.3.1/etc/hadoop $ sudo vim yarn-site.xml
hadoop@bigdataVM:/opt/hadoopcluster/hadoop-3.3.1/etc/hadoop$ sudo vim yarn-site.xml
在打开的配置文件中的<configuration></configuration>之间增加如下内容：
    <property>
```

```
    <name>yarn.resourcemanager.hostname</name>
    <value>master</value>
<description>指定 resourcemanager 所在的 hostname</description>
</property>
<property>
<name>yarn.nodemanager.aux-services</name>
<value>mapreduce_shuffle</value>
<description>
NodeManager 上运行的附属服务。
需配置成 mapreduce_shuffle,才可运行 MapReduce 程序
</description>
</property>
```

增加的内容示例如下:

```
<configuration>
<property>
    <name>yarn.resourcemanager.hostname</name>
    <value>master</value>
<description>指定resourcemanager所在的hostname</description>
</property>
<property>
   <name>yarn.nodemanager.aux-services</name>
   <value>mapreduce_shuffle</value>
<description>
NodeManager上运行的附属服务。
需配置成mapreduce_shuffle,才可运行MapReduce程序
</description>
</property>
</configuration>
```

11.输入 sudo vim workers,修改配置文件。在 workers 中配置 slave1 和 slave2 节点。命令和操作如下所示。

```
hadoop@bigdataVM:/opt/hadoopcluster/hadoop-3.3.1/etc/hadoop$ sudo vim workers
```

```
hadoop@bigdataVM: /opt/hadoopcluster/hadoop-3.3.1/etc/hadoop
slave1
slave2
```

12.回到 /opt 目录下,输入 sudo chmod 777 -R hadoopcluster/,进行授权。命令和操作如下所示。

```
hadoop@bigdataVM:/opt/hadoopcluster/hadoop-3.3.1/etc/hadoop$ cd /opt
hadoop@bigdataVM:/opt$ sudo chmod 777 -R hadoopcluster/
```

1.6.3 安装 SSH、配置 SSH 无密码登录

1.安装 SSH,如果已经安装可以忽略此步。命令如下所示。

```
sudo apt-get install openssh-server
```

将虚拟机关闭,再克隆 2 台虚拟机,重命名为 slave1 和 slave2,注意这里一定要关闭虚拟机,再克隆,如图 1-51 所示。

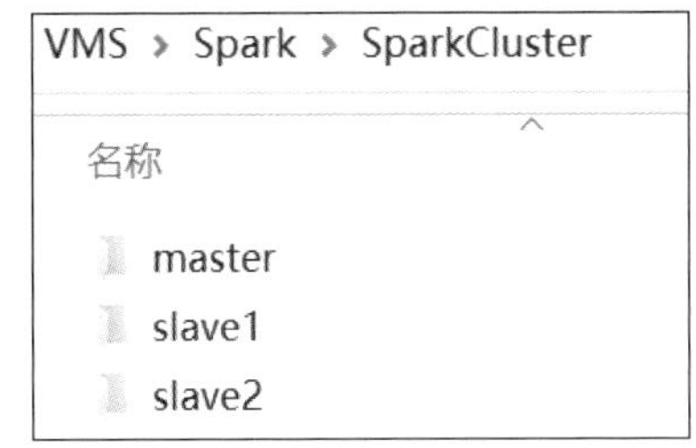

图 1-51 虚拟机克隆

2.将 3 台虚拟机都打开，分别查看 3 台虚拟机的 IP 地址，发现分别对应 135、136、137。3 台机器 ip 地址对应关系如下所示。

```
master    192.168.252.135
slave1    192.168.252.136
slave2    192.168.252.137
```

查看 ip 地址。命令和操作如下所示。

master IP 地址：

```
hadoop@bigdataVM:~$ ifconfig
ens33: flags=4163<UP,BROADCAST,RUNNING,MULTICAST>  mtu 1500
        inet 192.168.252.135  netmask 255.255.255.0  broadcast 192.168.252.255
        inet6 fe80::5e77:cc28:f591:acdc  prefixlen 64  scopeid 0x20<link>
        ether 00:0c:29:ee:f3:10  txqueuelen 1000  (以太网)
        RX packets 972  bytes 915546 (915.5 KB)
        RX errors 0  dropped 0  overruns 0  frame 0
        TX packets 267  bytes 22205 (22.2 KB)
        TX errors 0  dropped 0 overruns 0  carrier 0  collisions 0
```

slave1 IP 地址：

```
hadoop@bigdataVM:~$ ifconfig
ens33: flags=4163<UP,BROADCAST,RUNNING,MULTICAST>  mtu 1500
        inet 192.168.252.136  netmask 255.255.255.0  broadcast 192.168.252.255
        inet6 fe80::f547:dfc6:864c:a280  prefixlen 64  scopeid 0x20<link>
        ether 00:0c:29:be:37:9a  txqueuelen 1000  (以太网)
        RX packets 952  bytes 911307 (911.3 KB)
        RX errors 0  dropped 0  overruns 0  frame 0
        TX packets 267  bytes 23246 (23.2 KB)
        TX errors 0  dropped 0 overruns 0  carrier 0  collisions 0
```

slave2 IP 地址：

```
hadoop@bigdataVM:~$ ifconfig
ens33: flags=4163<UP,BROADCAST,RUNNING,MULTICAST>  mtu 1500
        inet 192.168.252.137  netmask 255.255.255.0  broadcast 192.168.252.255
        inet6 fe80::d576:64c5:5f70:1ef6  prefixlen 64  scopeid 0x20<link>
        ether 00:0c:29:88:75:89  txqueuelen 1000  (以太网)
        RX packets 335  bytes 40917 (40.9 KB)
        RX errors 0  dropped 0  overruns 0  frame 0
        TX packets 152  bytes 16849 (16.8 KB)
        TX errors 0  dropped 0 overruns 0  carrier 0  collisions 0
```

使用 ping 命令验证 3 台虚拟机网络是否连通，操作如下所示。

master 节点上 ping slave1 节点，其他节点类似。

```
hadoop@bigdataVM:~$ ping 192.168.252.136
PING 192.168.252.136 (192.168.252.136) 56(84) bytes of data.
64 比特，来自 192.168.252.136: icmp_seq=1 ttl=64 时间=2.48 毫秒
64 比特，来自 192.168.252.136: icmp_seq=2 ttl=64 时间=1.07 毫秒
64 比特，来自 192.168.252.136: icmp_seq=3 ttl=64 时间=2.57 毫秒
```

3.在 master 机器上，输入 sudo vim /etc/hostname，将内容改为 master，保存并退出，然后重启，重启后计算机名变更为 master。命令和操作如下所示。

```
hadoop@bigdataVM:~$ sudo vim /etc/hostname
```

```
master
~
```

4.在 slave1 机器上，输入 sudo vim /etc/hostname，将内容改为 slave1，保存并退出，然后重启，重启后计算机名变更为 slave1。命令和操作如下所示。

```
hadoop@bigdataVM:~$ sudo vim /etc/hostname
```

```
slave1
~
```

5.在 slave2 机器上，输入 vi /etc/hostname，将内容改为 slave2，保存并退出，然后重启，重启后计算机名变更为 slave2。命令和操作如下所示。

```
hadoop@bigdataVM:~$ sudo vim /etc/hostname
```

```
slave2
~
```

6.在 3 台机器上分别输入 vim /etc/hosts 修改文件，其作用是将一些常用的网址域名与其对应的 IP 地址建立一个关联。当用户在访问网址时，系统会首先自动从 Hosts 文件中寻找对应的 IP 地址，3 个文件中都加入如下内容，保存并退出。注意这里要根据自己实际 IP 和节点主机名进行更改，IP 和主机名中间要有一个空格。命令和操作如下所示。

```
vim /etc/hosts
```

```
127.0.0.1       localhost
127.0.1.1       bigdataVM
192.168.252.135 master
192.168.252.136 slave1
192.168.252.137 slave2
```

7.在每一节点上进行 ssh 免密登录。首先生成 Master 节点的公匙，在 Master 节点的终端中执行，因为改过主机名，所以还需要删掉原有的公匙再重新生成一次。命令和操作如下所示。

```
cd ~/.ssh
rm ./id_rsa*
ssh-keygen -t rsa
cat ./id_rsa.pub >> ./authorized_keys
```

```
hadoop@master:~$ cd ~/.ssh
hadoop@master:~/.ssh$ rm ./id_rsa*
hadoop@master:~/.ssh$ ssh-keygen -t rsa
Generating public/private rsa key pair.
Enter file in which to save the key (/home/hadoop/.ssh/id_rsa):
Enter passphrase (empty for no passphrase):
Enter same passphrase again:
Your identification has been saved in /home/hadoop/.ssh/id_rsa
Your public key has been saved in /home/hadoop/.ssh/id_rsa.pub
The key fingerprint is:
SHA256:9bgADjb8fgoYyLv5I0wt8KE0rE7LtY17ZHlX7RUxDk8 hadoop@master
The key's randomart image is:
+---[RSA 3072]----+
|            . E.|
|    .         =..|
|.    = .   . .  o.|
|o=.. = . . + . . |
|=++.  + S o o .  |
|o+o= = . o . .   |
|*.= B o o .      |
| *o+ + o         |
| ooo+ .          |
+----[SHA256]-----+
hadoop@master:~/.ssh$ cat ./id_rsa.pub >> ./authorized_keys
```

8.完成后可执行 ssh master 验证一下。登录过程可能需要输入 yes,成功后执行 exit 返回原来的终端。接着在 Master 节点上将公匙传输到 slave1 和 slave2 节点。命令和操作如下所示。

```
scp /home/hadoop/.ssh/id_rsa.pub hadoop@slave1:~/.ssh
scp /home/hadoop/.ssh/id_rsa.pub hadoop@slave2:~/.ssh
```

```
hadoop@master:~$ scp /home/hadoop/.ssh/id_rsa.pub hadoop@slave1:~/.ssh
The authenticity of host 'slave1 (192.168.252.136)' can't be established.
ECDSA key fingerprint is SHA256:+LNw5Lvc+kLde1S5YBPLDvX4utKiNXuhZYJaL62hP9M.
Are you sure you want to continue connecting (yes/no/[fingerprint])? yes
Warning: Permanently added 'slave1' (ECDSA) to the list of known hosts.
hadoop@slave1's password:
id_rsa.pub                                          100%  567    730.5KB/s
hadoop@master:~$ scp /home/hadoop/.ssh/id_rsa.pub hadoop@slave2:~/.ssh
The authenticity of host 'slave2 (192.168.252.137)' can't be established.
ECDSA key fingerprint is SHA256:+LNw5Lvc+kLde1S5YBPLDvX4utKiNXuhZYJaL62hP9M.
Are you sure you want to continue connecting (yes/no/[fingerprint])? yes
Warning: Permanently added 'slave2' (ECDSA) to the list of known hosts.
hadoop@slave2's password:
id_rsa.pub                                          100%  567    718.2KB/s
```

scp 是 secure copy 的简写,用于在 Linux 下进行远程拷贝文件,类似于 cp 命令,不过 cp 只能在本机中拷贝。在执行 scp 时会要求输入 slave1、slave2 上 hadoop 用户的密码(自定义的密码),输入完成后会提示传输完毕。命令和操作如下所示。

9.在 slave1、slave2 节点上,将 ssh 公匙加入授权。命令和操作如下所示。

```
cat id_rsa.pub >> authorized_keys
```

```
hadoop@slave1:~$ cd .ssh/
hadoop@slave1:~/.ssh$ ls
id_rsa.pub  known_hosts
hadoop@slave1:~/.ssh$ cat id_rsa.pub >> authorized_keys

hadoop@slave2:~$ cd .ssh/
hadoop@slave2:~/.ssh$ ls
id_rsa.pub  known_hosts
hadoop@slave2:~/.ssh$ cat id_rsa.pub >> authorized_keys
```

10.在 master 机器上输入 ssh slave1 和 slave2 测试免密码登录。命令和操作如下所示。

```
hadoop@master:~$ ssh slave1
Welcome to Ubuntu 20.04.2 LTS (GNU/Linux 5.11.0-25-generic x86_64)

 * Documentation:  https://help.ubuntu.com
 * Management:     https://landscape.canonical.com
 * Support:        https://ubuntu.com/advantage

193 updates can be installed immediately.
0 of these updates are security updates.
To see these additional updates run: apt list --upgradable

Your Hardware Enablement Stack (HWE) is supported until April 2025.
Last login: Mon Aug 16 22:53:28 2021 from 127.0.0.1
hadoop@slave1:~$
```

```
hadoop@master:~$ ssh slave2
Welcome to Ubuntu 20.04.2 LTS (GNU/Linux 5.11.0-25-generic x86_64)

 * Documentation:  https://help.ubuntu.com
 * Management:     https://landscape.canonical.com
 * Support:        https://ubuntu.com/advantage

193 updates can be installed immediately.
0 of these updates are security updates.
To see these additional updates run: apt list --upgradable

Your Hardware Enablement Stack (HWE) is supported until April 2025.
Last login: Mon Aug 16 22:54:09 2021 from 127.0.0.1
hadoop@slave2:~$
```

11.在 master 机器上,任意目录输入 hdfs namenode -format 格式化 namenode,第一次使用需格式化一次,之后就不用再格式化,如果一些配置文件改了,可能还需要再次格式化。格式化后如果提示 successfully formatted,表明格式化成功。命令和操作如下所示。

```
hadoop@master:~$ hdfs namenode -format
009, /opt/hadoop/hadoop-3.3.1/tmp/dfs/name/current/VERSION]
2021-08-16 23:01:09,375 INFO common.Storage: Storage directory /opt/hadoop/hadoop-3.3.1/tmp/dfs/n
ame has been successfully formatted.
2021-08-16 23:01:09,435 INFO namenode.FSImageFormatProtobuf: Saving image file /opt/hadoop/hadoop
-3.3.1/tmp/dfs/name/current/fsimage.ckpt_0000000000000000000 using no compression
2021-08-16 23:01:09,570 INFO namenode.FSImageFormatProtobuf: Image file /opt/hadoop/hadoop-3.3.1/
tmp/dfs/name/current/fsimage.ckpt_0000000000000000000 of size 398 bytes saved in 0 seconds .
2021-08-16 23:01:09,582 INFO namenode.NNStorageRetentionManager: Going to retain 1 images with tx
id >= 0
2021-08-16 23:01:09,612 INFO namenode.FSNamesystem: Stopping services started for active state
2021-08-16 23:01:09,612 INFO namenode.FSNamesystem: Stopping services started for standby state
2021-08-16 23:01:09,620 INFO namenode.FSImage: FSImageSaver clean checkpoint: txid=0 when meet sh
utdown.
2021-08-16 23:01:09,622 INFO namenode.NameNode: SHUTDOWN_MSG:
/************************************************************
SHUTDOWN_MSG: Shutting down NameNode at master/192.168.252.135
************************************************************/
```

12.执行 start-all.sh 命名,开启 hadoop。命令和操作如下所示。

```
hadoop@master:~$ start-all.sh
WARNING: Attempting to start all Apache Hadoop daemons as hadoop in 10 seconds.
WARNING: This is not a recommended production deployment configuration.
WARNING: Use CTRL-C to abort.
Starting namenodes on [master]
Starting datanodes
slave2: WARNING: /opt/hadoopcluster/hadoop-3.3.1/logs does not exist. Creating.
slave1: WARNING: /opt/hadoopcluster/hadoop-3.3.1/logs does not exist. Creating.
Starting secondary namenodes [master]
Starting resourcemanager
Starting nodemanagers
```

13.master、slave1 和 slave2 节点验证。master 节点有 3 个进程，slave 节点有 2 个进程。命令和操作如下所示。

master 节点验证：

```
hadoop@master:~$ jps
9154 Jps
8853 ResourceManager
8409 NameNode
8651 SecondaryNameNode
```

slave1 节点验证：

```
hadoop@slave1:~$ jps
2878 Jps
2590 DataNode
2751 NodeManager
```

slave2 节点验证：

```
hadoop@slave2:~$ jps
2728 NodeManager
2570 DataNode
2859 Jps
```

14.使用 hdfs dfsadmin -report 查看集群节点信息。命令和操作如下所示。

hadoop@master:～$ hdfs dfsadmin -report

```
hadoop@master:~$ hdfs dfsadmin -report
Configured Capacity: 125226868736 (116.63 GB)
Present Capacity: 88605618176 (82.52 GB)
DFS Remaining: 88605569024 (82.52 GB)
DFS Used: 49152 (48 KB)
DFS Used%: 0.00%
Replicated Blocks:
        Under replicated blocks: 0
        Blocks with corrupt replicas: 0
        Missing blocks: 0
        Missing blocks (with replication factor 1): 0
        Low redundancy blocks with highest priority to recover: 0
        Pending deletion blocks: 0
Erasure Coded Block Groups:
        Low redundancy block groups: 0
        Block groups with corrupt internal blocks: 0
        Missing block groups: 0
        Low redundancy blocks with highest priority to recover: 0
        Pending deletion blocks: 0

-------------------------------------------------
Live datanodes (2):

Name: 192.168.252.136:9866 (slave1)
Hostname: slave1
Decommission Status : Normal
Configured Capacity: 62613434368 (58.31 GB)
DFS Used: 24576 (24 KB)
Non DFS Used: 15114186752 (14.08 GB)
DFS Remaining: 44288221184 (41.25 GB)
DFS Used%: 0.00%
DFS Remaining%: 70.73%
Configured Cache Capacity: 0 (0 B)
Cache Used: 0 (0 B)
Cache Remaining: 0 (0 B)
Cache Used%: 100.00%
Cache Remaining%: 0.00%
Xceivers: 0
Last contact: Wed Aug 18 23:07:10 CST 2021
Last Block Report: Wed Aug 18 23:02:13 CST 2021
Num of Blocks: 0
```

```
Name: 192.168.252.137:9866 (slave2)
Hostname: slave2
Decommission Status : Normal
Configured Capacity: 62613434368 (58.31 GB)
DFS Used: 24576 (24 KB)
Non DFS Used: 15085060096 (14.05 GB)
DFS Remaining: 44317347840 (41.27 GB)
DFS Used%: 0.00%
DFS Remaining%: 70.78%
Configured Cache Capacity: 0 (0 B)
Cache Used: 0 (0 B)
Cache Remaining: 0 (0 B)
Cache Used%: 100.00%
Cache Remaining%: 0.00%
Xceivers: 0
Last contact: Wed Aug 18 23:07:13 CST 2021
Last Block Report: Wed Aug 18 23:02:13 CST 2021
Num of Blocks: 0
Name: 192.168.252.137:9866 (slave2)
Hostname: slave2
Decommission Status : Normal
Configured Capacity: 62613434368 (58.31 GB)
DFS Used: 24576 (24 KB)
Non DFS Used: 15085060096 (14.05 GB)
DFS Remaining: 44317347840 (41.27 GB)
DFS Used%: 0.00%
DFS Remaining%: 70.78%
Configured Cache Capacity: 0 (0 B)
Cache Used: 0 (0 B)
Cache Remaining: 0 (0 B)
Cache Used%: 100.00%
Cache Remaining%: 0.00%
Xceivers: 0
Last contact: Wed Aug 18 23:07:13 CST 2021
Last Block Report: Wed Aug 18 23:02:13 CST 2021
Num of Blocks: 0
```

1.6.4 浏览器验证查看

1.打开 Web 浏览器,Hadoop3.x 版本默认端口为 9870。输入访问地址:http://192.168.252.135:9870,进入 Hadoop 主页,如图 1-52 所示。

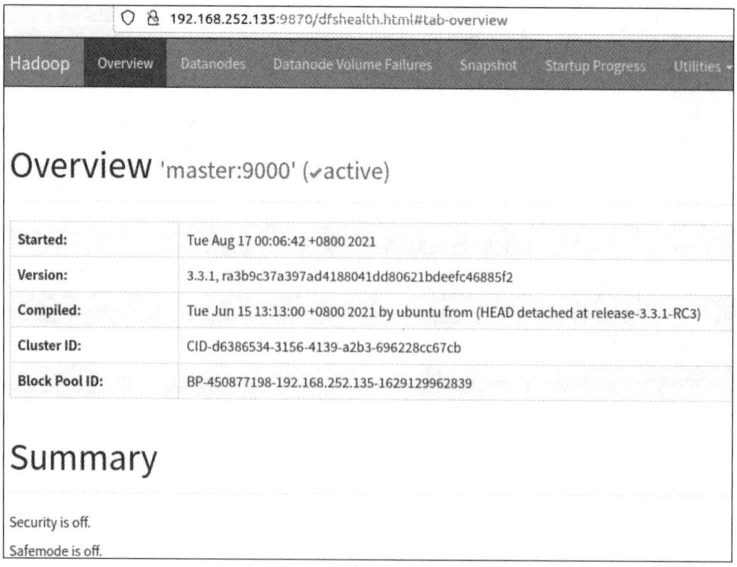

192.168.252.135:9870/dfshealth.html#tab-overview

Hadoop | Overview | Datanodes | Datanode Volume Failures | Snapshot | Startup Progress | Utilities

Overview 'master:9000' (✔active)

Started:	Tue Aug 17 00:06:42 +0800 2021
Version:	3.3.1, ra3b9c37a397ad4188041dd80621bdeefc46885f2
Compiled:	Tue Jun 15 13:13:00 +0800 2021 by ubuntu from (HEAD detached at release-3.3.1-RC3)
Cluster ID:	CID-d6386534-3156-4139-a2b3-696228cc67cb
Block Pool ID:	BP-450877198-192.168.252.135-1629129962839

Summary

Security is off.

Safemode is off.

图 1-52 Hadoop 主页界面

2.如果要查看集群节点信息。可以输入 http://192.168.252.135:8088 进行查看相关信息,该监控界面会在后面 Spark on YARN 集群中用到。在这里可以看到 2 个 Active Nodes 节点状态信息。如图 1-53 所示。

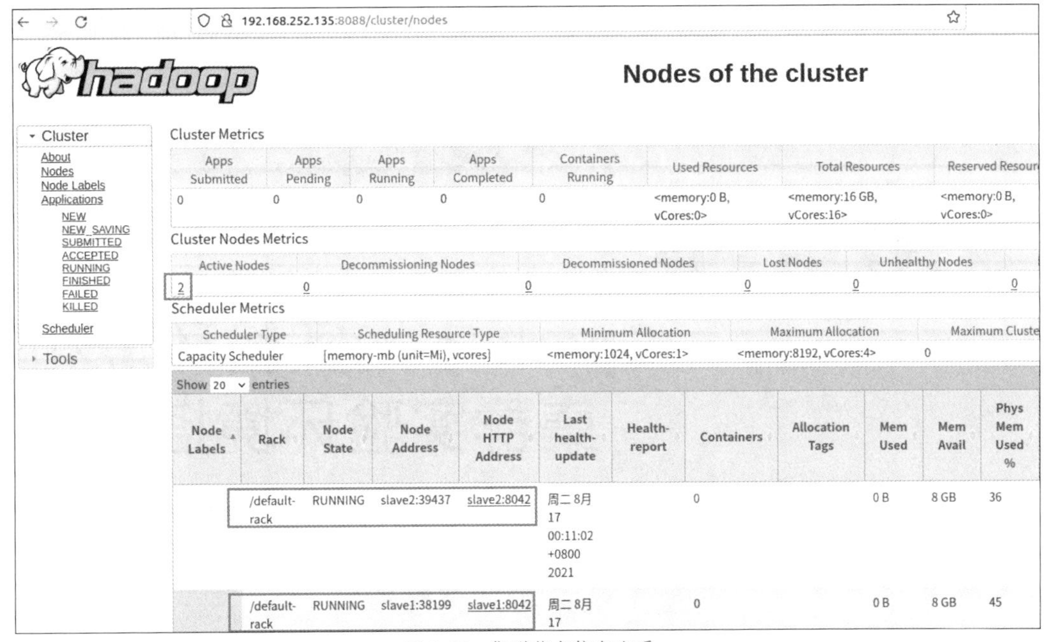

图 1-53 集群节点信息查看

1.7 小结

本章对 Spark 的概述、发展历史、特点、生态系统、应用场景进行了介绍,同时说明了 Spark 和 Hadoop 之间的关系;详细阐述了 Spark 的架构设计、作业运行流程、分布式计算流程;最后对 Spark 基础实验环境,包括本地单机实验环境和集群实验环境进行了阐述,并通过实践任务给出了详细的实验环境搭建步骤和过程。

1.8 习题

1.简述 Spark 生态系统组件及其作用。

2.简述 Spark 的作业运行流程。

3.简述 Spark 分布式计算流程。

4.简述 Spark 的部署模式。

第2章 Spark本地实验环境和集群实验环境搭建

学习目标

1.掌握Spark本地实验环境的部署模式
2.掌握Spark集群环境的部署模式
3.掌握Spark本地实验环境的搭建
4.掌握Spark集群实验环境的搭建

思政元素

第一部分:基础理论

2.1 Spark本地实验环境简介

Spark是一个开源的可应用于大规模数据处理的分布式计算框架,该框架可以独立安装使用,也可以和Hadoop一起安装使用。为了让Spark可以使用HDFS存取数据,本教程采取和Hadoop一起安装的方式使用。

Spark的部署模式主要有5种:Local模式(单机模式)、Standalone模式(使用Spark自带的简单集群管理器)、Yarn模式(使用Yarn作为集群管理器)、Mesos模式(使用Mesos作为管理器)和基于Kubernetes的Spark集群部署模式。其中Local模式就是本地单机模式,其他4种模式属于Spark集群模式。本教程的本地实验环境采取Spark Local(单机模式)+Hadoop伪分布式方式进行搭建。

2.2 Spark 集群实验环境简介

为了让 Spark 获取更好的大规模数据处理能力，因此需要构建 Spark 集群环境。Spark 底层的存储依赖于 Hadoop 集群，本教程的 Spark 集群采取 Spark+Hadoop 分布式集群方式进行搭建。

Spark 集群环境配置说明如下：

(1)采用 3 台机器(节点)作为实例来演示如何搭建 Spark 集群。

(2)其中 1 台机器(节点)作为 Master 节点。

(3)另外 2 台机器(节点)作为 Slave 节点，即作为 Worker 节点，主机名分别为 Slave1 和 Slave2。

Spark+HDFS 运行架构示例如图 2-1 所示。

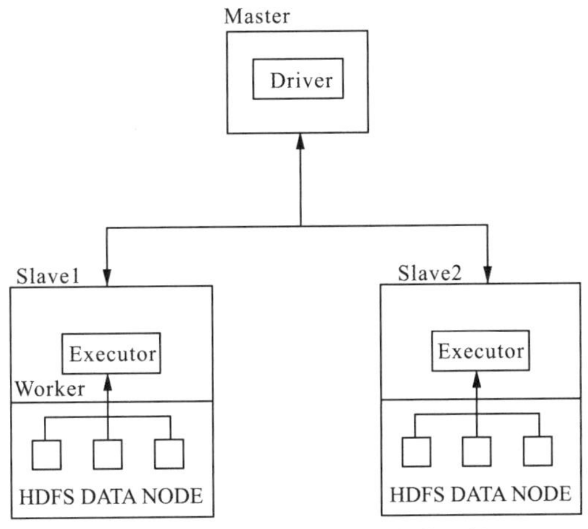

图 2-1 Spark+HDFS 运行架构示例

第二部分：实践任务

Spark 本地和集群安装环境如下：

(1)操作系统：Linux 系统；本教程采用 Ubuntu20.4。

(2)Spark 版本：spark-3.1.2-bin-without-hadoop。

(3)Hadoop 版本：Hadoop 3.3.1 版本(大于该版本都可以)。

(4)JDK 版本：11.0.12 以上版本。

2.3 实践任务 1:Spark 本地实验环境搭建

具体实验步骤如下:

2.3.1 Spark 的安装与配置

1.Spark 的下载

在 Ubuntu 下打开官网进行下载。选择合适的版本,本教程选择使用自己指定 hadoop 的方式。如图 2-2 所示。

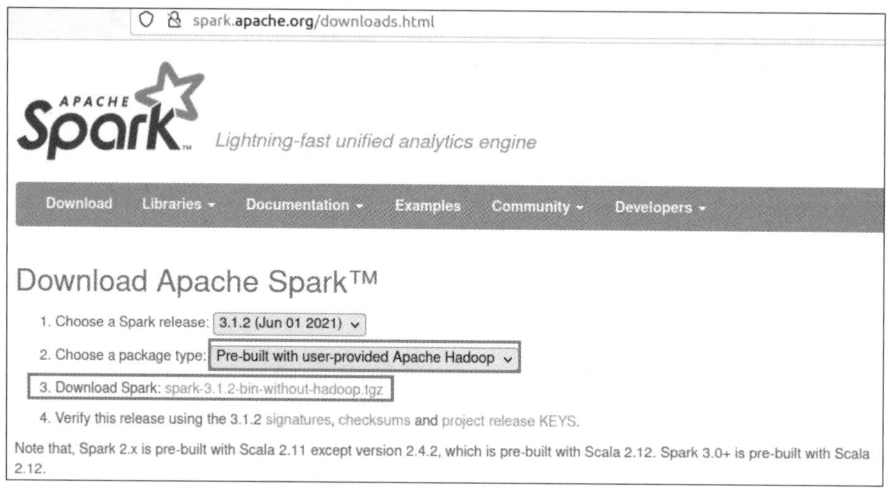

图 2-2 下载 Spark3.1.2

下载完成后,会自动下载到当前用户"下载"Downloads 目录下,如图 2-3 所示。

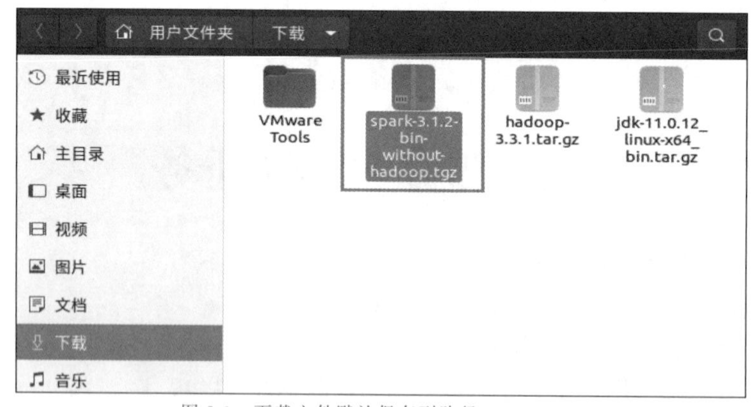

图 2-3 下载文件默认保存到路径 Downloads

注意:如果 Windows 系统下载该安装文件的话,需要通过 FTP 软件将安装文件上传到 Linux 系统的 Downloads 目录下,如果安装了 VMware Tools 工具,也可以直接复制粘贴或者拖动到下载目录下。

2.Spark 安装与配置

(1)打开终端,解压安装包 spark-3.1.2-bin-without-hadoop.tgz 至路径 /opt。命令和操

作如下所示。

```
sudo tar -zxvf Downloads/spark-3.1.2-bin-without-hadoop.tgz -C /opt
hadoop@bigdataVM:~$ cd 下载
hadoop@bigdataVM:~/下载$ sudo tar -zxvf spark-3.1.2-bin-without-hadoop.tgz -C /opt/
```

(2)查看是否解压成功,将解压的文件夹重命名为 spark 并添加 spark 的权限。命令和操作如下所示。

```
ls /opt
sudo mv spark-3.1.2-bin-without-hadoop/ spark    # 更名为 spark
sudo chown -R hadoop:hadoop spark/   # 把 spark 文件夹的权限赋给 hadoop 用户和 hadoop 组
hadoop@bigdataVM:~/下载$ cd /opt
hadoop@bigdataVM:/opt$ ls
hadoop  java  spark-3.1.2-bin-without-hadoop
hadoop@bigdataVM:/opt$ sudo mv spark-3.1.2-bin-without-hadoop/ spark
hadoop@bigdataVM:/opt$ sudo chown -R hadoop:hadoop spark/
```

(3)修改配置文件。将/opt/spark/conf 目录下的配置文件 spark-env-template.sh 复制一份,重命名为 spark-env.sh。命令和操作如下所示。

```
cd  /opt/spark/conf
cp spark-env-template.sh >> spark-env.sh
hadoop@bigdataVM:/opt$ cd spark/conf/
hadoop@bigdataVM:/opt/spark/conf$ ls
fairscheduler.xml.template  metrics.properties.template   spark-env.sh.template
log4j.properties.template   spark-defaults.conf.template  workers.template
hadoop@bigdataVM:/opt/spark/conf$ sudo cp spark-env.sh.template spark-env.sh
```

(4)添加配置信息。使用 vim 编辑器编辑 spark-env.sh 文件,在第一行添加如下配置信息。命令和操作如下所示。

```
Sudo vim spark-env.sh
添加的 hadoop 配置信息如下:
export SPARK_DIST_CLASSPATH= $(/opt/hadoop/hadoop-3.3.1/bin/hadoop classpath)
SPARK_WORKER_MEMORY=4g     #指定 Spark 的运行内存
hadoop@bigdataVM:~$ cd /opt/spark/conf/
hadoop@bigdataVM:/opt/spark/conf$ sudo vim spark-env.sh
hadoop@bigdataVM: /opt/spark/conf
#!/usr/bin/env bash
export SPARK_DIST_CLASSPATH=$(/opt/hadoop/hadoop-3.3.1/bin/hadoop classpath)
SPARK_WORKER_MEMORY=4g
```

上述配置信息的目的是使得 Spark 可以将数据存储到 Hadoop 分布式文件系统 HDFS 中,也可以从 HDFS 中读取数据。如果不进行配置,Spark 只能读写本地数据。

(5)再添加一行配置信息配置 PATH 路径。使用 vim 编辑器编辑/etc/profile 文件,添加如下配置信息,然后重新载入。命令和操作如下所示。

```
sudo vim /etc/profile              # 编辑配置信息
source /etc/proflie                # 重新载入
添加配置信息:
export SPARK_HOME=/opt/spark
export $SPARK_HOME/bin
```

```
hadoop@bigdataVM:~$ sudo vim /etc/profile
# /etc/profile: system-wide .profile file for the Bourne shell (sh(1))
# and Bourne compatible shells (bash(1), ksh(1), ash(1), ...).
export JAVA_HOME=/opt/java/jdk-11.0.12/
export HADOOP_HOME=/opt/hadoop/hadoop-3.3.1/
export SPARK_HOME=/opt/spark/
export PATH=$PATH:$JAVA_HOME/bin:$HADOOP_HOME/bin:$HADOOP_HOME/sbin:$SPARK_HOME/bin

hadoop@bigdataVM:~$ source /etc/profile
```

(6)验证 Spark 是否安装成功。Spark 配置完成就可以直接使用,不需要像 Hadoop 那样运行启动命令。通过运行 Spark 自带的实例,就可以验证 Spark 是否安装成功。命令和操作如下所示。

```
cd /opt/spark/bin/
./run-example SparkPi  #执行后会输出大量信息,可以通过 grep 命令查找我们想要的执行结果
hadoop@bigdataVM:~$ cd /opt/spark/bin/
hadoop@bigdataVM:/opt/spark/bin$ ./run-example SparkPi

2021-08-17 20:50:54,268 INFO scheduler.DAGScheduler: Job 0 finished: reduce at SparkPi.scala:38,
took 0.453611 s
Pi is roughly 3.1427757138785695
2021-08-17 20:50:54,281 INFO server.AbstractConnector: Stopped Spark@646c0a67{HTTP/1.1, (http/1.1
)}{0.0.0.0:4040}
run-example SparkPi 2>&1 | grep "Pi is roughly"  # 如果出现 Pi 的值表明安装成功。
hadoop@bigdataVM:/opt/spark/bin$ ./run-example SparkPi 2>&1 | grep "Pi is roughly"
Pi is roughly 3.1455357276786384
```

2.3.2 Spark 环境测试

Spark 本地环境搭建完成之后,遵循开箱即用的原则,测试应用程序主要分为三种方式:基于 bin/pyspark 测试、基于 bin/spark-shell 测试和基于 bin/spark-submit 测试。下面分别进行详细实操演示。

1.基于 bin/pyspark 测试

可以提供一个交互式的 Python 解释器环境,在这里面可以用 Python 语言调用 Spark API 进行计算。

pyspark 是 Spark 官方提供的 API 接口,同时 pyspark 也是 Spark 中的一个程序。若要运行 pyspark,则必须安装 Python,由于 Linux20.4 默认集成了 Python 3.8.8,可以直接在终端命令行运行 pyspark。命令和操作如下所示。

```
pyspark
hadoop@bigdataVM:~$ pyspark
Python 3.8.8 (default, Apr 13 2021, 19:58:26)
[GCC 7.3.0] :: Anaconda, Inc. on linux
Type "help", "copyright", "credits" or "license" for more information.
Welcome to
      ____              __
     / __/__  ___ _____/ /__
    _\ \/ _ \/ _ `/ __/  '_/
   /__ / .__/\_,_/_/ /_/\_\   version 3.1.2     Spark版本号
      /_/      Python版本

Using Python version 3.8.8 (default, Apr 13 2021 19:58:26)
Spark context Web UI available at http://192.168.252.138:4040    Web UI监控地址
Spark context available as 'sc' (master = local[*], app id = local-1644886965869)
SparkSession available as 'spark'.  sc和spark对象
>>>
```

注意以下几个关键内容：

(1)sc：表示 SparkContext 实例对象；

(2)spark：表示 SparkSession 实例对象；

(3)4040：表示 Web 监控页面端口号。

现在就可以在命令提示符后面输入示例代码，比如将数组内容都+1 进行计算，然后按 Enter 键，就可以立即得到结果了。如果退出，可以使用命令"exit()"退出 pyspark，或者直接按 Ctrl+D 快捷键。命令和操作如下所示。

```
sc.parallelize([1,2,3,4,5]).map(lambda x: x + 1).collect()
>>> sc.parallelize([1,2,3,4,5]).map(lambda x: x + 1).collect()
[2, 3, 4, 5, 6]
>>> exit()
```

测试 4040 监控端口。4040 端口是一个 Web UI 端口，可以在浏览器内打开，输入：服务器 ip:4040 即可打开。每一个 Spark 程序在运行的时候，都会绑定到 Driver 所在机器的 4040 端口上。如果 4040 端口被占用，会顺延到 4041、4042 等。

根据前面操作显示的 Web UI 地址直接打开：http://192.168.252.138:4040，示例如图 2-4 所示。

图 2-4 Spark Web 监控界面

可以根据上面的 Web 监控界面查看 Jobs、Stages、Storage、Environment 和 Executors 等信息。如果单击 Executors 选项可以看到只有一个 driver，说明 Local 模式下，driver 既是管理者，又是实际的程序执行者，如图 2-5 所示。

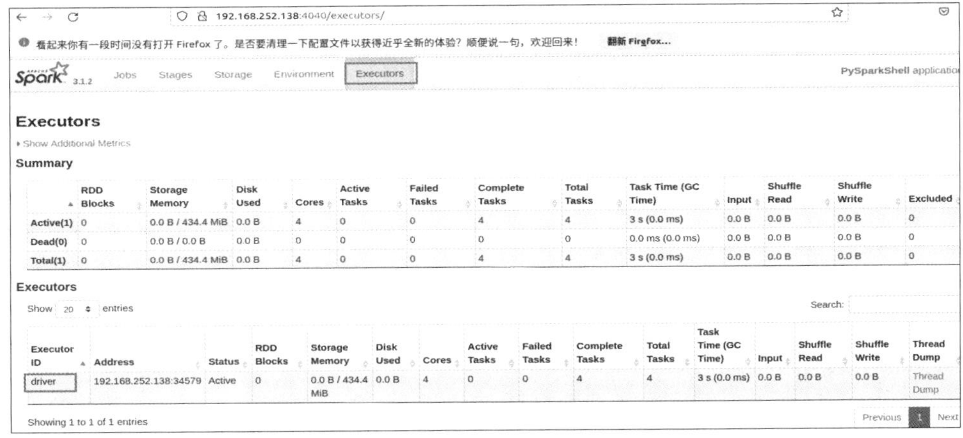

图 2-5 Spark Web 监控界面查看 Executors

同时，输入 jps 可以看到 local 模式下的唯一 SparkSubmit 进程存在。这个进程既是 master 也是 worker。命令和操作示例如下：

```
jps
```

```
hadoop@bigdataVM: ~
hadoop@bigdataVM:~$ jps
56964 Jps
7179 SparkSubmit
hadoop@bigdataVM:~$
```

2.基于 bin/spark-shell 测试

同样是一个解释器环境，和 bin/pyspark 不同的是，这个解释器环境运行的不是 Python 代码，而是 Scala 程序代码。Scala 是一门现代多范式编程语言，它可以简练、优雅以及类型安全的方式来表达常用的编程模式，集成了面向对象和函数语言的特性，运行在 JVM 上，并兼容现有的 Java 程序。

执行如下命令启动 Spark Shell，命令执行成功后，就会进入 scala>命令提示符状态。命令和操作如下所示。

```
cd /opt/spark/bin
spark-shell                # 前面步骤已经配置了环境变量，也可以在任何路径下执行此命令
```

```
hadoop@bigdataVM:~$ cd /opt/spark/bin/
hadoop@bigdataVM:/opt/spark/bin$ spark-shell
Welcome to
      ____              __
     / __/__  ___ _____/ /__
    _\ \/ _ \/ _ `/ __/  '_/
   /___/ .__/\_,_/_/ /_/\_\   version 3.1.2
      /_/

Using Scala version 2.12.10 (Java HotSpot(TM) 64-Bit Server VM, Java 11.0.12)
Type in expressions to have them evaluated.
Type :help for more information.

scala>
```

现在就可以在命令提示符后面输入示例代码，同样将数组内容都+1 进行计算，然后按 Enter 键，就可以立即得到结果了。如果退出，可以使用命令“:quit”退出 Spark Shell，或者直接按 Ctrl+D 快捷键。命令和操作如下所示。

```
sc.parallelize(Array(1,2,3,4,5)).map(x =>x+1).collect()
```

```
scala> sc.parallelize(Array(1,2,3,4,5)).map(x =>x+1).collect()
res0: Array[Int] = Array(2, 3, 4, 5, 6)

scala> :quit
hadoop@bigdataVM:~$
```

4040 监控端口的测试方法同 pyspark，这里不再赘述。

因为这个是用于 Scala 语言的解释器环境，由于本教程基于 Python 语言，因此大家了解即可，如果想深入了解请自行学习。

3.基于 bin/spark-submit 测试

提交指定的 Spark 代码到 Spark 环境中运行。

spark-submit 介绍和用法在第 3 章有详细的说明，这里仅演示一个 spark 官方自带的计算圆周率的案例，让大家初步熟悉一下，示例和操作如下所示。

```
spark-submit /opt/spark/examples/src/main/python/pi.py 5
```

```
hadoop@bigdataVM:~$ spark-submit /opt/spark/examples/src/main/python/pi.py 5
WARNING: An illegal reflective access operation has occurred
WARNING: Illegal reflective access by org.apache.spark.unsafe.Platform (file:/opt/spark/jars/spa
rk-unsafe_2.12-3.1.2.jar) to constructor java.nio.DirectByteBuffer(long,int)
WARNING: Please consider reporting this to the maintainers of org.apache.spark.unsafe.Platform
WARNING: Use --illegal-access=warn to enable warnings of further illegal reflective access opera
tions
WARNING: All illegal access operations will be denied in a future release
Pi is roughly 3.146080
```

此案例运行的是官方提供的示例代码，用来计算圆周率的值，后面的 5 是主函数接收的参数，数字越高，计算圆周率越精确。

三种方式的对比如表 2-1 所示。

表 2-1　pyspark、spark-shell 和 spark-submit 对比

方式名称	bin/pyspark	bin/spark-shell	bin/spark-submit
功能	提供一个 Python 解释器用来执行以 Python 代码编写的 spark 程序	提供一个 Scala 解释器用来执行以 Scala 代码编写的 spark 程序	提交 Python、Scala、Java 代码到 Spark 中运行
特点	解释器环境写一行执行一行	解释器环境写一行执行一行	提交代码用
使用场景	测试、学习、写一行执行一行、用来验证代码等	测试、学习、写一行执行一行、用来验证代码等	正式场合，正式提交 spark 程序运行

2.3.3 读取文件

本教程采用 Python 方式读取文件(采用 scala 方式读取文件请读者自行学习)。

1.读取本地文件

打开一个终端，在终端中输入如下命令启动 pyspark。命令和操作如下所示。

```
pyspark   # 如果在 profile 中设置了全局变量，Linux 中任何路径都可以输入 pyspark，否则要切换到 bin 目录下
```

```
hadoop@bigdataVM:~$ pyspark
```

启动成功后，进入 pyspark 窗口，即>>> 命令提示符状态。

读取 Linux 本地文件系统中的文件/opt/spark/NOTICE，并显示第一行内容。命令和操作如下所示。

```
>>> texFile=sc.textFile("file:///opt/spark/NOTICE")
>>> texFile.first()
'Apache Spark'
```

```
>>> texFile=sc.textFile("file:///opt/spark/NOTICE")
>>> texFile.first()
'Apache Spark'
```

执行上面语句后，就能够看到已经读取到本地 Linux 文件系统中的 NOTICE 中的第一行内容了，即 Apache Spark。

2.读取 HDFS 文件

前面的实验已经安装了 Hadoop 和 Spark，如果 Spark 不使用 HDFS 存储数据，那么不启动 Hadoop 也可以正常使用 Spark。如果需要用到 HDFS，就需要首先启动 Hadoop，因

此，在 Spark 读取 HDFS 文件之前，需要首先启动 Hadoop，新建一个终端，命令和操作如下所示。

```
start-dfs.sh
hadoop@bigdataVM:~$ start-dfs.sh
Starting namenodes on [localhost]
Starting datanodes
Starting secondary namenodes [bigdataVM]
```

启动成功以后，把本地文件/opt/spark/NOTICE 上传到 HDFS 的/user/hadoop 根目录下，如果该目录不存在，请先创建。命令和操作如下所示。

```
hdfs dfs -mkdir -p /user/hadoop            # 创建 hadoop 默认用户目录
hdfs dfs -put /opt/spark/NOTICE            # 上传到默认用户目录
hdfs dfs -ls                               # 查看是否上传成功
hadoop@bigdataVM:~$ hdfs dfs -mkdir -p /user/hadoop
hadoop@bigdataVM:~$ hdfs dfs -put /opt/spark/NOTICE
hadoop@bigdataVM:~$ hdfs dfs -ls
Found 1 items
-rw-r--r--   1 hadoop supergroup      57677 2021-08-17 22:08 NOTICE
```

使用-cat 命令输出 HDFS 中 NOTICE 的内容。命令和操作如下所示。

```
hdfs dfs -cat /user/hadoop/NOTICE
hadoop@bigdataVM:~$ hdfs dfs -cat /user/hadoop/NOTICE
Apache Spark
Copyright 2014 and onwards The Apache Software Foundation.

This product includes software developed at
The Apache Software Foundation (http://www.apache.org/).
```

该命名执行后，会显示整个 NOTICE 文件的内容。

现在切换到已经打开的 pyspark 窗口，编写语句从 HDFS 中加载 NOTICE 文件，并显示第一行文本内容，命令如下：

```
>>> textFile=sc.textFile("hdfs://localhost:9000/user/hadoop/NOTICE")
>>> textFile.first()
'Apache Spark'
```

和上面命令等效的命令如下：

```
>>> textFile=sc.textFile("/user/hadoop/NOTICE")
>>> textFile.first()
'Apache Spark'
```

还可以等效如下命令：

```
>>> textFile=sc.textFile("NOTICE")
>>> textFile.first()
'Apache Spark'
```

三种等效对比操作如图 2-6 所示。

```
>>> textFile=sc.textFile("hdfs://localhost:9000/user/hadoop/NOTICE")
>>> textFile.first()
'Apache Spark'
>>>
>>> textFile=sc.textFile("/user/hadoop/NOTICE")
>>> textFile.first()
'Apache Spark'
>>>
>>> textFile=sc.textFile("NOTICE")
>>> textFile.first()
'Apache Spark'
```

图 2-6 读取 HDFS 文件等效命令对比

如上图所示，执行上面的语句后，可以看到已经读取到 HDFS 文件系统中的 NOTICE 文件的第一行内容了，即 Apache Spark。

2.3.4 使用 Python 编写词频统计程序

1.首先在/opt/spark 目录下新建一个文本文件 words.txt，文本文件内容是一段英文短文。命令和操作如下所示。

```
sudo vim words.txt
# words.txt 文本内容如下：
hello world
hello spark
hello hello
hadoop@bigdataVM:~$ cd /opt/spark/
hadoop@bigdataVM:/opt/spark$ sudo vim words.txt
```

2.启动 pyspark，进入 pyspark 命令行。命令和操作如下所示。

```
pyspark
Welcome to
      ____              __
     / __/__  ___ _____/ /__
    _\ \/ _ \/ _ `/ __/  '_/
   /__ / .__/\_,_/_/ /_/\_\   version 3.1.2
      /_/

Using Python version 3.8.8 (default, Apr 13 2021 19:58:26)
Spark context Web UI available at http://192.168.252.138:4040
Spark context available as 'sc' (master = local[*], app id = local-1644896639410).
SparkSession available as 'spark'.
>>>
```

3.假设要从这个文本文件中读取数据，进行词频统计，那么就要先读取文本文件，命令如下所示。

```
lines= sc.textFile("file:///opt/spark/words.txt")
```

4.textFile()是一个方法，可以用来加载文本数据，如果要加载本地文件，就必须使用 file:///加路径的形式从文本中读取数据后就可以开始词频统计了。命令和操作如下所示。

```
wordsRDD = lines. flatMap (lambda line: line. split (" ")). map (lambda word: (word, 1)).
reduceByKey(lambda a, b : a + b)
wordsRDD.collect()
```

```
>>> lines= sc.textFile("file:///opt/spark/words.txt")
>>> wordsRDD= textFile.flatMap(lambda line: line.split(" ")).map(lambda word:(word,1)).reduceByK
ey(lambda a, b : a + b)
>>> wordsRDD.collect()
[('world', 1), ('hello', 4), ('spark', 1)]
>>> 
```

5.Spark 实现词频统计执行流程如图 2-7 所示。

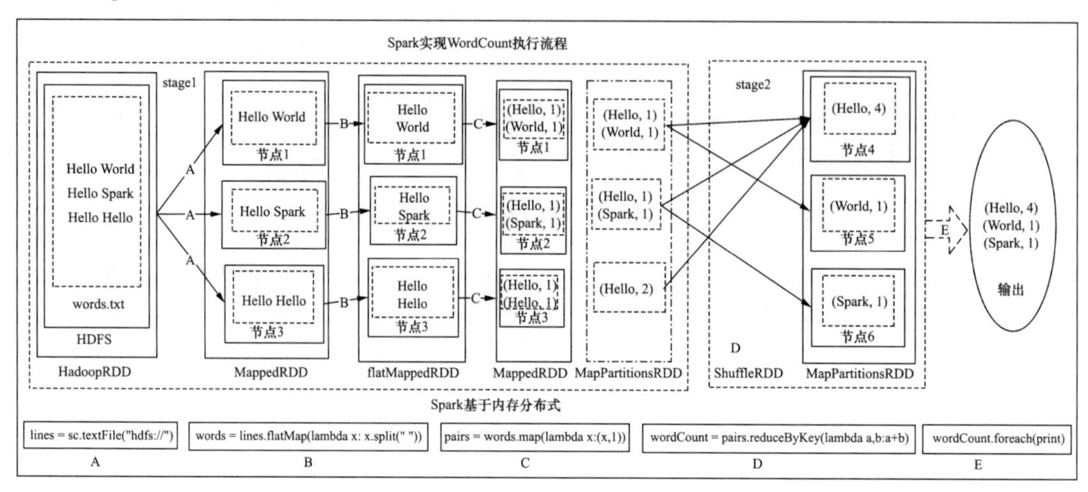

图 2-7　Spark 实现词频统计执行流程

6.Spark Application 程序运行时三个核心概念:Job、Stage、Task,说明如下:

Job:由多个 Task 组成的并行计算部分,一般 Spark 中的 action 操作(如 save、collect,后面进一步说明)会生成一个 Job。

Stage:Job 的组成单位,一个 Job 会切分成多个 Stage,Stage 彼此之间相互依赖顺序执行,而每个 Stage 是多个 Task 的集合,类似 map 和 reduce stage。

Task:被分配到各个 Executor 的单位工作内容,它是 Spark 中的最小执行单位,一般来说有多少个 Partition(物理层面的概念,即分支可以理解为将数据划分成不同部分并行处理),就会有多少个 Task,每个 Task 只会处理单一分支上的数据。

通过 Web UI 监控页面地址:http://192.168.252.138:4040 分析程序运行层次结构,如图 2-8 所示。

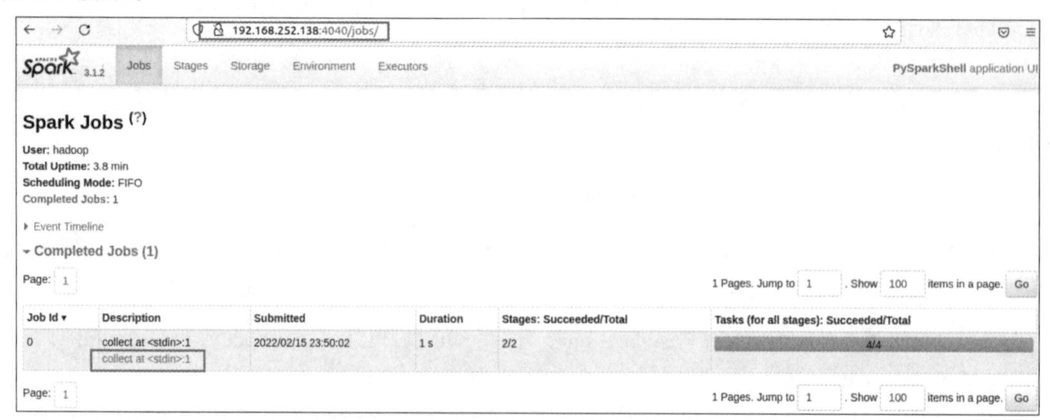

图 2-8　Web 监控页面

可以发现在一个 Spark Application 中包含多个 Job，每个 Job 由多个 Stage 组成，每个 Job 执行按照 DAG 图进行。如图 2-9 所示。

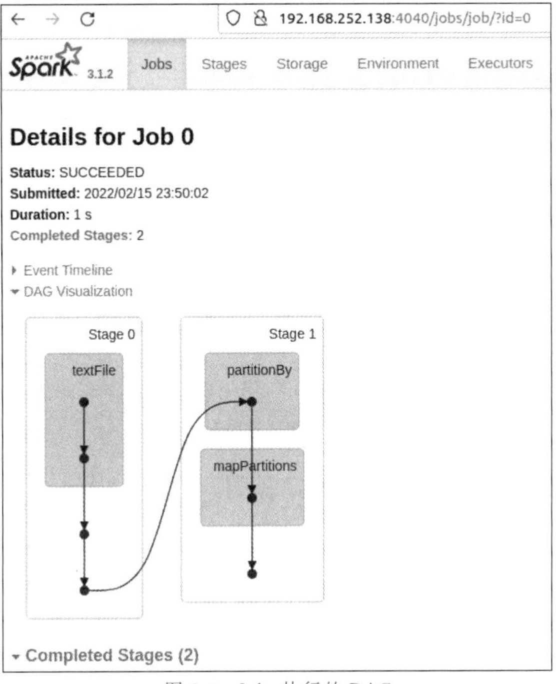

图 2-9　Jobs 执行的 DAG

其中每个 Stage 中包含多个 Task 任务，每个 Task 以线程 Thread 方式执行，需要 1Core CPU。

还可以看到 Stages 的详细信息，如图 2-10 所示。

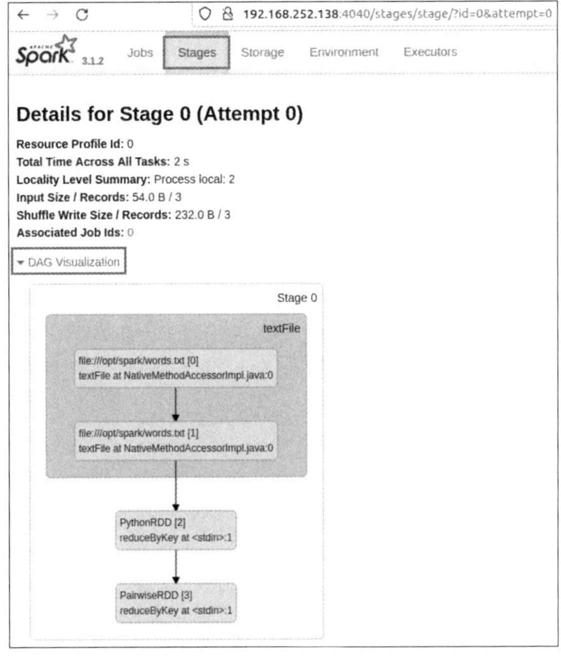

图 2-10　Stages 详细信息

2.4 实践任务 2:Spark 集群实验环境搭建

具体实验步骤如下：

2.4.1 搭建 Hadoop 集群基础实验环境

该步骤在上一章实践任务中已经完成，在此不再重复描述。

2.4.2 安装 Spark

1.Spark 下载

本实验使用 Spark-3.1.2 版本：spark-3.1.2-bin-without-hadoop，如图 2-11 所示。

archive.apache.org/dist/spark/spark-3.1.2/

Index of /dist/spark/spark-3.1.2

Name	Last modified	Size	Description
Parent Directory		-	
SparkR_3.1.2.tar.gz	2021-05-24 05:01	339K	
SparkR_3.1.2.tar.gz.asc	2021-05-24 05:01	862	
SparkR_3.1.2.tar.gz.sha512	2021-05-24 05:01	207	
pyspark-3.1.2.tar.gz	2021-05-24 05:01	203M	
pyspark-3.1.2.tar.gz.asc	2021-05-24 05:01	862	
pyspark-3.1.2.tar.gz.sha512	2021-05-24 05:01	210	
spark-3.1.2-bin-hadoop2.7.tgz	2021-05-24 05:01	214M	
spark-3.1.2-bin-hadoop2.7.tgz.asc	2021-05-24 05:01	862	
spark-3.1.2-bin-hadoop2.7.tgz.sha512	2021-05-24 05:01	268	
spark-3.1.2-bin-hadoop3.2.tgz	2021-05-24 05:01	218M	
spark-3.1.2-bin-hadoop3.2.tgz.asc	2021-05-24 05:01	862	
spark-3.1.2-bin-hadoop3.2.tgz.sha512	2021-05-24 05:01	268	
spark-3.1.2-bin-without-hadoop.tgz	2021-05-24 05:01	153M	
spark-3.1.2-bin-without-hadoop.tgz.asc	2021-05-24 05:01	862	

图 2-11　Spark3.1.2 下载

2.Spark 安装

找到下载的源文件进行解压、重命名和授权。命令和操作如下所示。

```
hadoop@master:~$ sudo mkdir /opt/sparkcluster
[sudo] hadoop 的密码：
hadoop@master:~$ cd 下载
hadoop@master:~/下载$ sudo tar -zxvf spark-3.1.2-bin-without-hadoop.tgz -C /opt/sparkcluster/
hadoop@master:~/下载$ cd /opt/sparkcluster/
hadoop@master:/opt/sparkcluster$ sudo mv spark-3.1.2-bin-without-hadoop/ spark
hadoop@master:/opt/sparkcluster$ sudo chown -R hadoop spark/
```

```
hadoop@master: /opt/sparkcluster
hadoop@master:~$ sudo mkdir /opt/sparkcluster
[sudo] hadoop 的密码：
hadoop@master:~$ cd 下载
hadoop@master:~/下载$ sudo tar -zxvf spark-3.1.2-bin-without-hadoop.tgz -C /opt/sparkcluster/
hadoop@master:~/下载$ cd /opt/sparkcluster/
hadoop@master:/opt/sparkcluster$ sudo mv spark-3.1.2-bin-without-hadoop/ spark
hadoop@master:/opt/sparkcluster$ sudo chown -R hadoop spark/
```

2.4.3 配置环境变量

在 Master 节点主机的终端中执行如下命令。

```
hadoop@master:~$ sudo vim /etc/profile        # 配置环境变量
# 在 profile 文件中添加如下配置：
export SPARK_HOME=/opt/sparkcluster/spark
export PATH=$PATH:$SPARK_HOME/bin:$SPARK_HOME/sbin
hadoop@master:~$ source /etc/profile       # 执行 source 命令使得配置文件立即生效
```

```
hadoop@master:~$ sudo vim /etc/profile

export JAVA_HOME=/opt/java/jdk-11.0.12/
export HADOOP_HOME=/opt/hadoopcluster/hadoop-3.3.1/
export SPARK_HOME=/opt/sparkcluster/spark/
export PATH=$PATH:$JAVA_HOME/bin:$HADOOP_HOME/bin:$HADOOP_HOME/sbin:$SPARK_HOME/bin:$SPARK_HOME/sbin

hadoop@master:~$ source /etc/profile
```

2.4.4 Spark 配置

1.配置 workers 文件。将 workers.template 拷贝到 workers，通过 workers 文件设置 Worker 节点。编辑 workers 内容，把默认内容 localhost 替换成如下内容。命令和操作如下所示。

```
hadoop@master:~$ cd /opt/sparkcluster/spark/conf/
hadoop@master:/opt/sparkcluster/spark/conf$ cp workers.template workers
hadoop@master:/opt/sparkcluster/spark/conf$ sudo vim workers
# workers 文件中找到 localhost 替换为如下内容
slave1
slave2
```

```
hadoop@master: /opt/sparkcluster/spark/conf
hadoop@master:~$ cd /opt/sparkcluster/spark/conf/
hadoop@master:/opt/sparkcluster/spark/conf$ cp workers.template workers
hadoop@master:/opt/sparkcluster/spark/conf$ sudo vim workers

slave1
slave2
```

2.配置 spark-env.sh 文件。将 spark-env.sh.template 拷贝到 spark-env.sh，编辑 spark-env.sh，添加如下内容。命令和操作如下所示。

```
hadoop@master:/opt/sparkcluster/spark/conf$ cp spark-env.sh.template spark-env.sh
hadoop@master:/opt/sparkcluster/spark/conf$ sudo vim spark-env.sh
```

```
# spark-env.sh 中添加如下内容
export SPARK_DIST_CLASSPATH=$(/opt/hadoopcluster/hadoop-3.3.1/bin/hadoop classpath)
export HADOOP_CONF_DIR=/opt/hadoopcluster/hadoop-3.3.1/etc/hadoop
export SPARK_MASTER_IP=192.168.252.135
```

```
hadoop@master:/opt/sparkcluster/spark/conf$ cp spark-env.sh.template spark-env.sh
hadoop@master:/opt/sparkcluster/spark/conf$ sudo vim spark-env.sh
```

```
hadoop@master: /opt/sparkcluster/spark/conf
#!/usr/bin/env bash
export SPARK_DIST_CLASSPATH=$(/opt/hadoopcluster/hadoop-3.3.1/bin/hadoop classpath)
export HADOOP_CONF_DIR=/opt/hadoopcluster/hadoop-3.3.1/etc/hadoop
export SPARK_MASTER_IP=192.168.252.135
```

3.配置好后，将 Master 主机上的/opt/sparkcluster/文件夹复制到各个节点上，在 Master 主机上执行如下命令。命令和操作如下所示。

```
cd /opt/sparkcluster/
tar -zcf  ~/spark.master.tar.gz ./spark
cd ~
scp ./spark.master.tar.gz slave1:/home/hadoop
scp ./spark.master.tar.gz slave2:/home/hadoop
```

```
hadoop@master:/opt/sparkcluster/spark/conf$ cd /opt/sparkcluster/
hadoop@master:/opt/sparkcluster$ sudo tar -zcf ~/spark.master.tar.gz spark/
[sudo] hadoop 的密码:
hadoop@master:/opt/sparkcluster$ cd ~
hadoop@master:~$ scp spark.master.tar.gz hadoop@slave1:/home/hadoop
spark.master.tar.gz                                   100%  153MB  34.4MB/s   00:04
hadoop@master:~$ scp spark.master.tar.gz hadoop@slave2:/home/hadoop
spark.master.tar.gz                                   100%  153MB  33.0MB/s   00:04
```

4.在 slave1、slave2 节点上分别执行下面同样的操作。命令和操作如下所示。

```
hadoop@slave1:~$  sudo mkdir /opt/sparkcluster
hadoop@slave1:~$  sudo tar -zxf spark.master.tar.gz -C /opt/sparkcluster/
```

```
hadoop@slave1: ~
hadoop@slave1:~$ sudo mkdir /opt/sparkcluster
[sudo] hadoop 的密码:
hadoop@slave1:~$ sudo tar -zxf spark.master.tar.gz -C /opt/sparkcluster/
```

```
hadoop@slave2: ~
hadoop@slave2:~$ sudo mkdir /opt/sparkcluster
[sudo] hadoop 的密码:
hadoop@slave2:~$ sudo tar -zxf spark.master.tar.gz -C /opt/sparkcluster/
```

5.设置 JAVA_HOME。在 slave1，slave2 节点上分别设置 jdk 路径。命令和操作如下所示。

切换到对应的 slave 的 spark 根目录，在 sbin 目录下的 spark－config.sh 中添加正确的 jdk 路径。命令和操作如下所示。

```
hadoop@slave1:~$  cd /opt/sparkcluster/spark/sbin/
hadoop@slave1:/opt/sparkcluster/spark/sbin$  sudo vim spark－config.sh
# 添加如下配置信息:
export JAVA_HOME=/opt/java/jdk－11.0.12/          # 自己安装的 jdk 路径
export PATH=$PATH:$JAVA_HOME/bin
```

```
hadoop@slave1: /opt/sparkcluster/spark/sbin
#
export JAVA_HOME=/opt/java/jdk-11.0.12/
export PATH=$PATH:$JAVA_HOMR/bin
```

hadoop@slave2:~$ cd /opt/sparkcluster/spark/sbin/

hadoop@slave2:/opt/sparkcluster/spark/sbin$ sudo vim spark-config.sh

```
hadoop@slave2: /opt/sparkcluster/spark/sbin
#
export JAVA_HOME=/opt/java/jdk-11.0.12/
export PATH=$PATH:$JAVA_HOME/bin
```

2.4.5 Spark 集群启动

启动 Spark 集群，首先要启动 Hadoop 集群，其次启动 Master 节点，最后启动所有 Slave 节点。启动完毕后要执行 jps 命令检查集群是否启动成功。如果启动成功，可以通过 Web 浏览器访问集群进行查看相关信息。

1.首先启动 Hadoop 集群。在 Master 节点主机上运行 start-all.sh 命令。命令和操作如下所示。

hadoop@master:~$ start-all.sh

```
hadoop@master: ~
hadoop@master:~$ start-all.sh
WARNING: Attempting to start all Apache Hadoop daemons as hadoop in 10 seconds.
WARNING: This is not a recommended production deployment configuration.
WARNING: Use CTRL-C to abort.
Starting namenodes on [master]
Starting datanodes
Starting secondary namenodes [master]
Starting resourcemanager
Starting nodemanagers
```

2.其次启动 Master 节点。在 Master 节点运行 start-master.sh 命令。命令和操作如下所示。

hadoop@master:~$ start-master.sh

```
hadoop@master:~$ start-master.sh
starting org.apache.spark.deploy.master.Master, logging to /opt/sparkcluster/spark//logs/spark-ha
doop-org.apache.spark.deploy.master.Master-1-master.out
```

3.最后启动所有 Slave 节点。在 master 节点运行 start-workers.sh 命令。命令和操作如下所示。

hadoop@master:~$ start-workers.sh

```
hadoop@master:~$ start-workers.sh
slave1: starting org.apache.spark.deploy.worker.Worker, logging to /opt/sparkcluster/spark/logs/s
park-hadoop-org.apache.spark.deploy.worker.Worker-1-slave1.out
slave2: starting org.apache.spark.deploy.worker.Worker, logging to /opt/sparkcluster/spark/logs/s
park-hadoop-org.apache.spark.deploy.worker.Worker-1-slave2.out
```

4.jps 命令检查 spark 集群是否启动成功。分别在 master 节点、slave1 节点和 slave2 节点执行 jps 命令；如果 master 节点显示 NameNode、ResourceManager、SecondaryNameNode 和 Master 进程，slave1 和 slave2 节点显示 NodeManager、DataNode 和 Worker 进程，表明 Spark 集群启动成功。命令和操作如下所示。

jps

5.在浏览器上查看 Spark 独立集群管理器的集群信息。如图 2-12 所示。

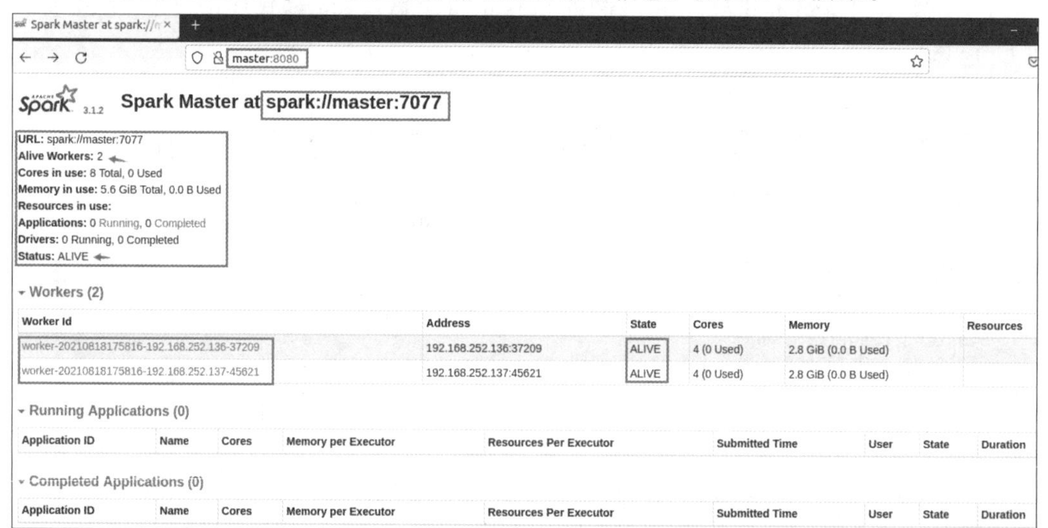

图 2-12 Web 浏览器访问 Spark 集群

2.4.6 Spark 集群关闭

关闭 Spark 集群要首先关闭 Master 节点，其次关闭 Worker 节点，最后关闭 Hadoop 集群。命令和操作如下所示。

1.关闭 Master 节点

stop-master.sh

2.关闭 Worker 节点

stop-workers.sh

3.关闭 Hadoop 集群

stop-all.sh

```
hadoop@master:~$ stop-master.sh
stopping org.apache.spark.deploy.master.Master
hadoop@master:~$ stop-workers.sh
slave2: stopping org.apache.spark.deploy.worker.Worker
slave1: stopping org.apache.spark.deploy.worker.Worker
hadoop@master:~$ stop-all.sh
WARNING: Stopping all Apache Hadoop daemons as hadoop in 10 seconds.
WARNING: Use CTRL-C to abort.
Stopping namenodes on [master]
Stopping datanodes
Stopping secondary namenodes [master]
Stopping nodemanagers
Stopping resourcemanager
```

2.4.7 Standalone 集群测试与应用

Standalone 模式是 Spark 自带的一种集群模式，不同于前面本地模式启动多个进程来模拟集群的环境，Standalone 模式是真实地在多个机器之间搭建 Spark 集群的环境，完全可以利用该模式搭建多机器集群，用于实际的大数据处理。

Standalone 是完整的 Spark 运行环境，其中：

Master 角色以 Master 进程存在，Worker 角色以 Worker 进程存在，Driver 和 Executor 运行于 Worker 进程内，由 Worker 提供资源供给它们运行。Standalone 集群如图 2-13 所示。

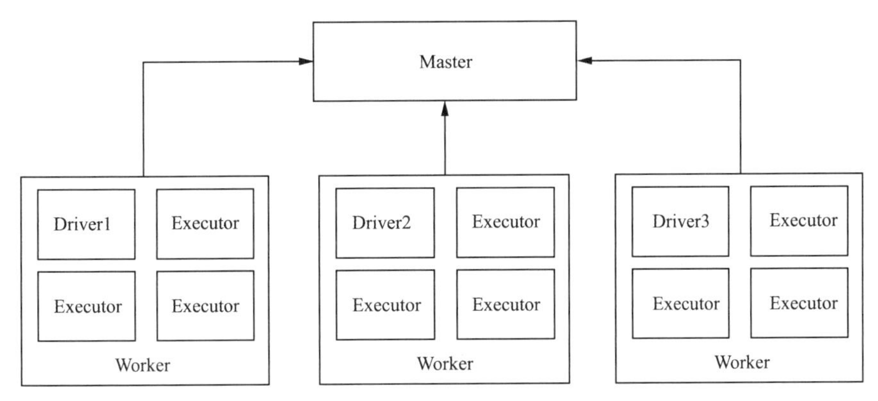

图 2-13 Standalone 集群

Standalone 集群在进程上主要有 3 类进程：

(1)主节点 Master 进程：Master 角色，管理整个集群资源，并托管运行各个任务的 Driver。

(2)从节点 Workers：Worker 角色，管理每个机器的资源，分配对应的资源来运行 Executor(Task)；每个从节点分配资源信息给 Worker 管理，资源信息包含内存 Memory 和 CPU Cores 核数。

(3)历史服务器 HistoryServer(可选)：Spark Application 运行完成以后，保存事件日志数据至 HDFS，启动 HistoryServer 可以查看应用运行相关信息。

1.启动 Standalone 集群

命令和操作如下所示。

```
start-all.sh
start-master.sh
start-workers.sh
```

```
hadoop@master:~$ start-all.sh
WARNING: Attempting to start all Apache Hadoop daemons as hadoop in 10 seconds.
WARNING: This is not a recommended production deployment configuration.
WARNING: Use CTRL-C to abort.
Starting namenodes on [master]
Starting datanodes
Starting secondary namenodes [master]
Starting resourcemanager
Starting nodemanagers
hadoop@master:~$ start-master.sh
starting org.apache.spark.deploy.master.Master, logging to /opt/sparkcluster/spark//logs/spark-h
adoop-org.apache.spark.deploy.master.Master-1-master.out
hadoop@master:~$ start-workers.sh
slave1: starting org.apache.spark.deploy.worker.Worker, logging to /opt/sparkcluster/spark/logs/
spark-hadoop-org.apache.spark.deploy.worker.Worker-1-slave1.out
slave2: starting org.apache.spark.deploy.worker.Worker, logging to /opt/sparkcluster/spark/logs/
spark-hadoop-org.apache.spark.deploy.worker.Worker-1-slave2.out
hadoop@master:~$
```

2.通过 pyspark 连接到 Standalone 集群

连接方式为:bin/pyspark --master spark://master:7077。

其中--master 参数表示连接到 Standalone 集群,如果不加该选项,表示 Local 模式运行。集群模式下程序是在集群上运行的,不要直接读取本地文件,应该读取 HDFS 上的文件,本案例首先准备 words.txt 文本文件上传到 HDFS 系统中,然后通过集群进行词频统计。命令和操作如下所示。

```
# (1)准备 words.txt 内容并上传到 HDFS 系统
hadoop@master:~$ cd /opt/sparkcluster/mycode/
hadoop@master:/opt/sparkcluster/mycode$ sudo vim words.txt
# 输入如下内容:
hello spark
hello hadoop
hello flink
spark flink
hadoop@master:/opt/sparkcluster/mycode$ hdfs dfs -put words.txt
hadoop@master:/opt/sparkcluster/mycode$ hdfs dfs -ls
```

```
hadoop@master:/opt/sparkcluster/mycode$ cd ~
hadoop@master:~$ cd /opt/sparkcluster/mycode/
hadoop@master:/opt/sparkcluster/mycode$ sudo vim words.txt
[sudo] hadoop 的密码:
hadoop@master:/opt/sparkcluster/mycode$ hdfs dfs -put words.txt
hadoop@master:/opt/sparkcluster/mycode$ hdfs dfs -ls
Found 2 items
drwxr-xr-x   - hadoop supergroup          0 2021-10-10 22:20 .sparkStaging
-rw-r--r--   1 hadoop supergroup         49 2022-02-15 21:42 words.txt
```

```
(2)pyspark 连接到 Standalone 集群并进行词频统计
pyspark --master spark://master:7077
resultRDD = sc.textFile("hdfs://master:9000/user/hadoop/words.txt") \
.flatMap(lambda line: line.split(" ")) \
.map(lambda x: (x, 1)) \
.reduceByKey(lambda a, b: a + b)
resultRDD .collect()
```

```
hadoop@master:~$ pyspark --master spark://master:7077
Python 3.8.10 (default, Sep 28 2021, 16:10:42)
[GCC 9.3.0] on linux
Type "help", "copyright", "credits" or "license" for more information.
```

```
Welcome to
      ____              __
     / __/__  ___ _____/ /__
    _\ \/ _ \/ _ `/ __/  '_/
   /__ / .__/\_,_/_/ /_/\_\   version 3.1.2
      /_/

Using Python version 3.8.10 (default, Sep 28 2021 16:10:42)
Spark context Web UI available at http://master:4040
Spark context available as 'sc' (master = spark://master:7077, app id = app-20220215215311-0000)
.
SparkSession available as 'spark'.
>>> resultRDD = sc.textFile("hdfs://master:9000/user/hadoop/words.txt") \
... .flatMap(lambda line: line.split(" ")) \
... .map(lambda x: (x, 1)) \
... .reduceByKey(lambda a, b: a + b)
>>> resultRDD .collect()
[('hadoop', 1), ('hello', 3), ('flink', 2), ('spark', 2)]
>>>
```

3.通过 spark-submit 提交程序到 Standalone 集群

通过 spark-submit 提交 spark 官方自带的计算圆周率的案例程序到 Standalone 集群，可得到 Pi 值，命令和操作如下所示。

```
hadoop@master:~$ spark-submit --master spark://master:7077 /opt/sparkcluster/spark/examples/src/main/python/pi.py 5
# 同样使用--master 来指定将程序提交到 Standalone 集群
```

```
hadoop@master:~$ spark-submit --master spark://master:7077 /opt/sparkcluster/spark/examples/src/
main/python/pi.py 5
WARNING: An illegal reflective access operation has occurred
WARNING: Illegal reflective access by org.apache.spark.unsafe.Platform (file:/opt/sparkcluster/s
park/jars/spark-unsafe_2.12-3.1.2.jar) to constructor java.nio.DirectByteBuffer(long,int)
WARNING: Please consider reporting this to the maintainers of org.apache.spark.unsafe.Platform
WARNING: Use --illegal-access=warn to enable warnings of further illegal reflective access opera
tions
WARNING: All illegal access operations will be denied in a future release
Pi is roughly 3.146120
hadoop@master:~$
```

4.通过 Web 查看集群运行的信息

监控端口是 8080：默认是在 Standalone 下，Master 角色(进程)的 Web 端口，用以查看当前 Master(集群)的状态。Web 访问地址为：http://master:8080，可以通过 Web 界面查看集群的各种状态以及运行的程序。如图 2-14 所示。

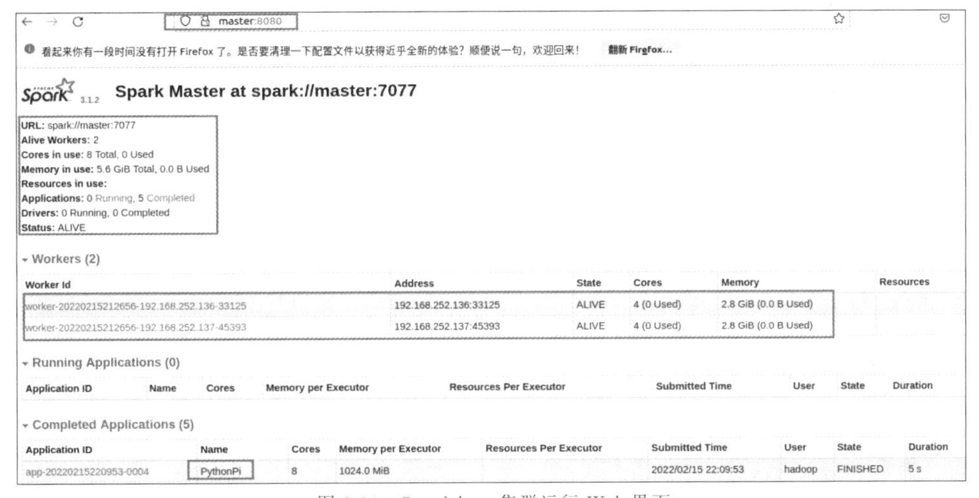

图 2-14 Standalone 集群运行 Web 界面

2.4.8 高可用 HA Standalone 集群

Spark Standalone 集群是 Master-Slaves 架构的集群模式，和大部分的 Master-Slaves 结构集群一样，存在着 Master 单点故障(SPOF)的问题。

如何解决这个单点故障的问题，Spark 提供了两种方案：

(1)基于文件系统的单点恢复(Single-Node Recovery with Local File System)，这种方案只能用于开发或测试环境。

(2)基于 ZooKeeper 的 Standby Masters(Standby Masters with ZooKeeper)，这种情况可以用于生产环境。

ZooKeeper 提供了一个 Leader Election 选举机制，利用这个机制可以保证，虽然集群存在多个 Master，但是只有一个是 Active 的，其他的都是 Standby。当 Active 的 Master 出现故障时，另外的一个 Standby Master 会被选举出来。由于集群的信息，包括 Worker、Driver 和 Application 的信息都已经持久化到文件系统，因此在切换的过程中只会影响新 Job 的提交，对于正在进行的 Job 没有任何的影响。加入 ZooKeeper 的集群整体架构如图 2-15 所示。

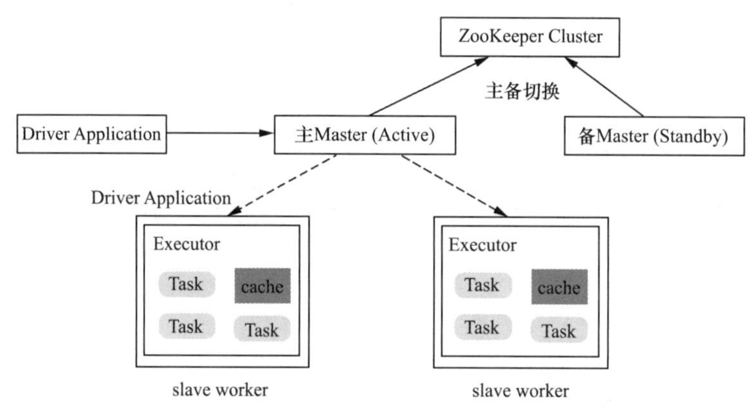

图 2-15 基于 ZooKeeper 的高可用 HA Standalone 集群

Standalone HA 的原理是基于 ZooKeeper 做状态的维护，开启多个 Master 进程，一个作为活跃，其他的作为备份，当活跃进程宕机，备份 Master 进行接管。

为什么需要 ZooKeeper?

因为分布式进程是分布在多个服务器上的，状态之间的同步需要协调，比如谁是 master、谁是 worker、谁成了 master 后要通知 worker 等，这些需要中心化协调器 ZooKeeper 来进行状态统一协调。基于 ZooKeeper 的高可用 HA Standalone 集群的测试请自行学习。

2.4.9 Spark On Yarn 集群测试与应用

按照前面环境部署中所学习的，如果我们想要一个稳定的生产 Spark 环境，那么最优的选择就是构建 HA Standalone 集群。

不过在企业中，服务器的资源总是紧张的，许多企业不管做什么业务，都基本上会有 Hadoop 集群，也就是会有 Yarn 集群。

对于企业来说，在已有 Yarn 集群的前提下再单独准备 Spark Standalone 集群，对资源的利用就不高。所以，在企业中多数场景下，会将 Spark 运行到 Yarn 集群中。

Yarn 本身是一个资源调度框架，负责对运行在内部的计算框架进行资源调度管理。作为典型的计算框架，Spark 本身也是直接运行在 Yarn 中，并接受 Yarn 的调度的。

所以，对于 Spark On Yarn，无须部署 Spark 集群，只要找一台服务器，充当 Spark 的客户端，即可提交任务到 Yarn 集群中运行。

1.Spark On Yarn 的本质

Master 角色由 Yarn 的 ResourceManager 担任；Worker 角色由 Yarn 的 NodeManager 担任；Driver 角色运行在 Yarn 容器内或提交任务的客户端进程中，真正执行任务的 Executor 运行在 Yarn 提供的容器内。

2.使用 Spark On Yarn 需要做的准备工作

(1)需要 Yarn 集群，这个在前面章节搭建 Hadoop 集群时已经安装了。

(2)需要 Spark 客户端工具，比如 spark-submit，可以将 Spark 程序提交到 Yarn 中。

(3)需要被提交的代码程序，如 spark/examples/src/main/python/pi.py，计算圆周率的示例程序，或用户后续自己开发的 Spark 程序。

3.Spark On Yarn 的部署模式

Spark On Yarn 有两种运行模式：一种是 Cluster 模式，另一种是 Client 模式。这两种模式的区别就是 Driver 运行的位置。具体区别对比如表 2-2 所示。

表 2-2　Spark On YARN 两种模式(Cluster、Client)区别对比

对比类别	Cluster 模式	Client 模式
Driver 运行位置	YARN 容器内，和 ApplicationMaster 在同一个容器内	客户端进程内，比如 Driver 运行在 spark-submit 程序的进程中
通信效率	高	低于 Cluster 模式
日志查看	日志输出在容器内，查看不方便	日志输出在客户端的标准输出流中，方便查看
生产环境	推荐	不推荐
稳定性	稳定	基于客户端进程，受到客户端进程影响

4.Cluster 模式

(1)运行架构

Cluster 模式的运行架构如图 2-16 所示。

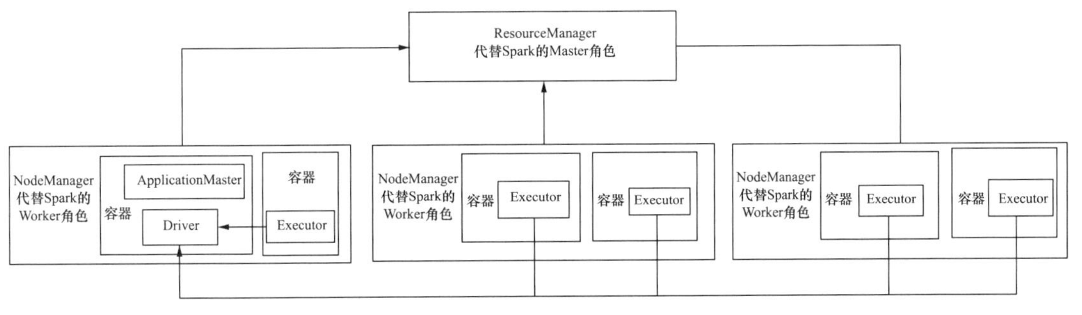

图 2-16　Cluster 模式运行架构

该模式下 Driver 运行 ApplicattionMaster 这个节点由 Yarn 管理，如果出现问题，Yarn 会重启 ApplicattionMaster(Driver)。

(2)程序运行流程

程序的运行流程如图 2-17 所示。

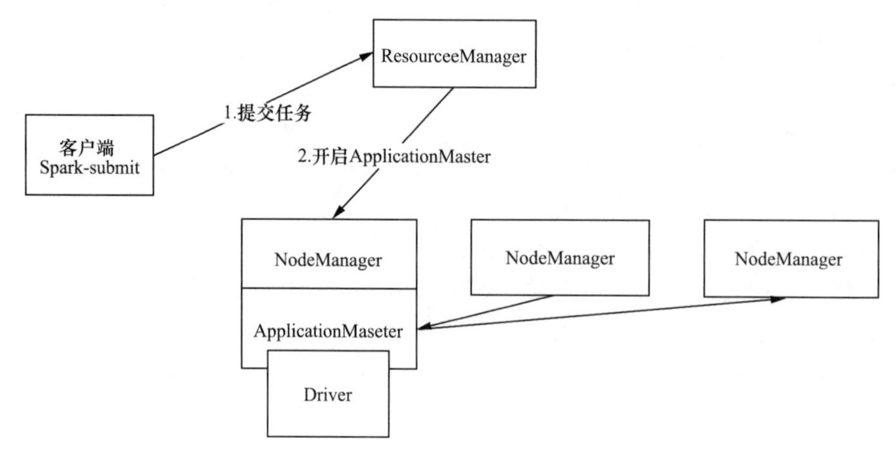

图 2-17　Cluster 模式程序运行流程

由图可知，Driver 运行在容器内部。

(3)测试

运行官网提供的计算圆周率 PI 程序，采用 cluster 模式，命令和操作如下：

```
hadoop@master:~$ SPARK_HOME=/opt/sparkcluster/spark
hadoop@master:~$ ${SPARK_HOME}/bin/spark-submit \
> --master yarn \
> --deploy-mode cluster \
> --driver-memory 512m \
> --executor-memory 512m \
> --num-executors 1 \
> --total-executor-cores 2 \
> ${SPARK_HOME}/examples/src/main/python/pi.py \
>5
```

```
hadoop@master:~$ SPARK_HOME=/opt/sparkcluster/spark
hadoop@master:~$ ${SPARK_HOME}/bin/spark-submit \
> --master yarn \
> --deploy-mode cluster \
> --driver-memory 512m \
> --executor-memory 512m \
> --num-executors 1 \
> --total-executor-cores 2 \
> ${SPARK_HOME}/examples/src/main/python/pi.py \
>
WARNING: An illegal reflective access operation has occurred
WARNING: Illegal reflective access by org.apache.spark.unsafe.Platform (file:/opt/sparkcluster/s
park/jars/spark-unsafe_2.12-3.1.2.jar) to constructor java.nio.DirectByteBuffer(long,int)
WARNING: Please consider reporting this to the maintainers of org.apache.spark.unsafe.Platform
WARNING: Use --illegal-access=warn to enable warnings of further illegal reflective access opera
tions
WARNING: All illegal access operations will be denied in a future release
hadoop@master:~$ █
```

由于 Cluster 模式 Driver 输出结果不能在客户端显示，上述命令执行完毕以后，我们需要到 Yarn 集群上 Web 端的输出日志 Logs 下查看输出结果，Yarn 集群的监控端口是 8088，输入访问地址：http://master:8088/cluster/，如图 2-18 所示。

图 2-18　YARN 集群信息查看

单击应用程序 ID(application_1644998552257_0001)进入详细信息查看界面，然后找到 Logs，单击进入，另外还可以看出，Diver 运行在集群中的 slave1 节点上，如图 2-19 所示。

图 2-19　应用程序信息查看

进入 Logs 日志输出以后，单击 stdout 可以看到具体的输出结果信息，如图 2-20 所示。

图 2-20 Logs 查看输出结果

5.Client 模式

(1)运行架构

Client 模式的运行架构如图 2-21 所示。

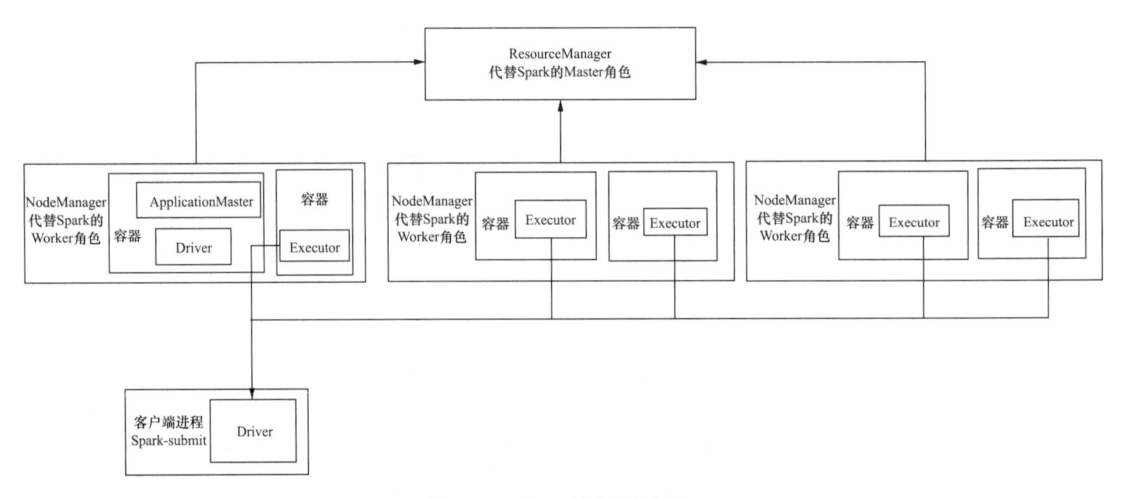

图 2-21 Client 模式运行架构

该模式下,Driver 运行在提交的客户端进程中。

(2)程序执行流程

spark-submit 提交程序的运行流程如图 2-22 所示。

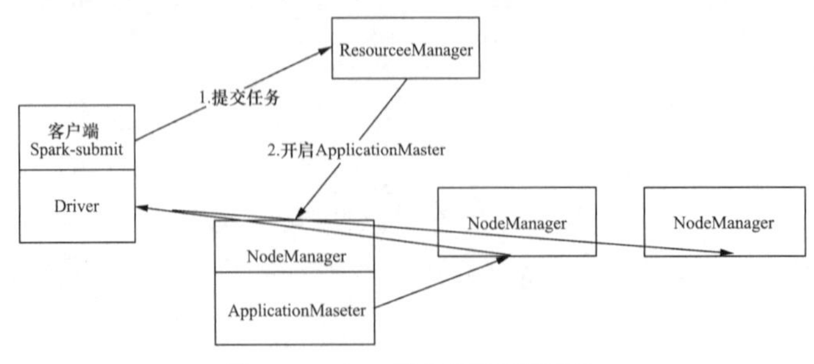

图 2-22 Client 模式程序运行流程

如上图所示，以 spark-submit 提交的程序为例，可知 Driver 运行在客户端程序进程中。

(3)测试

运行官网提供的计算圆周率 PI 程序，采用 Client 模式，命令和操作如下所示。

```
hadoop@master:~ $ SPARK_HOME=/opt/sparkcluster/spark
hadoop@master:~ $ ${SPARK_HOME}/bin/spark-submit \
--master yarn \
--deploy-mode client \
--driver-memory 512m \
--executor-memory 512m \
--num-executors 1 \
--total-executor-cores 2 \
${SPARK_HOME}/examples/src/main/python/pi.py \
5
```

```
hadoop@master:~$ SPARK_HOME=/opt/sparkcluster/spark
hadoop@master:~$ ${SPARK_HOME}/bin/spark-submit \
> --master yarn \
> --deploy-mode client \
> --driver-memory 512m \
> --executor-memory 512m \
> --num-executors 1 \
> --total-executor-cores 2 \
> ${SPARK_HOME}/examples/src/main/python/pi.py \
> 5
WARNING: An illegal reflective access operation has occurred
WARNING: Illegal reflective access by org.apache.spark.unsafe.Platform (file:/opt/sparkcluster/s
park/jars/spark-unsafe_2.12-3.1.2.jar) to constructor java.nio.DirectByteBuffer(long,int)
WARNING: Please consider reporting this to the maintainers of org.apache.spark.unsafe.Platform
WARNING: Use --illegal-access=warn to enable warnings of further illegal reflective access opera
tions
WARNING: All illegal access operations will be denied in a future release
Pi is roughly 3.138640
hadoop@master:~$
```

因此，由上述操作可知，日志跟随客户端的标准输出流进行输出。如果通过 Web 端按照 Cluster 一样的方式查看 Logs 信息，单击 stdout 发现是空白，没有输出结果。如图 2-23 所示。

图 2-23 Client 模式下日志输出结果查看

6.Spark On Yarn 两种模式总结

Client 模式和 Cluster 模式最本质的区别是：Driver 程序运行在哪里。

Client 模式：学习测试时使用，生产环境不推荐。如果要用也可以，但是性能和稳定性略低。

(1)Driver 运行在 Client 上，和集群的通信成本高。

(2)Driver 输出结果会在客户端显示。

Cluster 模式:生产环境中使用该模式。

(1)Driver 程序在 Yarn 集群中,和集群的通信成本低。

(2)Driver 输出结果不能在客户端显示。

(3)该模式下 Driver 运行 ApplicattionMaster 这个节点上,由 Yarn 管理,如果出现问题,Yarn 会重启 ApplicattionMaster(Driver)。

2.5 小结

本章主要介绍了 Spark 本地实验环境和集群实验环境的部署模式;通过实践任务详细介绍了 Spark 本地实验环境搭建和集群实验环境的搭建过程,并对本地实验环境和集群实验环境进行了测试与实际应用,为读者使用 Spark 开发应用程序打好基础。

2.6 习题

1.简述 Spark 有哪些部署的模式。

2.简述 pyspark、spark-shell 和 spark-submit 的功能、特点和使用场景。

3.简述 Standalone 集群和 HA Standalone 集群。

4.简述 Spark On Yarn 两种模式 Cluster 和 Client 的区别。

第3章 基于 Python 开发 Spark 应用程序

学习目标

1.掌握基于 Python 开发 Spark 的方式
2.掌握 PySpark 的安装和使用
3.掌握 spark-submit 运行程序
4.掌握用 Jupyter Notebook 编写 Spark 程序
5.掌握用 PyCharm 编写 Spark 程序

思政元素

第一部分:基础理论

3.1 基于 Python 开发 Spark 方式

基于 Python 开发运行 Spark 应用程序有 3 种方式,分别为 PySpark Shell 命令行方式、客户端 spark-submit 方式、第三方集成开发工具 Jupyter Notebook 或者 PyCharm 方式。

Spark 的运行模式有 5 种,分别为 Local、Standalone、Yarn、Mesos、Kubernetes,每种模式的说明如表 3-1 所示。

表 3-1 Spark 运行模式

序号	模式名称	说明
1	Local	单机模式，适用于 Spark 单机运行下的开发和测试。使用一个 Worker 线程本地化运行 Spark(默认)。不需要构建 Spark 集群
2	Standalone	集群模式，构建一个主从结构(Master＋Slave)的 Spark 集群，连接到指定的 Spark 单机版集群(Spark standalone cluster)master
3	Yarn	集群模式，适用于 Spark 客户端直接连接 Yarn。以客户端或集群模式连接到 Yarn 集群。需要构建 yarn 集群
4	Mesos	集群模式，适用于 Spark 客户端直接连接 Mesos。以客户端或连接到指定的 Mesos 集群。需要构建 Mesos 集群
5	Kubernetes	集群模式，直接使用 Kubernetes 作为集群管理器(Cluster Manager)，类似于 Mesos 和 Yarn。需要部署 Kubernetes 集群。spark-submit 可以直接用于将 Spark 应用程序提交到 Kubernetes 集群

3.2 Python 编程语言与 PySpark

3.2.1 Python 编程语言简介

Python 是一种解释型、面向对象、动态数据类型的高级程序设计语言。Python 也被称为一个高层次的结合解释性、编译性、互动性和面向对象的脚本语言，而且 Python 的设计具有很强的可读性。

Python 语言具有语法简洁清晰、简单易学、开源免费、类库丰富、通用灵活、可移植和可扩展性强等特点。它支持广泛的应用程序开发，从简单的文字处理到 Web 开发、科学计算与数据分析、自动化运维、网络爬虫、游戏开发、人工智能等。

3.2.2 PySpark 简介

PySpark 是 Spark 为 Python 开发者提供的 API。PySpark 是在原有 Spark 运行架构的基础上封装的一层 Python API，原理是利用 Py4J 来实现 Python 和 Java 的交互，从而实现能够使用 Python 来编写 Spark 应用程序。其中 Py4J 是一个用 Python 和 Java 编写的库，Python 程序通过 Py4J 动态访问 Java 虚拟机中的 Java 对象，Java 程序也能够回调 Python 对象，但是 Py4J 并不能实现在 Java 里调用 Python 方法。为了能够在 Executor 端运行用户定义的 Python 函数或 Lambda 表达式，需要为每个 Task 单独启用一个 Python 进程，通过 Socket 通信方式将 Python 函数或 Lambda 表达式发给 Python 进程执行，PySpark 执行原理如图 3-1 所示。

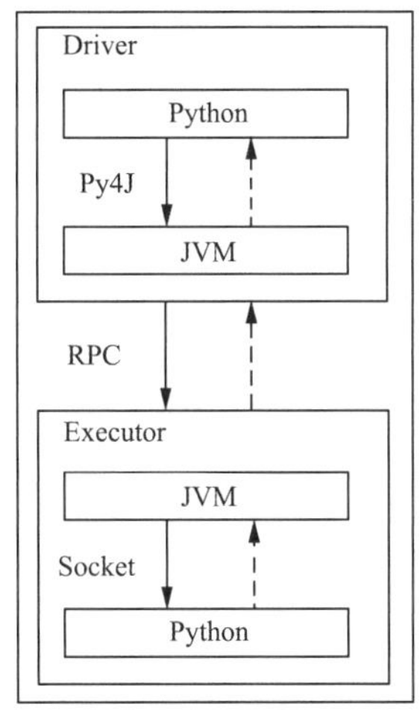

图 3-1 PySpark 执行原理

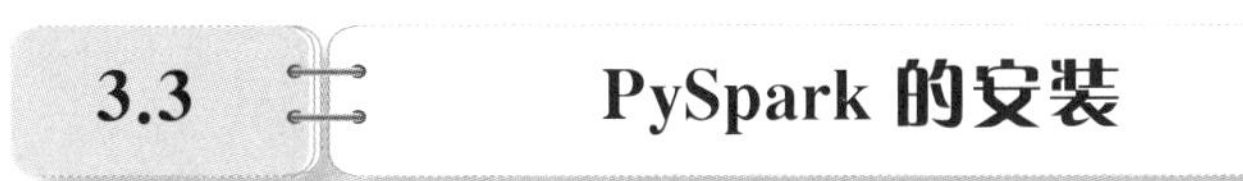

3.3 PySpark 的安装

Spark 应用的开发流程一般是先在本地调试代码，然后将代码提交到集群运行。在使用 Python 进行 Spark 应用开发时，Spark 提供了相应的 PySpark 库，安装后即可像编写一般的 Python 程序一样编写 Spark 程序。PySpark 的安装方式主要分为在线 pip 命令安装和离线安装两种。

3.3.1 使用 pip 命令安装

打开 Linux 的命令行终端窗口，执行 pip install pyspark 命令即可安装。如果资源有限，建议在本地环境下安装。下面示例在本地环境安装，执行命令和操作如下所示。

```
sudo pip install pyspark          # 使用 pip 命令在线安装 pyspark
```

```
hadoop@bigdataVM: ~
hadoop@bigdataVM:~$ sudo pip install pyspark
Collecting pyspark
  Downloading pyspark-3.1.2.tar.gz (212.4 MB)
     |████████████████████████████████| 212.4 MB 128 kB/s
Collecting py4j==0.10.9
  Downloading py4j-0.10.9-py2.py3-none-any.whl (198 kB)
     |████████████████████████████████| 198 kB 1.4 MB/s
Building wheels for collected packages: pyspark
  Building wheel for pyspark (setup.py) ... done
  Created wheel for pyspark: filename=pyspark-3.1.2-py2.py3-none-any.whl size=212880770 sha256=4
4e67db78273e1cce2c3a64528025830c9c492e8ba2c10523d4f1f2e861cf9d4
  Stored in directory: /root/.cache/pip/wheels/df/88/9e/58ef1f74892fef590330ca0830b5b6d995ba29b4
4f977b3926
Successfully built pyspark
Installing collected packages: py4j, pyspark
Successfully installed py4j-0.10.9 pyspark-3.1.2
```

提示：如果在本地环境中未安装 pip 命令，可以先执行 sudo apt-get update，然后再执行 sudo apt-get install pip 进行安装。最后再执行 pip install pyspark 命令安装 pyspark。

3.3.2 使用离线包安装

切换到解压缩后的 spark 目录下的 python 文件夹。执行命令和安装过程如下所示。

```
cd /opt/spark/python/
sudo python3 setup.py install
```

```
hadoop@bigdataVM: /opt/spark/python
hadoop@bigdataVM:~$ cd /opt/spark/python/
hadoop@bigdataVM:/opt/spark/python$ sudo python3 setup.py install
running install
running build
running build_py
creating build
creating build/lib
creating build/lib/pyspark
copying pyspark/context.py -> build/lib/pyspark
copying pyspark/util.py -> build/lib/pyspark
copying pyspark/profiler.py -> build/lib/pyspark
copying pyspark/worker.py -> build/lib/pyspark
```

PySpark的使用

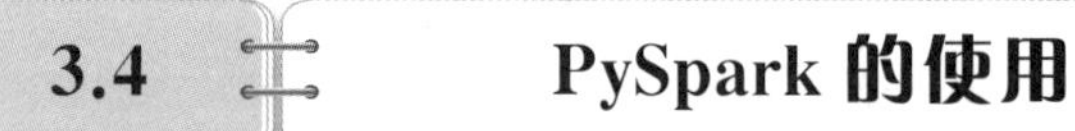

3.4 PySpark 的使用

在使用 PySpark 之前，先启动 Spark 集群，然后验证集群是否正常，最后执行 pyspark 命令进行启动。如图 3-2、图 3-3 所示。

```
hadoop@master: ~
hadoop@master:~$ start-all.sh
WARNING: Attempting to start all Apache Hadoop daemons as hadoop in 10 seconds.
WARNING: This is not a recommended production deployment configuration.
WARNING: Use CTRL-C to abort.
Starting namenodes on [master]
Starting datanodes
Starting secondary namenodes [master]
Starting resourcemanager
Starting nodemanagers
hadoop@master:~$ start-master.sh
starting org.apache.spark.deploy.master.Master, logging to /opt/sparkcluster/spark//logs/spark-hadoop-org.apache.spark.deploy.master.Master-1-master.out
hadoop@master:~$ start-workers.sh
slave2: starting org.apache.spark.deploy.worker.Worker, logging to /opt/sparkcluster/spark/logs/spark-hadoop-org.apache.spark.deploy.worker.Worker-1-slave2.out
slave1: starting org.apache.spark.deploy.worker.Worker, logging to /opt/sparkcluster/spark/logs/spark-hadoop-org.apache.spark.deploy.worker.Worker-1-slave1.out
hadoop@master:~$ jps
4147 Jps
3491 SecondaryNameNode
3222 NameNode
3703 ResourceManager
4042 Master
```

图 3-2　Master 节点上启动 Spark 集群并验证

```
hadoop@slave1: ~
hadoop@slave1:~$ jps
3056 DataNode
11300 Jps
3304 NodeManager
10380 Worker
```

```
hadoop@slave2: ~
hadoop@slave2:~$ jps
3475 Worker
3221 NodeManager
3045 DataNode
11276 Jps
```

图 3-3　slave 节点验证集群

关于 PySpark 启动的几种模式，涉及的参数说明如表 3-2 所示。

表 3-2　　PySpark 启动参数说明

参数	说明
local	使用一个工作线程在本地运行 Spark(根本没有并行性)
local[k]	使用 k 个工作线程在本地运行 Spark(理想情况下，将其设置为用户机器上的内核数)
local[*]	在本地运行 Spark，工作线程与机器上的逻辑核心一样多
local[* ,F]	在本地运行 Spark，工作线程数与用户机器上的逻辑核心数和 F maxFailures 数一样多
local-cluster[N,C,M]	本地集群模式仅用于单元测试。它在单个 JVM 中模拟分布式集群，具有 N 个工作器，每个工作器 C 核和每个工作器 M MiB 内存
spark://HOST:PORT	连接到给定的 Spark Standalone 集群主节点。端口必须是用户主服务器配置使用的端口，默认为 7077
spark://HOST1:PORT1,HOST2:PORT2	使用 Zookeeper 连接到具有备用 Master 的给定 Spark Standalone 集群。该列表必须包含使用 Zookeeper 设置的高可用性集群中的所有主控主机。端口必须是每个主设备配置使用的端口，默认为 7077
mesos://HOST:PORT	连接到给定的 Mesos 集群。端口必须是用户配置使用的端口，默认为 5050。或者，对于使用 ZooKeeper 的 Mesos 集群，使用 mesos://zk://.... 以参数--deploy-mode cluster 提交，将 HOST:PORT 配置为连接到 MesosClusterDispatcher
yarn	根据--deploy-mode 的参数值以 client(客户端)模式或 cluster(集群)模式连接 Yarn 集群，默认以客户端形式连接。集群的位置可以在 HADOOP_CONF_DIR 或者 YARN_CONF_DIR 环境变量中找到
k8s://HOST:PORT	根据--deploy-mode 的参数值以 client(客户端)模式或 cluster(集群)模式连接 Kubernetes 集群。HOST 和 PORT 参考 Kubernetes API 服务器。它默认使用 TLS 连接。为了强制它使用不安全的连接，可以使用 k8s://http://HOST:PORT

1.以 Local 运行模式，启动 PySpark

Local 模式在本地环境和集群环境都可以执行，如果资源有限，建议本地环境执行。执行命令和操作如下所示。

```
pyspark --master local[4]          # 启动 Local 模式
sc.master                          # 查看当前的运行模式
```

```
hadoop@master:~$ pyspark --master local[4]
Python 3.8.10 (default, Jun  2 2021, 10:49:15)
[GCC 9.4.0] on linux
Type "help", "copyright", "credits" or "license" for more information.
WARNING: An illegal reflective access operation has occurred
WARNING: Illegal reflective access by org.apache.spark.unsafe.Platform (file:/opt/sparkcluster/s
park/jars/spark-unsafe_2.12-3.1.2.jar) to constructor java.nio.DirectByteBuffer(long,int)
WARNING: Please consider reporting this to the maintainers of org.apache.spark.unsafe.Platform
WARNING: Use --illegal-access=warn to enable warnings of further illegal reflective access opera
tions
WARNING: All illegal access operations will be denied in a future release
2021-10-10 09:51:26,338 WARN util.NativeCodeLoader: Unable to load native-hadoop library for you
r platform... using builtin-java classes where applicable
Setting default log level to "WARN".
To adjust logging level use sc.setLogLevel(newLevel). For SparkR, use setLogLevel(newLevel).
Welcome to
```

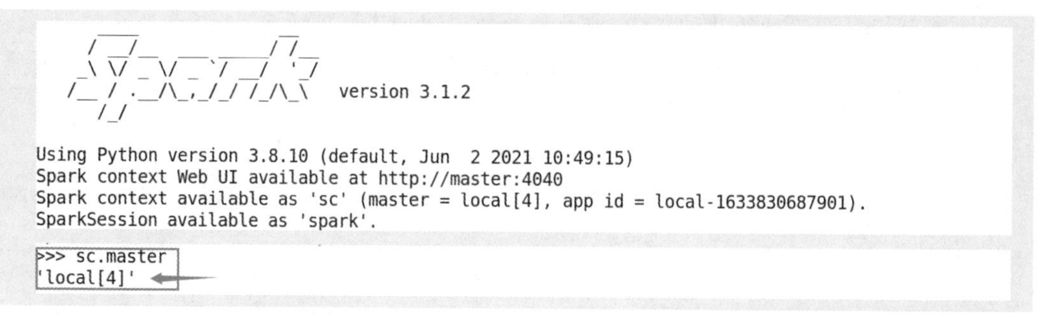

2.以 Standalone 运行模式,启动 PySpark

Standalone 模式在集群环境下可以执行,下列示例采取集群模式执行。执行命令和操作如下所示。

```
pyspark --master spark://master:7077          # 启动 Standalone 模式
sc.master                                     # 查看当前的运行模式
```

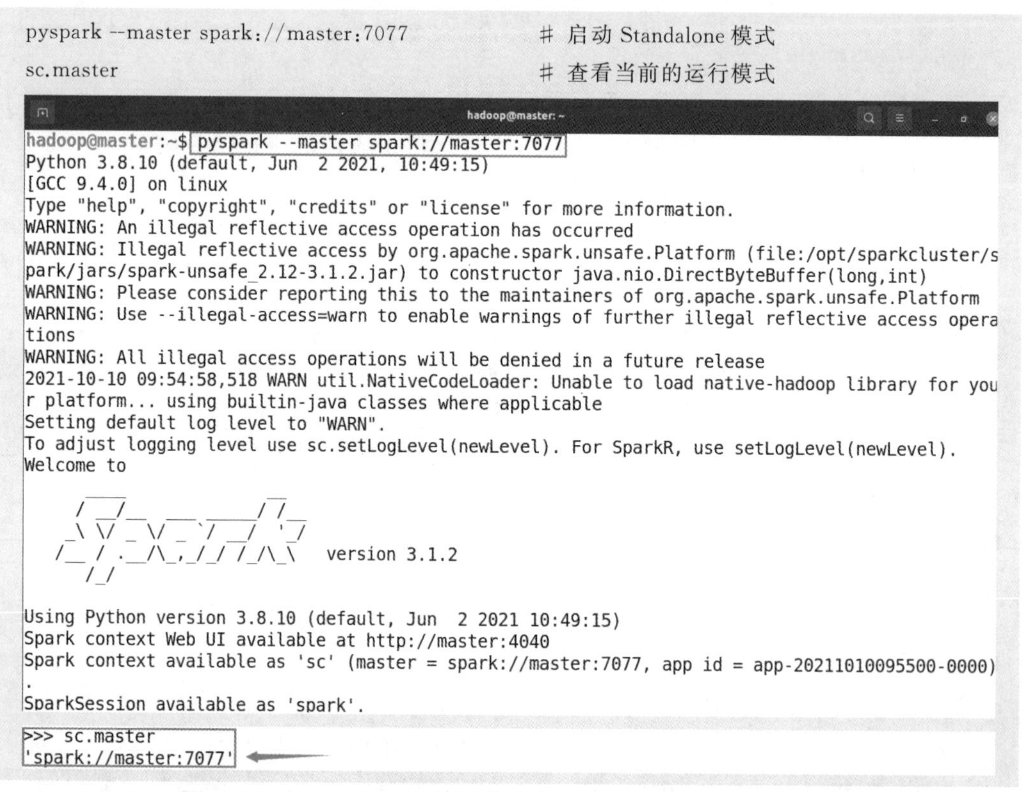

3.以 YARN 运行模式,启动 PySpark

YARN 模式只能在集群环境执行,分为 Cluster 和 Client 两种方式。执行命令和操作如下所示。

```
pyspark --master yarn --deploy-mode client     # 启动 Yarn 集群,以 Client 方式连接到 Yarn,如果以 Cluster 方式连接,参数为--deploy-mode cluster
sc.master                                      # 查看当前的运行模式
```

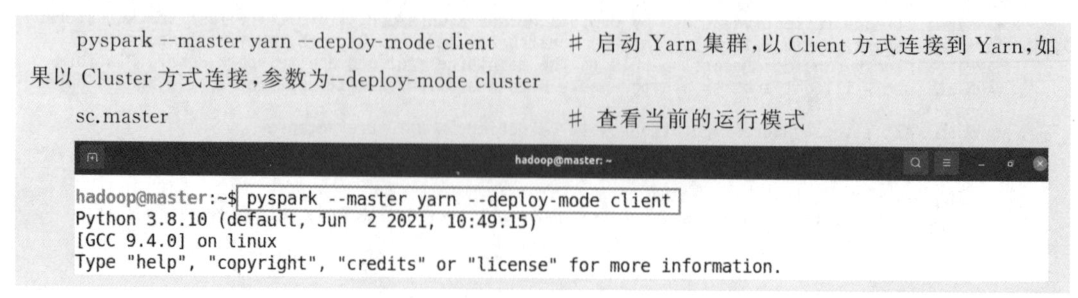

```
Welcome to
      ____              __
     / __/__  ___ _____/ /__
    _\ \/ _ \/ _ `/ __/  '_/
   /__ / .__/\_,_/_/ /_/\_\   version 3.1.2
      /_/

Using Python version 3.8.10 (default, Jun  2 2021 10:49:15)
Spark context Web UI available at http://master:4040
Spark context available as 'sc' (master = yarn, app id = application_1633829108140_0002).
SparkSession available as 'spark'.
>>> sc.master
'yarn'
```

3.5 spark-submit 运行程序

微课
spark-submit
运行程序

3.5.1 spark-submit 概述

1.spark-submit 简介

spark-submit 脚本通常位于/opt/spark/bin 目录下，可以用 which spark-submit 来查看它所在的位置，spark-submit 用来启动集群中的应用，它使用统一的提交接口支持各种类型的集群服务器。为了将应用发布到集群中，通常会将应用打成 jar 包，在运行 spark-submit 时将 jar 包当作参数提交。可以通过 spark-submit -h 命令查看用法。命令和操作示例如下所示。

```
spark-submit -h
```

```
hadoop@bigdataVM:~$ spark-submit -h
Usage: spark-submit [options] <app jar | python file | R file> [app arguments]
Usage: spark-submit --kill [submission ID] --master [spark://...]
Usage: spark-submit --status [submission ID] --master [spark://...]
Usage: spark-submit run-example [options] example-class [example args]

Options:
  --master MASTER_URL         spark://host:port, mesos://host:port, yarn,
                              k8s://https://host:port, or local (Default: local[*]).
  --deploy-mode DEPLOY_MODE   Whether to launch the driver program locally ("client") or
                              on one of the worker machines inside the cluster ("cluster")
                              (Default: client).
  --class CLASS_NAME          Your application's main class (for Java / Scala apps).
  --name NAME                 A name of your application.
  --jars JARS                 Comma-separated list of jars to include on the driver
                              and executor classpaths.
```

2.spark-submit 参数

spark-submit 脚本使用时有很多启动参数，启动参数说明如表 3-3 所示。

表 3-3 spark-submit 参数说明

参数名称	参数说明
--master	master 的地址，也就是提交任务到哪里执行，例如 spark://host:port，yarn，local
--deploy-mode	在本地(client)启动 driver 或在 cluster 上启动，默认是 client
--name	应用程序的名称

（续表）

参数名称	参数说明
--class	应用程序的主类，仅针对 java 或 scala 应用
--jars	用逗号分隔的本地 jar 包，设置后，这些 jar 将包含在 driver 和 executor 的 classpath 下
--packages	包含在 driver 和 executor classpath 中的 jar 的 maven 坐标
--exclude-packages	为了避免冲突而指定不包含的 package
--repositories	远程 repository
--conf PROP=VALUE	指定 spark 配置属性的值，例如 -conf spark. executor. extraJavaOptions ="-XX：MaxPermSize=256m"
--properties-file	加载的配置文件，默认为 conf/spark-defaults.conf
--driver-memory	Driver 内存，默认 1 GB
--driver-java-options	传给 driver 的额外的 Java 选项
--driver-library-path	传给 driver 的额外的库路径
--driver-class-path	传给 driver 的额外的类路径
--driver-cores	Driver 的核数，默认是 1。在 Yarn 或者 Standalone 下使用
--executor-memory	每个 executor 的内存，默认是 1 GB
--total-executor-cores	所有 executor 总共的核数。仅仅在 Mesos 或者 Standalone 下使用
--num-executors	启动的 executor 数量，默认为 2，在 Yarn 下使用
--executor-core	每个 executor 的核数，在 Yarn 或者 Standalone 下使用

spark-submit 提交应用程序，该命令的通用格式如下：

```
spark-submit
    --master <master-url>
    --deploy-mode <deploy-mode>        # 部署模式
    ...#其他参数
    <application-file>                 # Python 代码文件
    [application-arguments]            # 传递给主类的主方法参数
```

3.5.2 spark-submit 运行程序

1.编写词频统计程序

单机环境下词频统计程序准备：

首先在本地目录/opt/spark 下新建一个文件夹 mycode，其次在该文件夹下使用 python 编写一个词频统计程序 WordCount.py，统计本地 spark 目录下的 READEME.md 文件中 a 和 b 字符的个数。操作示例和程序内容如下：

```
hadoop@bigdataVM:~$ cd /opt/spark/                          #切换目录
hadoop@bigdataVM:/opt/spark$ sudo mkdir mycode              #创建 mycode 文件夹
hadoop@bigdataVM:/opt/spark$ cd mycode/
hadoop@bigdataVM:/opt/spark/mycode$ sudo vim WordCount.py   #编写词频统计程序
```

```
hadoop@bigdataVM: /opt/spark/mycode
hadoop@bigdataVM:~$ cd /opt/spark/
hadoop@bigdataVM:/opt/spark$ sudo mkdir mycode
[sudo] hadoop 的密码:
hadoop@bigdataVM:/opt/spark$ cd mycode/
hadoop@bigdataVM:/opt/spark/mycode$ sudo vim WordCount.py
```

```
# 词频统计 WordCount.py 程序内容如下：
from pyspark import SparkConf, SparkContext
conf = SparkConf().setMaster("local").setAppName("My App")  # 设定 local 模式,也可以在提交时指定
sc = SparkContext(conf = conf)
logFile = "file:///opt/spark/README.md"           # 需要统计的源文件路径
logData = sc.textFile(logFile, 2).cache()
numAs = logData.filter(lambda line: 'a' in line).count()
numBs = logData.filter(lambda line: 'b' in line).count()
print('Lines with a: %s, Lines with b: %s' % (numAs, numBs))
```

集群环境下词频统计程序准备：

首先在集群 master 节点目录/opt/sparkcluster 下新建一个文件夹 mycode,然后在该文件夹下使用 python 编写一个词频统计程序 WordCount.py,统计 master 节点/opt/sparkcluster/spark/目录下的 READEME.md 文件中 a 和 b 字符的个数。操作示例和程序内容如下：

```
hadoop@master:~$ cd /opt/sparkcluster/
hadoop@master:/opt/sparkcluster$ sudo mkdir mycode       #创建 mycode 文件夹
hadoop@master:/opt/sparkcluster$ cd mycode/
hadoop@master:/opt/sparkcluster/mycode$ sudo vim WordCount.py     #编写词频统计程序
hadoop@master:/opt/sparkcluster/mycode$
```

```
# 词频统计 WordCount.py 程序内容如下：
from pyspark import SparkConf, SparkContext
conf = SparkConf().setAppName("My App")                     #不设置模式,提交时指定
sc = SparkContext(conf = conf)
logFile = "file:///opt/sparkcluster/spark/README.md"        #需要统计的源文件路径
logData = sc.textFile(logFile, 2).cache()
numAs = logData.filter(lambda line: 'a' in line).count()
numBs = logData.filter(lambda line: 'b' in line).count()
print('Lines with a: %s, Lines with b: %s' % (numAs, numBs))
```

2.spark-submit 提交到 Local 模式

在单机环境和集群环境下都可以通过 spark-submit 提交运行。

单机环境下通过 spark-submit 提交词频统计程序 WordCount.py 到 Spark 中运行,可得到词频统计结果 Lines with a: 64, Lines with b: 32,命令和操作如下所示。

```
hadoop@bigdataVM:~$ cd /opt/spark/bin/
hadoop@bigdataVM:/opt/spark/bin$ spark-submit --master local /opt/spark/mycode/WordCount.py
```

```
hadoop@bigdataVM:/opt/spark/bin$ spark-submit --master local /opt/spark/mycode/WordCount.py
WARNING: An illegal reflective access operation has occurred
WARNING: Illegal reflective access by org.apache.spark.unsafe.Platform (file:/opt/spark/jars/spark-unsafe_2.12-3.1.2.jar) to constructor java.nio.DirectByteBuffer(long,int)
WARNING: Please consider reporting this to the maintainers of org.apache.spark.unsafe.Platform
WARNING: Use --illegal-access=warn to enable warnings of further illegal reflective access operations
WARNING: All illegal access operations will be denied in a future release
Lines with a: 64, Lines with b: 32
```

词频统计结果

提示：上述 spark-submit 命令后的 --master local 参数可以省略不写，默认就是以 local 方式提交的，在代码中已经指定。

上述操作可以在命令中间使用"\"符号，将一行完整命令"断开成多行"进行输入，显得更有逻辑和层次感，命令和操作如下所示。

```
hadoop@bigdataVM:/opt/spark/bin$ spark-submit --master local \
> /opt/spark/mycode/WordCount.py
```

```
hadoop@bigdataVM:/opt/spark/bin$ spark-submit --master local \
> /opt/spark/mycode/WordCount.py
WARNING: An illegal reflective access operation has occurred
WARNING: Illegal reflective access by org.apache.spark.unsafe.Platform (file:/opt/spark/jars/spark-unsafe_2.12-3.1.2.jar) to constructor java.nio.DirectByteBuffer(long,int)
WARNING: Please consider reporting this to the maintainers of org.apache.spark.unsafe.Platform
WARNING: Use --illegal-access=warn to enable warnings of further illegal reflective access operations
WARNING: All illegal access operations will be denied in a future release
Lines with a: 64, Lines with b: 32
```

词频统计结果

集群环境下通过 spark-submit 在 master 节点下提交词频统计程序，命令和操作如下所示。

```
hadoop@master:/opt/sparkcluster/spark/bin$ spark-submit /opt/sparkcluster/mycode/WordCount.py
```

```
hadoop@master: /opt/sparkcluster/spark/bin
hadoop@master:/opt/sparkcluster/spark/bin$ spark-submit /opt/sparkcluster/mycode/WordCount.py
# 中间省略了很多 INFO 级别输出
2021-10-10 21:40:06,846 INFO scheduler.DAGScheduler: Job 1 is finished. Cancelling potential speculative or zombie tasks for this job
2021-10-10 21:40:06,846 INFO scheduler.TaskSchedulerImpl: Killing all running tasks in stage 1: Stage finished
2021-10-10 21:40:06,847 INFO scheduler.DAGScheduler: Job 1 finished: count at /opt/sparkcluster/mycode/WordCount.py:7, took 0.131119 s
Lines with a: 64, Lines with b: 32
```

3.spark-submit 提交到 Standalone 模式

Standalone 模式属于集群模式，要先启动 spark 集群，然后再通过 spark-submit 在 master 节点下提交程序。执行命令和操作如下所示。

```
hadoop@master:/opt/sparkcluster/spark/bin$ spark-submit --master spark://master:7077 /opt/sparkcluster/mycode/WordCount.py
```

```
hadoop@master: /opt/sparkcluster/spark/bin
hadoop@master:/opt/sparkcluster/spark/bin$ spark-submit --master spark://master:7077 /opt/sparkcluster/mycode/WordCount.py
```

```
# 中间省略了很多 INFO 级别输出
Stage finished
2021-10-10 22:00:27,805 INFO scheduler.DAGScheduler: Job 1 finished: count at /opt/sparkcluster/
mycode/WordCount.py:8, took 0.153499 s
Lines with a: 64, Lines with b: 32    词频统计结果
2021-10-10 22:00:27,865 INFO server.AbstractConnector: Stopped Spark@16ebef46{HTTP/1.1, (http/1.
1)}{0.0.0.0:4040}
2021-10-10 22:00:27,869 INFO ui.SparkUI: Stopped Spark web UI at http://master:4040
```

4.spark-submit 提交到 Yarn 模式

Yarn 模式属于集群模式，要先启动 Spark 集群，然后再通过 spark-submit 提交程序。执行命令和操作如下所示。

```
hadoop@master:/opt/sparkcluster/spark/bin $  spark-submit --master yarn --deploy-mode client /
opt/sparkcluster/mycode/WordCount.py
```

```
hadoop@master: /opt/sparkcluster/spark/bin
hadoop@master:/opt/sparkcluster/spark/bin$ spark-submit --master yarn --deploy-mode client /opt/
sparkcluster/mycode/WordCount.py
# 中间省略了很多 INFO 级别输出
2021-10-10 22:08:10,731 INFO cluster.YarnScheduler: Killing all running tasks in stage 1: Stage
finished
2021-10-10 22:08:10,732 INFO scheduler.DAGScheduler: Job 1 finished: count at /opt/sparkcluster/
mycode/WordCount.py:8, took 0.195263 s
Lines with a: 64, Lines with b: 32    词频统计结果
2021-10-10 22:08:10,802 INFO server.AbstractConnector: Stopped Spark@d65b2d3{HTTP/1.1, (http/1.1
)}{0.0.0.0:4040}
2021-10-10 22:08:10,807 INFO ui.SparkUI: Stopped Spark web UI at http://master:4040
```

3.6 设置 Spark 日志输出内容控制

Spark 程序运行时会产生大量的程序执行记录日志，其中有效的日志级别从低到高依次为 Debug、INFO、WARN、ERROR、FATA。控制日志输出内容的方式有两种。

1.修改 log4j.properties 日志配置文件

文件位置为/opt/spark/conf，默认为控制台输出 INFO 及以上级别的信息。将 INFO 修改为 ERROR，重启 Spark，运行 PySpark 控制台就没有 INFO 级别的输出，在程序运行异常时能够更快更准确地定位问题的原因。下面以单机环境为例，集群环境的配置可以类比单机环境。执行命令和修改代码如下所示。

```
hadoop@bigdataVM:~ $ cd /opt/spark/conf/                # 切换目录
hadoop@bigdataVM:/opt/spark/conf $ ls                   # 查看 log4j 日志文件
fairscheduler.xml.template    spark-defaults.conf.template    workers.template
log4j.properties.template     spark-env.sh
metrics.properties.template   spark-env.sh.template
hadoop@bigdataVM:/opt/spark/conf $ sudo mv log4j.properties.template log4j.properties
                                                        #重命名
[sudo] hadoop 的密码:
hadoop@bigdataVM:/opt/spark/conf $ sudo vim log4j.properties    # 修改配置
```

```
Log4j.rootCategory = INFO,console   # 修改前默认配置
Log4j.rootCategory = ERROR,console # 修改后配置
```

```
hadoop@bigdataVM: /opt/spark/conf
hadoop@bigdataVM:~$ cd /opt/spark/conf/
hadoop@bigdataVM:/opt/spark/conf$ ls
fairscheduler.xml.template   spark-defaults.conf.template  workers.template
log4j.properties.template    spark-env.sh
metrics.properties.template  spark-env.sh.template
hadoop@bigdataVM:/opt/spark/conf$ sudo mv log4j.properties.template log4j.properties
[sudo] hadoop 的密码:
hadoop@bigdataVM:/opt/spark/conf$ sudo vim log4j.properties
```

```
hadoop@bigdataVM: /opt/spark/conf
# See the License for the specific language governing permissions and
# limitations under the License.
#

# Set everything to be logged to the console
log4j.rootCategory=ERROR, console
log4j.appender.console=org.apache.log4j.ConsoleAppender
log4j.appender.console.target=System.err
log4j.appender.console.layout=org.apache.log4j.PatternLayout
```

修改完毕后，重新在单机环境和集群环境通过 spark-submit 提交词频统计程序，输出结果如图 3-4、图 3-5 所示。

```
hadoop@bigdataVM: /opt/spark/bin
hadoop@bigdataVM:/opt/spark/bin$ spark-submit /opt/spark/mycode/WordCount.py
WARNING: An illegal reflective access operation has occurred
WARNING: Illegal reflective access by org.apache.spark.unsafe.Platform (file:/opt/spark/jars/spa
rk-unsafe_2.12-3.1.2.jar) to constructor java.nio.DirectByteBuffer(long,int)
WARNING: Please consider reporting this to the maintainers of org.apache.spark.unsafe.Platform
WARNING: Use --illegal-access=warn to enable warnings of further illegal reflective access opera
tions
WARNING: All illegal access operations will be denied in a future release
Lines with a: 64, Lines with b: 32    词频统计结果
```

图 3-4　单机环境执行输出结果

```
hadoop@master: /opt/sparkcluster/spark/bin
hadoop@master:/opt/sparkcluster/spark/bin$ spark-submit --master yarn --deploy-mode client \
> /opt/sparkcluster/mycode/WordCount.py
WARNING: An illegal reflective access operation has occurred
WARNING: Illegal reflective access by org.apache.spark.unsafe.Platform (file:/opt/sparkcluster/s
park/jars/spark-unsafe_2.12-3.1.2.jar) to constructor java.nio.DirectByteBuffer(long,int)
WARNING: Please consider reporting this to the maintainers of org.apache.spark.unsafe.Platform
WARNING: Use --illegal-access=warn to enable warnings of further illegal reflective access opera
tions
WARNING: All illegal access operations will be denied in a future release
Lines with a: 64, Lines with b: 32
```

图 3-5　集群环境下输出结果

由上图可见，控制台输出内容少了 INFO 和 WARN 级别的输出。

2.在程序代码中使用 setLogLevel(logLevel)控制日志输出

代码设置如下：

```
sc = SparkContext('local[2]', 'Spark test')
sc.setLogLevel("ERROR")
```

第二部分：实践任务

3.7 实践任务 1：使用 Jupyter Notebook 编写 Spark 应用程序

3.7.1 Jupyter Notebook 简介

Jupyter Notebook 是基于网页的用于交互计算的应用程序。Jupyter Notebook 是一种 Web 应用，它能让用户将说明文本、数学方程、代码和可视化内容全部组合到一个易于共享的文档中，非常方便研究和教学。Jupyter Notebook 特别适合做数据处理，其用途可以包括数据清理和转换、数值模拟、统计建模、数据可视化、机器学习和大数据分析等。

Jupyter Notebook 的核心是 Notebook 的服务器。用户通过浏览器连接到该服务器，而 Notebook 呈现为 Web 应用。用户在 Web 应用中编写的代码通过该服务器发送给内核，内核运行代码，并将结果发送回该服务器。然后，任何输出都会返回到浏览器中。保存 Notebook 时，它将作为 JSON 文件（文件扩展名为.ipynb）写入该服务器。Jupyter Notebook 的运行流程如图 3-6 所示。

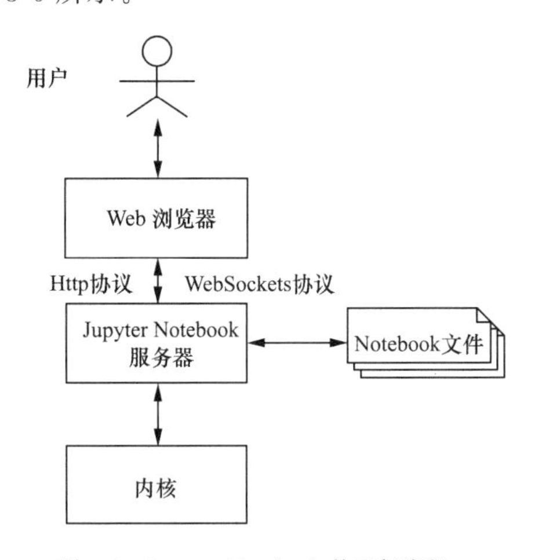

图 3-6 Jupyter Notebook 的运行流程

3.7.2 Anaconda3 安装

Anaconda 是一个开源的 Python 发行版本，其包含了 conda、Python 等 180 多个科学包及其依赖项。Anaconda 中已经集成了 Jupyter Notebook，因此，可以先安装 Anaconda，然后再配置 Jupyter Notebook。

1.下载

在 Ubuntu 20.04 系统中打开浏览器，访问 Anaconda 下载地址以后，呈现如图 3-7 所示网页，单击右侧页面底部的 Linux 版本图标，选择 Linux 系统平台对应的 Anaconda 版本。

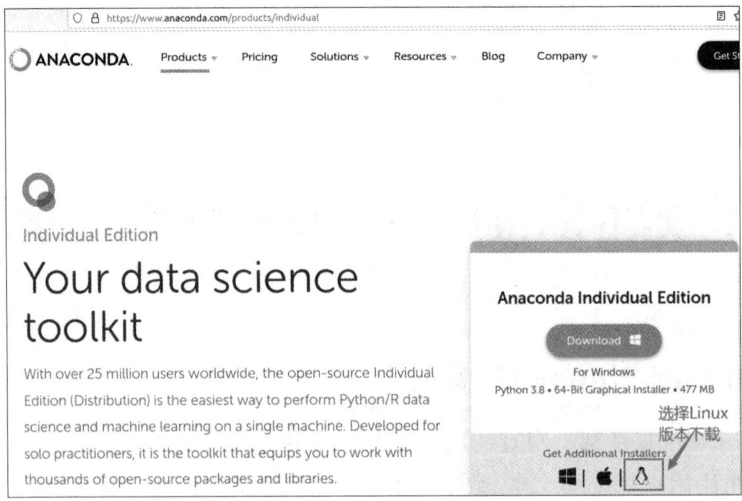

图 3-7 选择系统平台

然后，出现如图 3-8 所示页面，因为本教程是使用 Linux 系统 x86(64 位)，因此，选择“64-Bit(x86)Installer(544 MB)”下载安装文件。

图 3-8 选择 Linux 平台的 Anaconda

官网下载比较慢，建议使用国内镜像站(清华大学开源镜像站)下载，如图 3-9 所示。

https://mirrors.tuna.tsinghua.edu.cn/anaconda/archive/

Anaconda3-2021.05-Linux-aarch64.sh	412.6 MiB	2021-05-14 11:33
Anaconda3-2021.05-Linux-ppc64le.sh	285.3 MiB	2021-05-14 11:33
Anaconda3-2021.05-Linux-s390x.sh	291.7 MiB	2021-05-14 11:33
Anaconda3-2021.05-Linux-x86_64.sh	544.4 MiB	2021-05-14 11:33
Anaconda3-2021.05-MacOSX-x86_64.pkg	440.3 MiB	2021-05-14 11:33
Anaconda3-2021.05-MacOSX-x86_64.sh	432.7 MiB	2021-05-14 11:34
Anaconda3-2021.05-Windows-x86.exe	408.5 MiB	2021-05-14 11:34
Anaconda3-2021.05-Windows-x86_64.exe	477.2 MiB	2021-05-14 11:34

图 3-9 国内镜像站下载 Linux 平台 Anaconda

2.安装

(1)下载以后得到的安装文件是 Anaconda3-2021.05-Linux-x86_64.sh，假设该安装文件已经被保存到了 Linux 系统默认目录(此处是 Ubuntu20.04)的“/home/hadoop/Downloads”目录下，执行如下命令开始安装 Anaconda，会提示查看许可文件，直接按 Enter 键即可。命令和操作如下所示。

```
hadoop@bigdataVM:~ $ cd 下载                                        # 切换到安装目录
hadoop@bigdataVM:~/下载 $ ./Anaconda3-2021.05-Linux-x86_64.sh      # 执行安装命令
```

```
hadoop@bigdataVM: ~/下载
hadoop@bigdataVM:~/下载$ ./Anaconda3-2021.05-Linux-x86_64.sh

Welcome to Anaconda3 2021.05

In order to continue the installation process, please review the license
agreement.
Please, press ENTER to continue
>>>
```

提示：如果上述安装过程中提示权限不够，请授予读写权限后在执行安装。授权方式有两种：一是命令行授权，二是找到文件属性授权。命令授权和操作示例如下所示。

```
hadoop@bigdataVM:~ $ cd 下载                                        # 切换到安装目录
hadoop@bigdataVM:~/下载 $ ./Anaconda3-2021.05-Linux-x86_64.sh      # 执行安装命令
bash: ./Anaconda3-2021.05-Linux-x86_64.sh: 权限不够                 # 提示权限不够
hadoop@bigdataVM:~/下载 $ chmod +x Anaconda3-2021.05-Linux-x86_64.sh   # 授权
hadoop@bigdataVM:~/下载 $ sudo ./Anaconda3-2021.05-Linux-x86_64.sh     # 执行安装
```

```
hadoop@bigdataVM: ~/下载
hadoop@bigdataVM:~$ cd 下载
hadoop@bigdataVM:~/下载$ ./Anaconda3-2021.05-Linux-x86_64.sh
bash: ./Anaconda3-2021.05-Linux-x86_64.sh: 权限不够
hadoop@bigdataVM:~/下载$ chmod +x Anaconda3-2021.05-Linux-x86_64.sh
hadoop@bigdataVM:~/下载$ sudo ./Anaconda3-2021.05-Linux-x86_64.sh
[sudo] hadoop 的密码:

Welcome to Anaconda3 2021.05

In order to continue the installation process, please review the license
agreement.
Please, press ENTER to continue
>>>
```

(2)按 Enter 以后，会出现软件许可文件，这时可以一直不断按 Enter 键来翻到文件的末尾。到许可文件末尾后，会出现提示"是否接受许可条款"，输入 yes 后按 Enter 即可，如图 3-10 所示。

```
Do you accept the license terms? [yes|no]
[no] >>>
Please answer 'yes' or 'no':'
>>>
Please answer 'yes' or 'no':'
>>> yes
```

图 3-10 接受许可条款

(3)然后会出现如下所示界面，提醒选择安装路径，这里不要自己指定路径，直接按 Enter 就可以，随后系统就会安装到默认路径，比如此处是/home/hadoop/anaconda3。如图 3-11所示。

```
Anaconda3 will now be installed into this location:
/home/hadoop/anaconda3

  - Press ENTER to confirm the location
  - Press CTRL-C to abort the installation
  - Or specify a different location below

[/home/hadoop/anaconda3] >>>
```

图 3-11 修改安装目录

(4)系统会提示是否运行 conda 初始化，也就是设置一些环境变量，输入 yes 以后按 Enter 键。如图 3-12 所示。

```
Preparing transaction: done
Executing transaction: done
installation finished.
Do you wish the installer to initialize Anaconda3
by running conda init? [yes|no]
[no] >>> yes
```

图 3-12　conda 初始化

(5)安装成功后，可以看到如下信息，如图 3-13 所示。

```
==> For changes to take effect, close and re-open your current shell. <==

If you'd prefer that conda's base environment not be activated on startup,
   set the auto_activate_base parameter to false:

conda config --set auto_activate_base false

Thank you for installing Anaconda3!

===========================================================================

Working with Python and Jupyter notebooks is a breeze with PyCharm Pro,
designed to be used with Anaconda. Download now and have the best data
tools at your fingertips.

PyCharm Pro for Anaconda is available at: https://www.anaconda.com/pycharm
```

图 3-13　安装成功示例

(6)安装结束后，要关闭当前终端。然后重新打开一个终端，输入命令：conda -V 和 anaconda -V，可以查看版本信息，如图 3-14 所示。

```
hadoop@bigdataVM: ~
(base) hadoop@bigdataVM:~$ conda -V
conda 4.10.1
(base) hadoop@bigdataVM:~$ anaconda -V
anaconda Command line client (version 1.7.2)
(base) hadoop@bigdataVM:~$
```

图 3-14　查看版本信息

查看版本后发现，在命令提示符的开头多了一个(base)，可以在终端中运行如下命令，消除(base)，命令和操作示例如下所示。

```
conda config --set auto_activate_base false

(base) hadoop@bigdataVM:~$ conda config --set auto_activate_base false
(base) hadoop@bigdataVM:~$
```

然后，关闭终端，再次新建一个终端，可以发现(base)已经没有了。这时，输入“anaconda -V”命令就会失败，提示未找到命令。如图 3-15 所示。

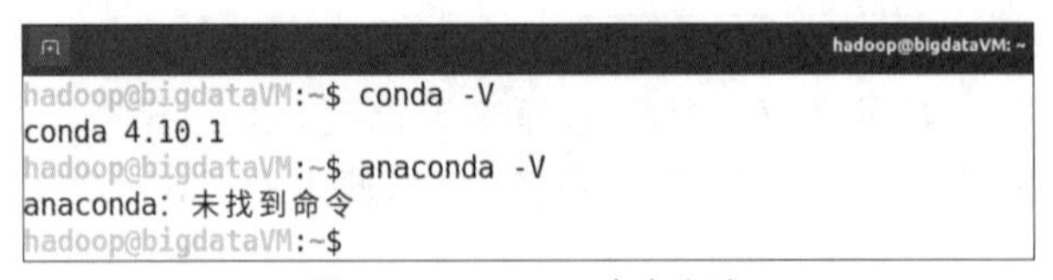

图 3-15　anaconda 命令失败

此时需要到/etc/profile 文件中修改配置。打开文件以后，在 PATH 环境配置中，把“/home/hadoop/anaconda3/bin”增加到 PATH 的末尾，也就是用英文冒号和 PATH 的其他部分连接起来，命令和操作如下所示。

sudo vim /etc/profile

```
hadoop@bigdataVM:~$ sudo vim /etc/profile
```

```
hadoop@bigdataVM: ~
# /etc/profile: system-wide .profile file for the Bourne shell (sh(1))
# and Bourne compatible shells (bash(1), ksh(1), ash(1), ...).
export JAVA_HOME=/opt/java/jdk-11.0.12/
export HADOOP_HOME=/opt/hadoop/hadoop-3.3.1/
export SPARK_HOME=/opt/spark/
export PATH=$PATH:$JAVA_HOME/bin:$HADOOP_HOME/bin:$HADOOP_HOME/sbin:$SPARK_HOME/bin:/home/hadoop/anaconda3/bin
```

然后保存并退出文件，再执行如下命令使得配置立即生效。

hadoop@bigdataVM:～$ sudo vim /etc/profile

```
hadoop@bigdataVM:~$ sudo vim /etc/profile
```

```
hadoop@bigdataVM: ~
# /etc/profile: system-wide .profile file for the Bourne shell (sh(1))
# and Bourne compatible shells (bash(1), ksh(1), ash(1), ...).
export JAVA_HOME=/opt/java/jdk-11.0.12/
export HADOOP_HOME=/opt/hadoop/hadoop-3.3.1/
export SPARK_HOME=/opt/spark/
export PATH=$PATH:$JAVA_HOME/bin:$HADOOP_HOME/bin:$HADOOP_HOME/sbin:$SPARK_HOME/bin:/home/hadoop/anaconda3/bin
```

执行 source 命令后，就可以成功执行“anaconda -V”命令了，命令和操作如下所示。

hadoop@bigdataVM:～$ source /etc/profile

```
hadoop@bigdataVM:~$ source /etc/profile
hadoop@bigdataVM:~$ anaconda -V
anaconda Command line client (version 1.7.2)
```

3.7.3 配置 Jupyter Notebook

正常情况下，若安装了 Anaconda 发行版，则已经自动安装了 Jupyter Notebook，假设 Anaconda 中已经自动安装了 Jupyter Notebook。下面开始配置 Jupyter Notebook，命令和操作如下所示。

hadoop@bigdataVM:～$ jupyter notebook --generate-config

hadoop@bigdataVM:～$ cd anaconda3/bin

hadoop@bigdataVM:～/anaconda3/bin$ ./python

```
hadoop@bigdataVM: ~/anaconda3/bin
hadoop@bigdataVM:~$ jupyter notebook --generate-config
Writing default config to: /home/hadoop/.jupyter/jupyter_notebook_config.py
hadoop@bigdataVM:~$ cd anaconda3/bin
hadoop@bigdataVM:~/anaconda3/bin$ ./python
Python 3.8.8 (default, Apr 13 2021, 19:58:26)
[GCC 7.3.0] :: Anaconda, Inc. on linux
Type "help", "copyright", "credits" or "license" for more information.
>>> 
```

首先，在 Python 命令提示符后面输入命令，注意不是 Linux Shell 命令提示符。此时系统会让输入密码，并让用户确认密码(如：123456)，这个密码是后面进入 Jupyter 网页页面的密码。其次系统会生成一个密码字符串，比如'argon2:$argon2id$v=19$m=10240,t=10,p=8$2VVec4gecvEScuM2m8lwPw$aE3do55SeZneGyUpeEm3Fg'，把这个字符串复制粘贴到一个文件中保存起来，后面用于配置密码。最后，在 Python 命令提示符后面输“exit()”，退出 Python。

命令和操作如下所示。

```
>>> from notebook.auth import passwd
>>> passwd()
Enter password:
Verify password:
```

```
hadoop@bigdataVM:~/anaconda3/bin$ ./python
Python 3.8.8 (default, Apr 13 2021, 19:58:26)
[GCC 7.3.0] :: Anaconda, Inc. on linux
Type "help", "copyright", "credits" or "license" for more information.
>>> from notebook.auth import passwd
>>> passwd()
Enter password:
Verify password:
'argon2:$argon2id$v=19$m=10240,t=10,p=8$2VVec4gecvEScuM2m8lwPw$aE3do55SeZneGyUpeEm3Fg'
>>> exit()
hadoop@bigdataVM:~/anaconda3/bin$
```

下面开始配置文件。在终端输入命令，进入配置文件页面，在文件的开头增加内容，然后保存并退出 vim 文件。命令和操作如下所示。

```
vim  ~/.jupyter/jupyter_notebook_config.py       # 编辑配置文件

# 进入到配置文件页面，在文件的开头增加以下内容：

c.NotebookApp.ip='*'                              # 设置所有 ip 皆可访问
c.NotebookApp.password = 'argon2:$argon2id$v=19$m=10240,t=10,p=8$2VVec4gecvEScuM2m8lwPw$aE3do55SeZneGyUpeEm3Fg'  # 上面复制的那个密文
c.NotebookApp.open_browser = True                 # 自动打开浏览器
c.NotebookApp.port =8888                          # 端口
c.NotebookApp.notebook_dir = '/home/hadoop/jupyternotebook'  #设置 Notebook 启动进入的目录
```

```
hadoop@bigdataVM:~/anaconda3/bin$ vim ~/.jupyter/jupyter_notebook_config.py
```

```
hadoop@bigdataVM: ~/anaconda3/bin
# Configuration file for jupyter-notebook.
c.NotebookApp.ip='*'                     # 就是设置所有ip皆可访问
c.NotebookApp.password = 'argon2:$argon2id$v=19$m=10240,t=10,p=8$2VVec4gecvEScuM2m8lwPw$aE3do55SeZneGyUpeE
m3Fg'     # 上面复制的那个密文
c.NotebookApp.open_browser = True          # 自动打开浏览器
c.NotebookApp.port =8888                 # 端口
c.NotebookApp.notebook_dir = '/home/hadoop/jupyternotebook'  #设置Notebook启动进入的目录
#------------------------------------------------------------------------------
```

需要注意的是，在配置文件中，c.NotebookApp.password 的值，就是刚才前面生成以后保存到文件中的 sha1 密文。另外，c.NotebookApp.notebook_dir = '/home/hadoop/jupyternotebook'，这行代码用于设置 Notebook 启动进入的目录，由于该目录还不存在，因此需要在终端中执行命令创建。命令和操作示例如下所示。

```
$ cd /home/hadoop/
~$ sudo mkdir jupyternotebook
```

```
hadoop@bigdataVM:~/anaconda3/bin$ cd /home/hadoop/
hadoop@bigdataVM:~$ sudo mkdir jupyternotebook
```

提示：如果 Jupyter Notebook 没有自动安装，那么就在 Linux 终端中输入如下命令安装：conda install jupyternotebook。

3.7.4 运行 Jupyter Notebook

在终端输入命令:jupyter notebook 进行启动。启动成功后,会自动跳转到 http://localhost:8888,进入如下界面。如果未跳转,要求输入密码,请输入之前设置的密码即可,本教程设置密码:123456。进去以后的界面如下所示,这时,Jupyter Notebook 的工作目录(/home/hadoop/jupyternotebook)下面没有任何文件。命令和操作示例如下所示。

在 Notebook 的 Web 界面中单击“新建/new”按钮,在弹出的子菜单中单击“Python3”,如图 3-16 所示。

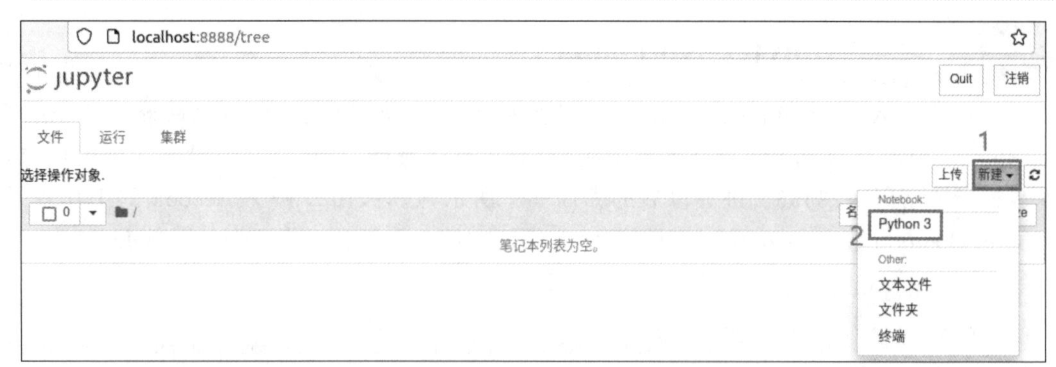

图 3-16　新建 Python 文件

如果新建文件提示没有权限，如图 3-17 所示。请重新打开一个 Linux 终端，先给 jupyternotebook 授权，授权操作如图 3-18 所示。

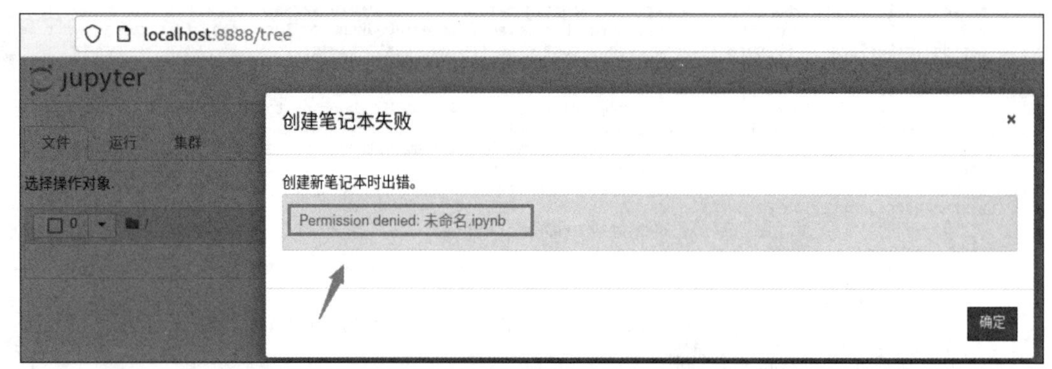

图 3-17　新建文件无权限错误提示

图 3-18　授权操作

授权成功后，重新新建文件后，会新出现一个网页，网页中包含代码文本框，可以在文本框中输入代码，比如“print(‘Hello JupyterNotebook’)”。然后，单击“运行/Run”按钮，就可以执行代码，得到执行结果，如图 3-19 所示。

图 3-19　JupyterNotebook 代码编写运行示例

保存代码文件，可以单击界面中的“保存/File”菜单，在弹出的子菜单中单击“另存为/Save as…”，如图 3-20 所示。

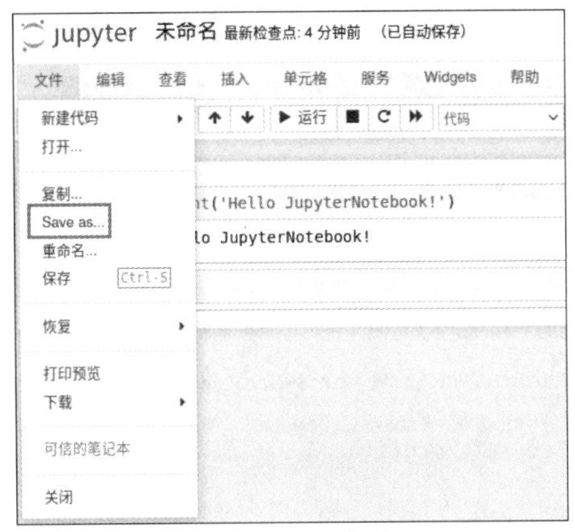

图 3-20　文件保存

在弹出的对话框中，输入文件名称，比如“HelloJupyter”，然后单击“Save”按钮，如图 3-21 所示。

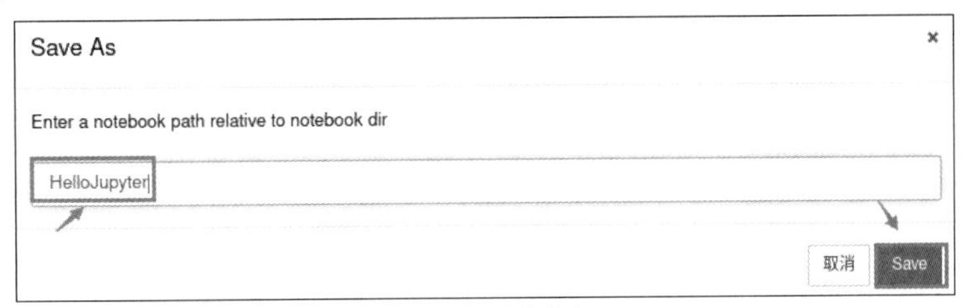

图 3-21　文件命名

切换到首页，在目录下就可以看到新生成的文件 HelloJupyter.ipynb。用鼠标单击这个文件名，就可以进入这个文件的编辑状态。如图 3-22 所示。

图 3-22　查看文件

3.7.5 配置 Jupyter Notebook 实现和 PySpark 交互

假设之前已经成功安装了 Spark，并且可以顺利启动和使用 PySpark(安装过程可以参考之前的实践任务)。下面配置 Jupyter Notebook，让它实现和 PySpark 的交互。首先，在终端中输入如下命令：vim /etc/profile。

在 profile 文件中增加如下两行命令：

```
export PYSPARK_PYTHON=/home/hadoop/anaconda3/bin/python
export PYSPARK_DRIVER_PYTHON=/home/hadoop/anaconda3/bin/python
```

其次，保存并退出该文件。然后执行 source /etc/profile 命令让配置生效。执行命令和操作示例如下所示。

```
hadoop@bigdataVM:～$ sudo vim /etc/profile
```

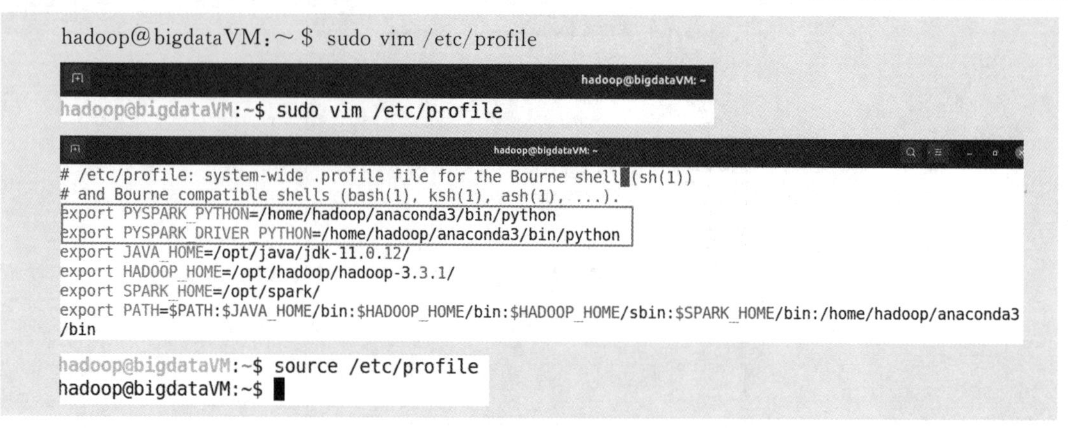

再次，在 Jupyter Notebook 首页中，单击“New”，再单击“Python3”，另外新建一个代码文件，文件保存名称为 CountWords，在文件中输入如下内容：

```
from pyspark import SparkConf, SparkContext
conf = SparkConf().setMaster("local").setAppName("My App")
sc = SparkContext(conf = conf)
logFile = "file:///opt/spark/README.md"
logData = sc.textFile(logFile, 2).cache()
numAs = logData.filter(lambda line: 'a' in line).count()
numBs = logData.filter(lambda line: 'b' in line).count()
print('Lines with a: %s, Lines with b: %s' % (numAs, numBs))
```

最后，单击界面上的“运行/Run”按钮运行该代码，会出现统计结果“Lines with a：64，Lines with b：32”，执行效果如图 3-23 所示。

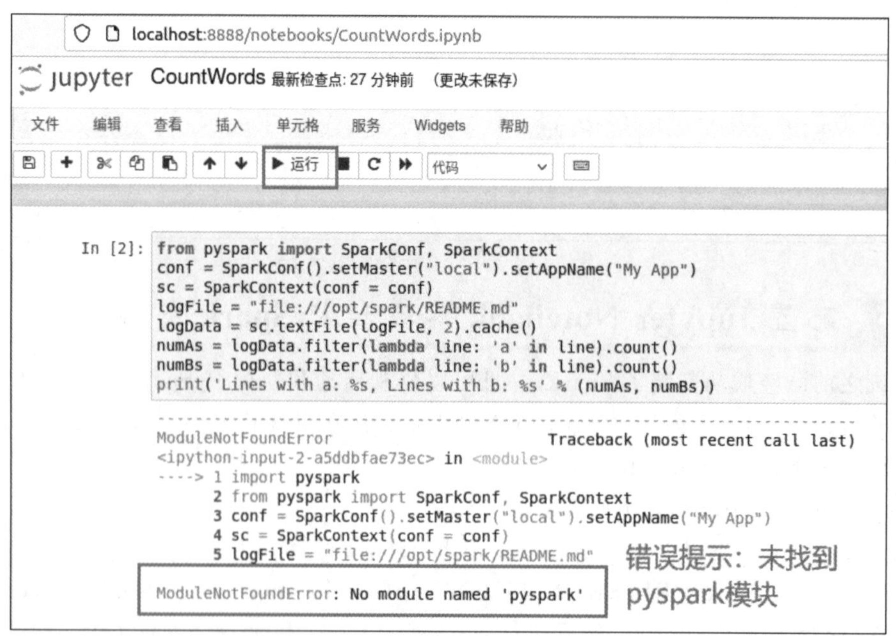

图 3-23 执行报错未找到 pyspark 模块提示

注：如果提示未找到 pyspark 模块，就需要安装 findspark 包，方便找到 pyspark 环境变

量。建议使用国内镜像安装，执行命令和操作如下所示。

pip install -i https://pypi.tuna.tsinghua.edu.cn/simple findspark

```
hadoop@bigdataVM:~$ pip install -i https://pypi.tuna.tsinghua.edu.cn/simple findspark
Looking in indexes: https://pypi.tuna.tsinghua.edu.cn/simple
Collecting findspark
  Downloading https://pypi.tuna.tsinghua.edu.cn/packages/fc/2d/2e39f9a023479ea798eed4351cd66f163ce61e00c71
7e03c37109f00c0f2/findspark-1.4.2-py2.py3-none-any.whl (4.2 kB)
Installing collected packages: findspark
Successfully installed findspark-1.4.2
```

安装完成后，在代码中加入 import findspark 和 findspark.init()，刷新后在执行，如图 3-24 所示。

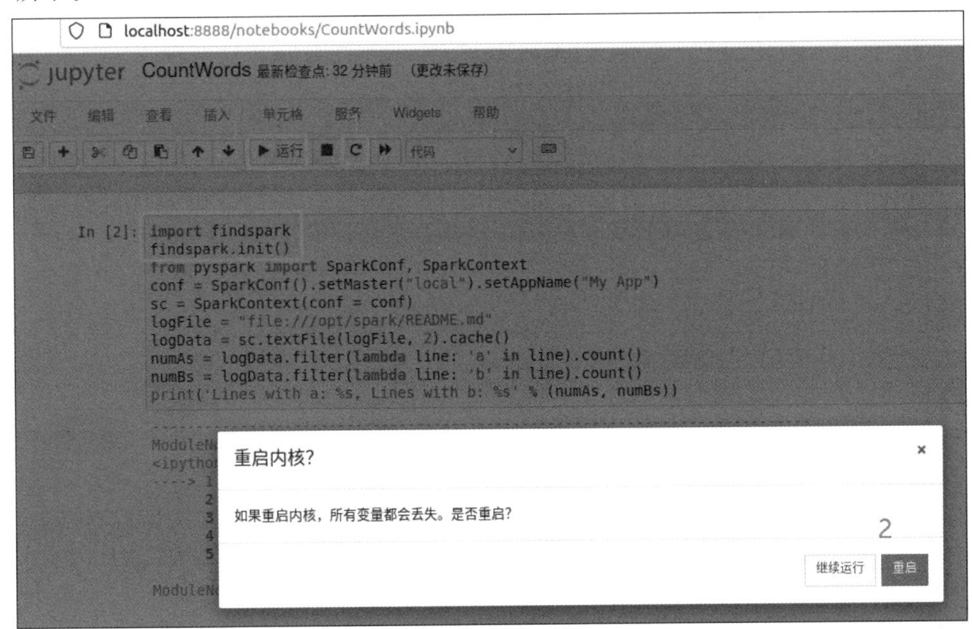

图 3-24 重新启动后运行程序

运行成功后，得到结果如图 3-25 所示。

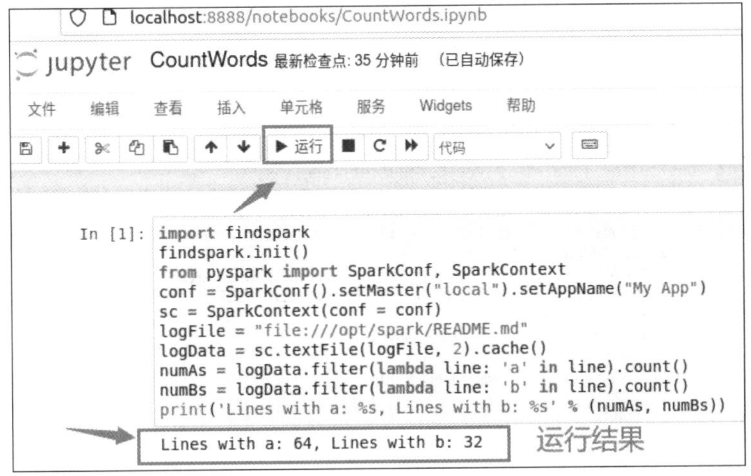

图 3-25 运行结果

注意：出现运行结果以后，不要再次单击“运行/Run”按钮，如果再次单击“运行/Run”按钮，会出现如图 3-26 所示的错误提示。

```
ValueError: Cannot run multiple SparkContexts at once; existing SparkContext(app=My App, master=local) created by __
init__ at <ipython-input-1-3bd6b2ca49d5>:5
```

图 3-26　错误提示

如果想要再次运行代码，可以先单击界面上的“刷新”按钮，如图 3-27 所示。

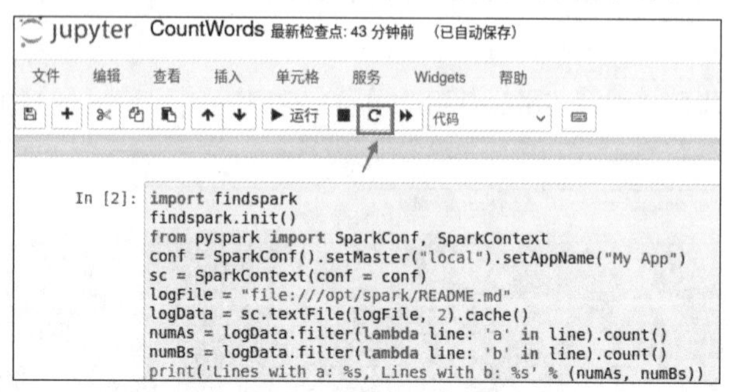

图 3-27　刷新重启服务器

这时会弹出如图 3-28 所示界面，可以单击“重启/Restart”按钮，重新启动。

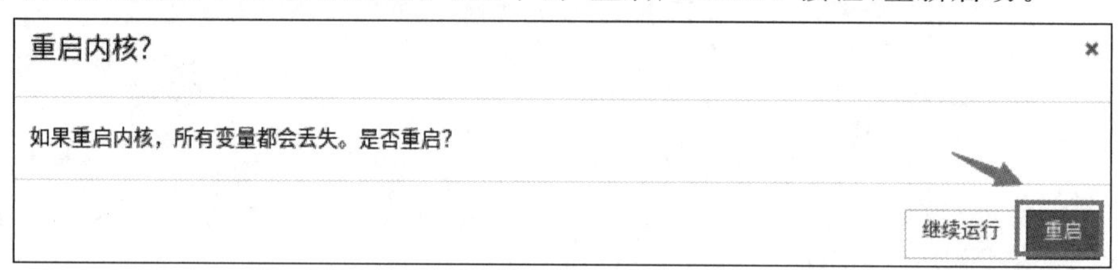

图 3-28　重启确认

这时，再次单击“运行/Run”按钮，就可以成功得到结果了。如果要关闭或退出 Jupyter Notebook，可以回到终端界面，也就是正在运行 Jupyter Notebook 的界面，按 Ctrl+C 快捷键，出现提示，输入字母 y，就可以退出了，如图 3-29 所示。

```
hadoop@bigdataVM: ~
[I 21:11:04.175 NotebookApp] Saving file at /CountWords.ipynb
[I 21:15:04.180 NotebookApp] Saving file at /CountWords.ipynb
[I 21:20:14.642 NotebookApp] Starting buffering for 9e0c0e5f-69f4-42b9-93cb-a34554b2cd86:103980ed4bff4c938
89c19784e396226
[I 21:20:14.960 NotebookApp] Kernel restarted: 9e0c0e5f-69f4-42b9-93cb-a34554b2cd86
[I 21:20:14.983 NotebookApp] Restoring connection for 9e0c0e5f-69f4-42b9-93cb-a34554b2cd86:103980ed4bff4c9
3889c19784e396226
[I 21:20:15.487 NotebookApp] Replaying 3 buffered messages
WARNING: An illegal reflective access operation has occurred
WARNING: Illegal reflective access by org.apache.spark.unsafe.Platform (file:/opt/spark/jars/spark-unsafe_
2.12-3.1.2.jar) to constructor java.nio.DirectByteBuffer(long,int)
WARNING: Please consider reporting this to the maintainers of org.apache.spark.unsafe.Platform
WARNING: Use --illegal-access=warn to enable warnings of further illegal reflective access operations
WARNING: All illegal access operations will be denied in a future release
Setting default log level to "WARN".
To adjust logging level use sc.setLogLevel(newLevel). For SparkR, use setLogLevel(newLevel).
[I 21:23:44.171 NotebookApp] Starting buffering for 4b40acba-459f-4127-82c7-9383fb3e2ad0:e52c9a74a6d745749
d8641b37090a07e
[I 21:25:04.234 NotebookApp] Saving file at /CountWords.ipynb
^C[I 21:26:23.612 NotebookApp] 中断
启动notebooks 在本地路径: /home/hadoop/jupyternotebook
2 活跃的服务
Jupyter Notebook 6.3.0 is running at:
http://bigdataVM:8888/
关闭服务 (y/[n])y5s 未响应 重启操作...
```

图 3-29　退出操作

此外需要注意的是，在使用 Jupyter Notebook 调试 PySpark 程序时，有些代码的输出信息无法从网页上看到，需要到终端界面上查看。如图 3-30 所示，代码“rdd.foreach(print)”的输出结果，是无法在网页上看到的。需要到运行 Jupyter Notebook 的终端界面上，才可以看到代码“rdd.foreach(print)”的输出结果。

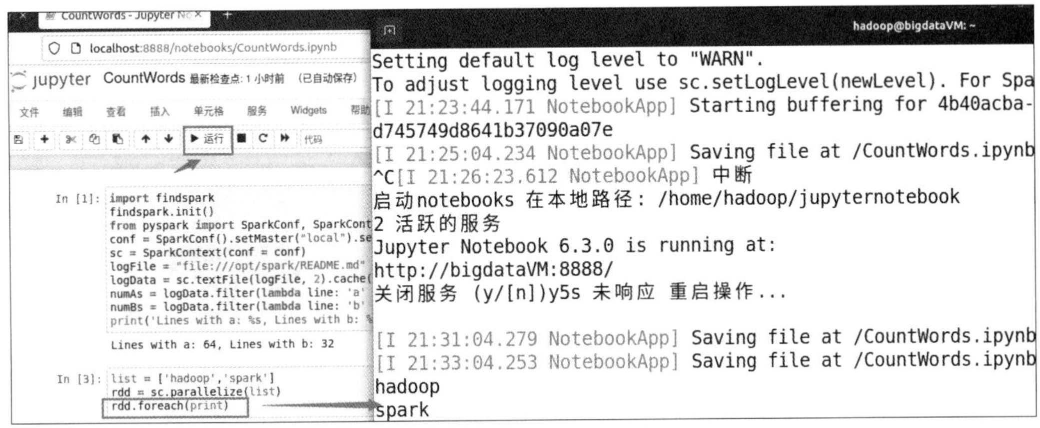

图 3-30　终端输出结果查看

有时候，如果需要在网页上查看输出结果，就可以换一种输出方式来查看，使用 rdd.collect()代码即可，如图 3-31 所示。

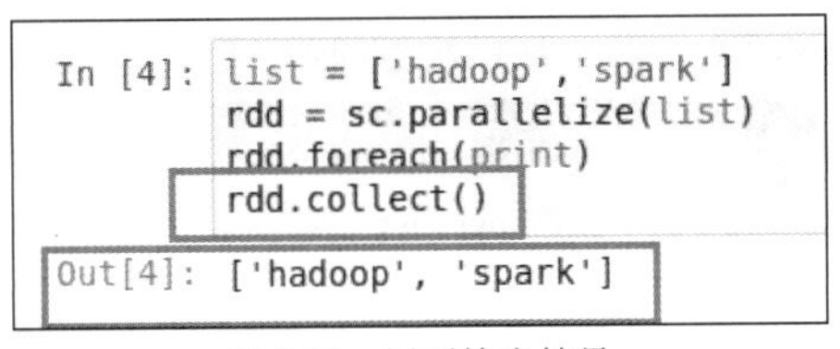

图 3-31　网页输出结果

3.8 实践任务 2:搭建 PyCharm 环境编写 Spark 应用程序

3.8.1 PyCharm 的安装与基本配置

1.PyCharm 下载

PyCharm 是一种 Python IDE(Integrated Development Environment，集成开发环境)，带有一整套可以帮助用户在使用 Python 语言开发时提高其效率的工具，比如调试、语法高亮、项目管理、代码跳转、智能提示、自动完成、单元测试、版本控制等。官网目前提供 Professional 和 Community 两个版本。Professional 版本需要付费，提供了包括网站开发在内的全部功能。Community 版本开源免费，适合个人开发者学习使用，能够满足基本的开发需求。

PyCharm 的 Linux Community 版本下载，如图 3-32 所示。

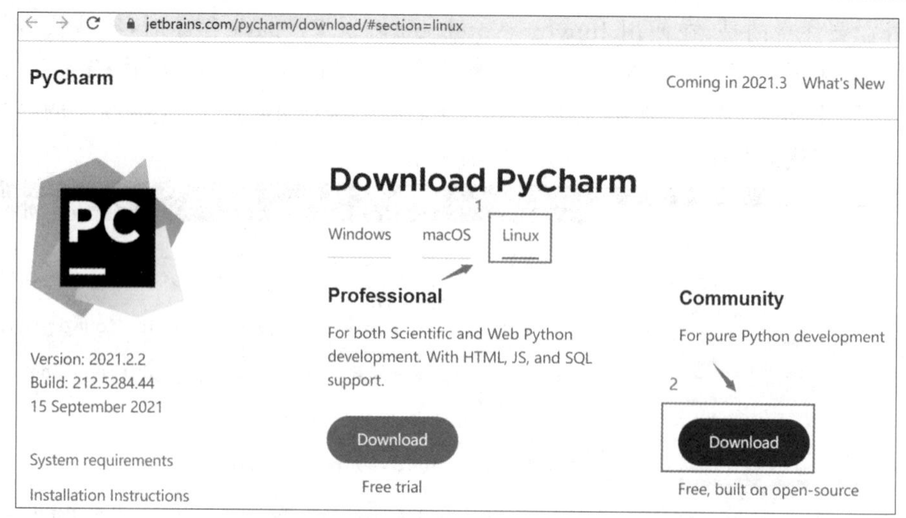

图 3-32　PyCharm Linux Community 版本下载

2.PyCharm 安装

下载完毕后，进入安装文件目录，使用 tar 命令解压缩下载的文件到/opt 目录下。命令和操作如下所示。

```
hadoop@bigdataVM:~$ cd 下载
hadoop@bigdataVM:~/下载$ sudo tar -zxvf pycharm-community-2021.2.2.tar.gz -C /opt
```

启动 PyCharm，需要进入解压后 PyCharm 目录下的 bin 文件夹，执行 pycharm.sh 命令，打开 PyCharm。如图 3-33 所示。

图 3-33　启动 pycharm 命令

为了方便后续启动 PyCharm，需将解压后的 bin 路径添加到/etc/profile 环境变量中，然后通过 source 命令重新读取，再次启动时可以在任何路径下直接输入 pycharm.sh，不用进入 bin 目录下即可打开。命令和操作如下所示。

```
hadoop@bigdataVM:~$ sudo vim /etc/profile
# 打开/etc/profile 后添加如下环境变量配置内容
export PYCHARM_HOME=/opt/pycharm-community-2021.2.2
# PATH 后追加如下内容
:$PYCHARM_HOME/bin
# 保存退出后，执行如下命令
hadoop@bigdataVM:~$ source /etc/profile
```

```
hadoop@bigdataVM:~$ sudo vim /etc/profile
```

```
# /etc/profile: system-wide .profile file for the Bourne shell (sh(1))
# and Bourne compatible shells (bash(1), ksh(1), ash(1), ...).
export PYSPARK_PYTHON=/home/hadoop/anaconda3/bin/python
export PYSPARK_DRIVER_PYTHON=/home/hadoop/anaconda3/bin/python
export JAVA_HOME=/opt/java/jdk-11.0.12/
export HADOOP_HOME=/opt/hadoop/hadoop-3.3.1/
export SPARK_HOME=/opt/spark/
export PYCHARM_HOME=/opt/pycharm-community-2021.2.2
export PATH=$PATH:$JAVA_HOME/bin:$HADOOP_HOME/bin:$HADOOP_HOME/sbin:$SPARK_HOME/bin:/home/hadoop/anaconda3/bin:$PYCHARM_HOME/bin

hadoop@bigdataVM:~$ source /etc/profile
hadoop@bigdataVM:~$ pycharm.sh
```

执行 pycharm.sh 命令后会弹出如图 3-34 所示的界面，提示是否接受隐私政策协议，勾选同意，然后直接单击“Continue”即可。

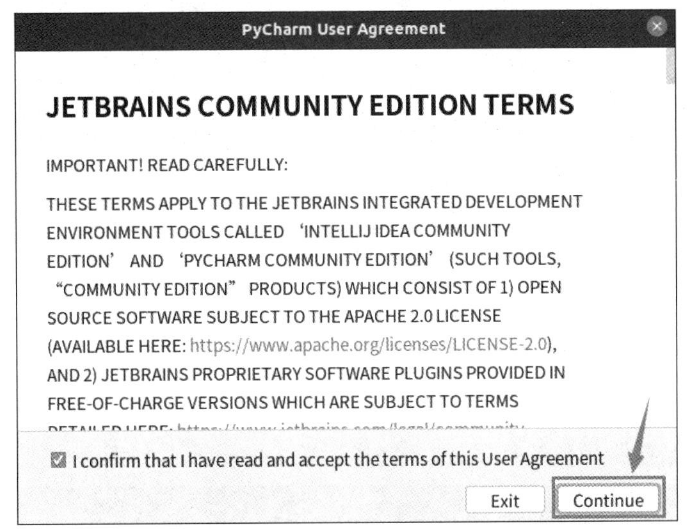

图 3-34 接受许可协议

在弹出的 Data Sharing 对话框中，选择不发送“Don't Send”即可。如图 3-35 所示。

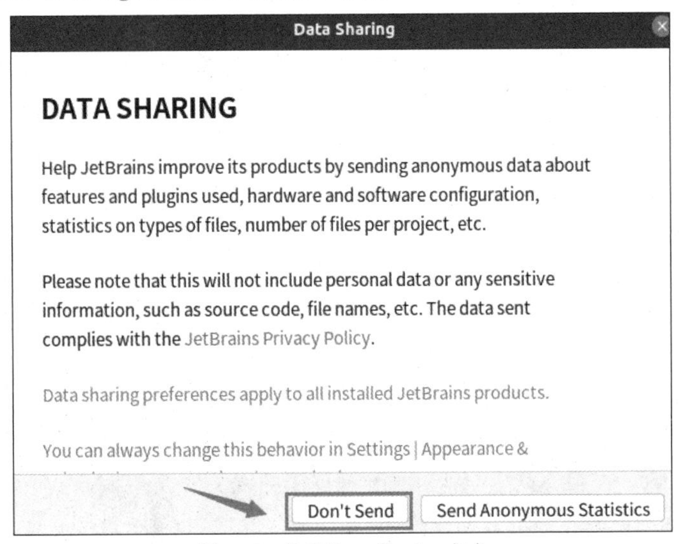

图 3-35 选择 Data Sharing 方式

即可打开 PyCharm IDE 欢迎界面，如图 3-36 所示。

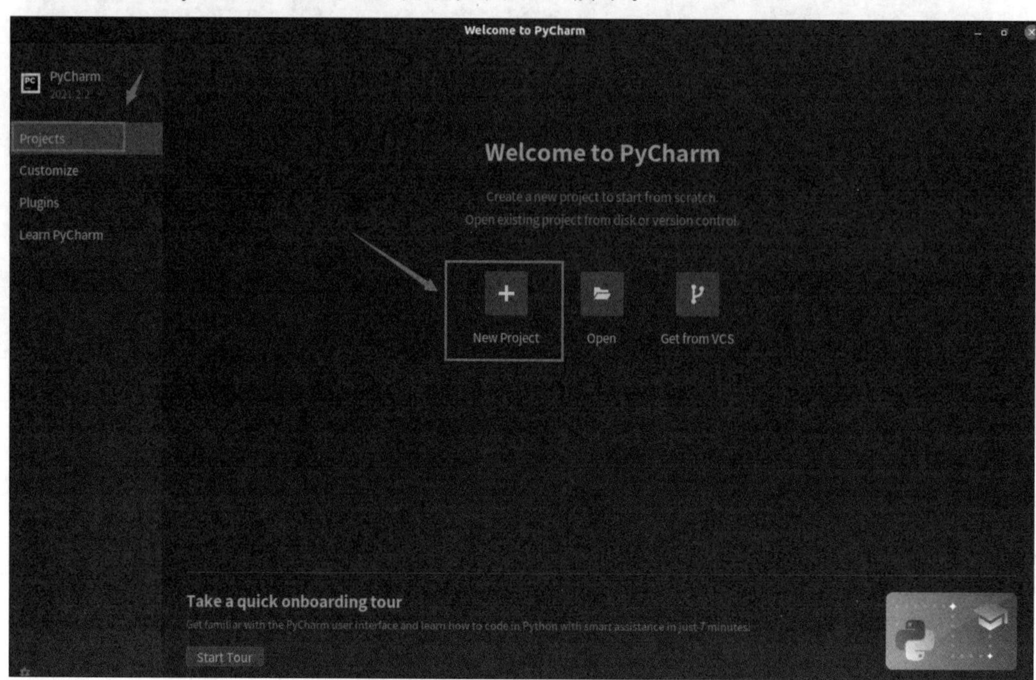

图 3-36　PyCharm IDE 欢迎界面

3.8.2 编写 Spark 应用程序

1.打开 PyCharm 后，首先创建一个新的项目，单击“New Project”，如图 3-36 所示。随后提示设置工程保存路径和解释器，选择完毕后单击“create”，如图 3-37 所示。

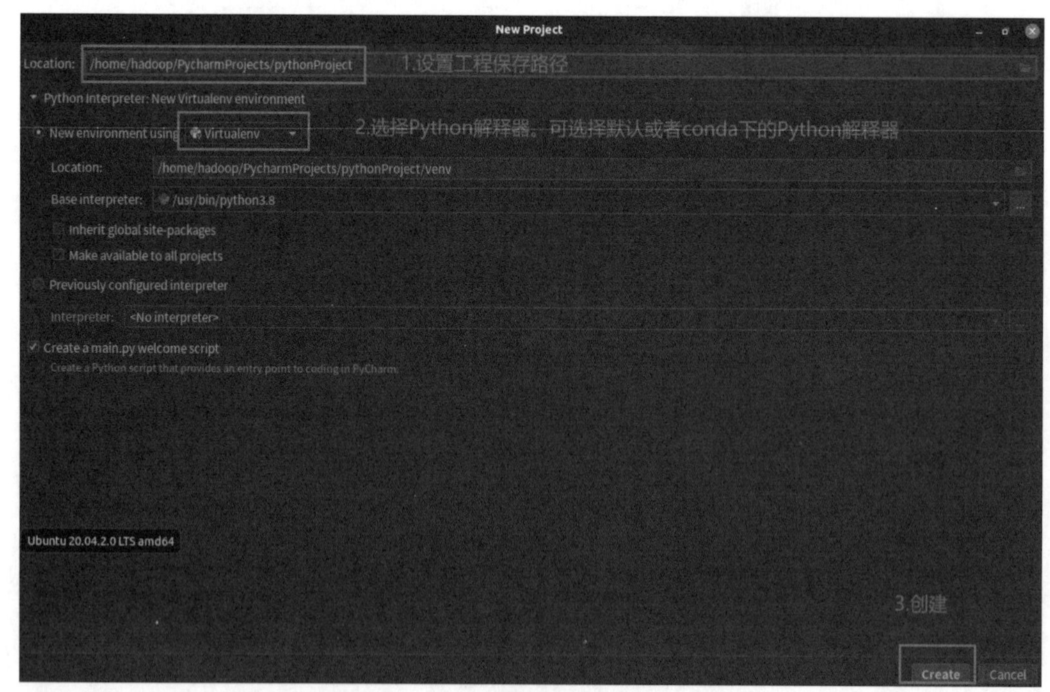

图 3-37　设置工程路径和解释器

2.工程创建成功后，默认在工程下创建了 main.py 文件，因此关掉 Tip of the Day 提示即可，如图 3-38 所示。

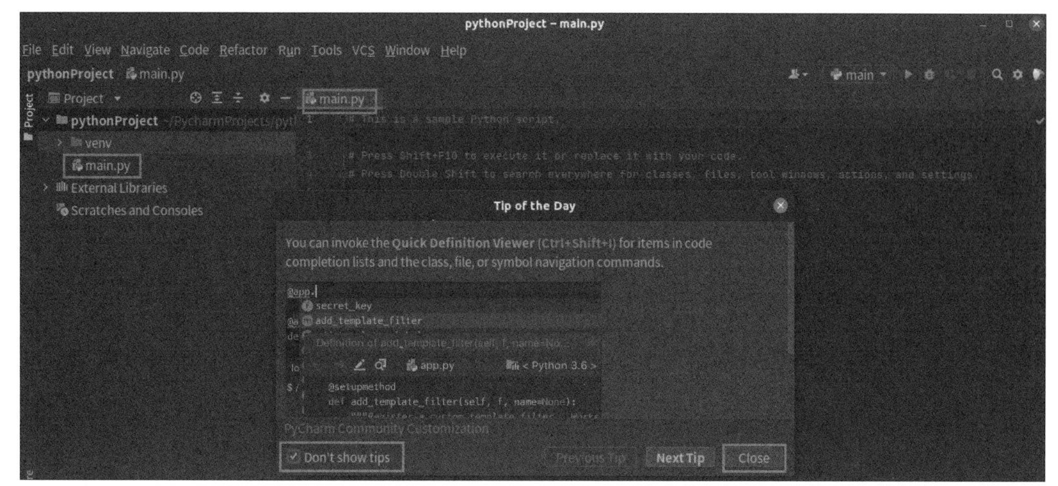

图 3-38 PyCharm 默认工程

3.在已创建的工程下，基于 PyCharm 环境开发一个简单的 Spark 程序，验证环境是否正常。

首先在工程下创建一个 sparkcountwords.py 文件，如图 3-39、图 3-40 所示。

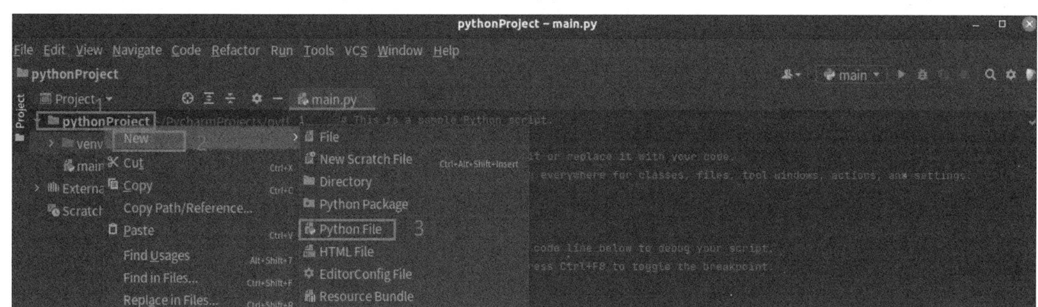

图 3-39 新建 Python 文件

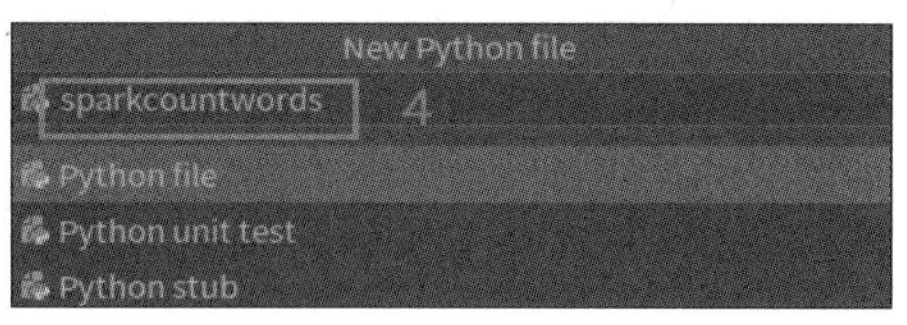

图 3-40 创建 sparkcountwords.py 文件

在 sparkcountwords.py 文件中输入如下代码：

```
from pyspark import SparkConf, SparkContext
conf = SparkConf().setMaster("local").setAppName("My App")
sc = SparkContext(conf = conf)
logFile = "file:///opt/spark/README.md"
logData = sc.textFile(logFile, 2).cache()
numAs = logData.filter(lambda line: 'a' in line).count()
numBs = logData.filter(lambda line: 'b' in line).count()
print('Lines with a: %s, Lines with b: %s' % (numAs, numBs))
```

代码编写完毕后，提示缺少 pyspark，根据提示，当出现“灯泡”状错误提示，单击下三角，选择安装 pyspark 即可，如图 3-41 所示。

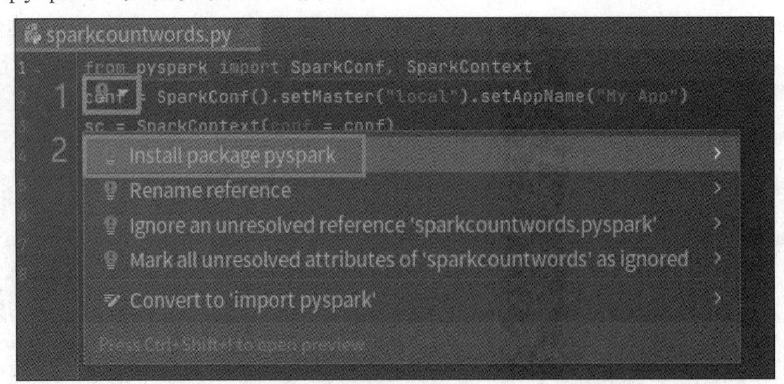

图 3-41　安装缺失 pyspark 包

pysaprk 安装成功后，在当前页右键单击运行程序，可以得到如下结果：Lines with a：64，Lines with b：32。如图 3-42 所示。

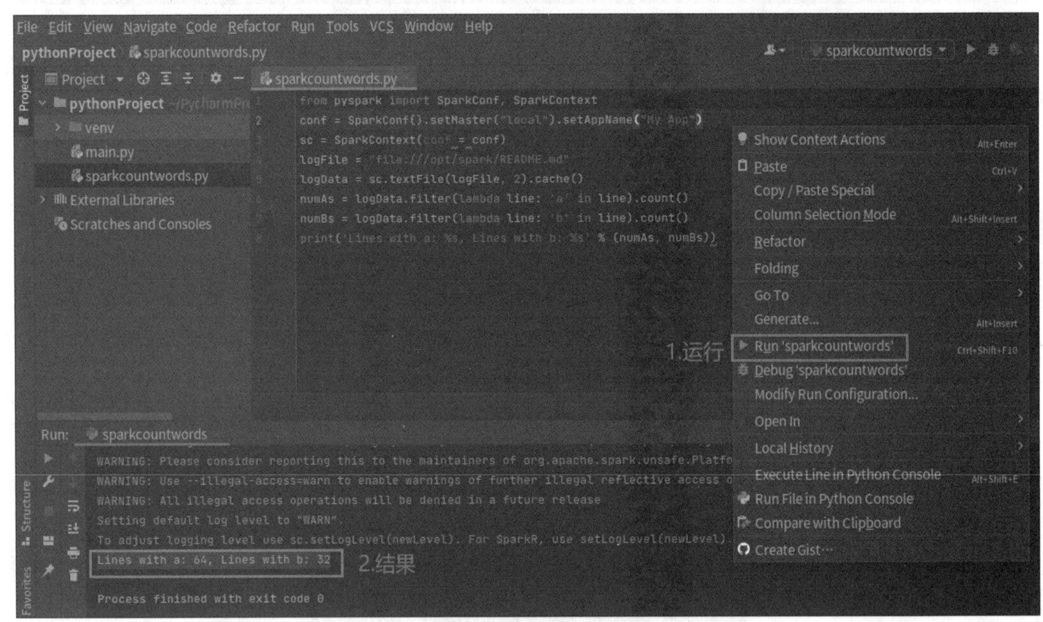

图 3-42　运行 Spark 程序查看结果

3.9　小　结

本章首先介绍了基于 Python 开发 Spark 的方式，其次介绍了 PySpark 的安装与使用，再次讲解了 spark-submit 运行程序的方式，最后通过实践任务分别详细讲解了 Jupyter Notebook 和 PyCharm 的安装以及编写 Spark 程序的过程。

3.10 习 题

1.选择题

(1)Spark 的 Python 开发包安装方式不包括(　　)。

A.pip install　　B.离线 Python 包

C.conda install　　D.install

(2)Spark 未提供(　　)语言的开发接口。

A.Java　　B.Scala

C.Python　　D.php

(3)启动基于 Python 的 Spark 交互式命令行的命令是(　　)。

A.spark-shell　　B.spark

C.python-spark　　D.pyspark

(4)交互式命令行启动 Spark 的默认条件是(　　)。

A.Local 模式启动　　B.yanr-client 模式启动

C.yarn-cluster 模式启动　　D.Mesos 模式启动

2.简答题

(1)简述基于 Python 开发 Spark 的方式。

(2)简述 PySpark 的安装和使用方式。

(3)简述 spark-submit 提交运行程序的命令格式。

第4章

Spark RDD 弹性分布式数据集

学习目标

1. 了解 RDD 的概念和特点
2. 掌握 RDD 的创建
3. 掌握 RDD 的转换操作和行动操作处理过程
4. 掌握 RDD 的持久化、分区和依赖关系
5. 理解 RDD 在 Spark 中的运行流程
6. 掌握键值对 RDD 的创建和操作

思政元素

第一部分:基础理论

RDD概述

4.1 RDD 概述

4.1.1 什么是 RDD

RDD(Resilient Distributed Dataset)叫作弹性分布式数据集,是 Spark 中最基本的数据抽象,代表一个不可变、可分区、里面的元素可并行计算的集合。所有的运算以及操作都建立在 RDD 数据结构的基础之上。可以认为 RDD 是分布式的列表 List 或数组 Array;RDD 是一个抽象类 Abstract Class 和泛型 Generic Type。

RDD 表示如图 4-1 所示。

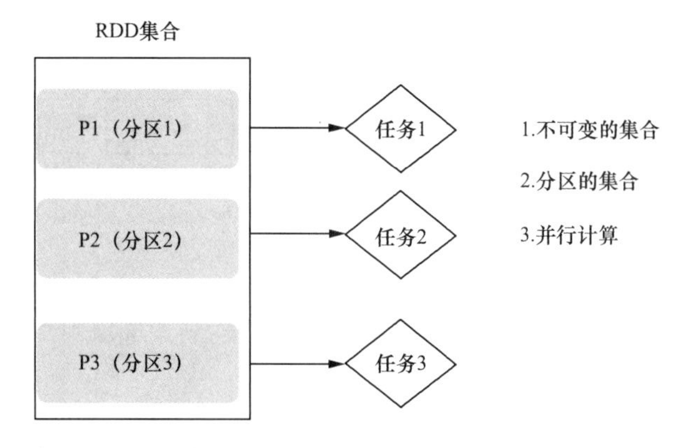

图 4-1 RDD 表示

RDD 是 Spark 提供的最重要的抽象概念，是一个容错的、并行的数据结构，可以让用户显式地将数据存储到磁盘和内存中，并且还能控制数据的分区。可以将 RDD 理解为一个分布式存储在集群中的大型数据集合，不同 RDD 之间可以通过转换操作形成依赖关系实现管道化，从而避免了中间结果的 I/O 操作，提高数据处理的速度和性能。

传统的 MapReduce 虽然具有自动容错、平衡负载和可拓展性的优点，但是其最大缺点是采用非循环式的数据流模型，使得在迭代计算时要进行大量的磁盘 IO 操作。Spark 中的 RDD 可以很好的解决这一缺点。

4.1.2 为什么需要使用 RDD

分布式计算需要以下功能：

(1)分区控制；

(2)Shuffle 控制；

(3)数据存储，序列化，发送；

(4)数据计算 API。

这些功能不能简单的通过 Python 内置的本地集合对象(如 List、字典等)去完成。在分布式框架中，需要有一个统一的数据抽象对象，来实现上述分布式计算所需的功能。这个抽象对象就是 RDD。

4.1.3 RDD 的五大特征

RDD 数据结构内部有五个特征，前三个特征是每个 RDD 都具备的，后两个特征是可选的。五大特征如下：

1.RDD 是有分区的

RDD 的分区是 RDD 数据存储的最小单位，一份 RDD 的数据本质上是分隔成了多个分区。假设 RDD 内有 3 个分区，存储了数据 1、2、3、4、5、6。如图 4-2 所示，数据本质上是存储在 3 个分区上。

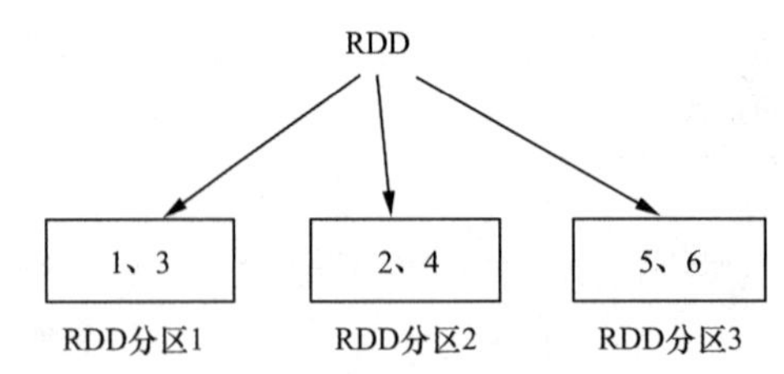

图 4-2 RDD 分区存储数据

示例代码如图 4-3 所示。

```
In [3]: # RDD特性1：数据会存储在不同分区上
        rdd1=sc.parallelize([1,2,3,4,5,6],3).glom()
        rdd1.collect()

Out[3]: [[1, 2], [3, 4], [5, 6]]
```

图 4-3 RDD 分区存储数据示例

2.RDD 的方法会作用在其所有分区上

如图 4-4 所示，将 RDD 的数据通过 map()方法统一乘以 5 转换后，我们发现 RDD 的 3 个分区的数据都乘以 5 了。

```
In [4]: # RDD特性2：RDD的方法会作用在其所有分区上
        rdd2=sc.parallelize([1,2,3,4,5,6],3).map(lambda x :x*5)
        rdd2.collect()

Out[4]: [5, 10, 15, 20, 25, 30]
```

图 4-4 RDD 的方法会作用在所有分区上示例

3.RDD 之间有依赖关系

以词频统计分析为例说明依赖关系。假设 HDFS 系统默认用户目录下有一个 words.txt 文本，文本内容如下：

```
hadoop spark
hadoop flink
hadoop spark
hadoop flink
hadoop hadoop
```

Spark 实现 WordCount 执行流程如图 4-5 所示。从图中可以看出，共有 4 个 RDD，它们之间是有依赖关系的。例如，RDD2 会产生 RDD3，但会依赖 RDD1；同样，RDD3 会产生 RDD4，但会依赖 RDD2，它们之间会形成一个 RDD 依赖链条，这个链条称为血缘关系。

4.Key-Value 型的 RDD 可以有分区

这个特性只针对 Key-Value 型的 RDD，默认按照哈希规则进行分区，也可以手动设置分区。

5.RDD 的分区规则是分区会尽量靠近数据所在的服务器

在读取数据进行 RDD 初始化时，分区会尽量靠近数据所在的服务器，这样可以进行本地读取，避免网络读取。Spark 会在确保并行计算能力的前提下，尽量确保本地读取，但并不是 100%确保读取，因此，这个特性是可选的。

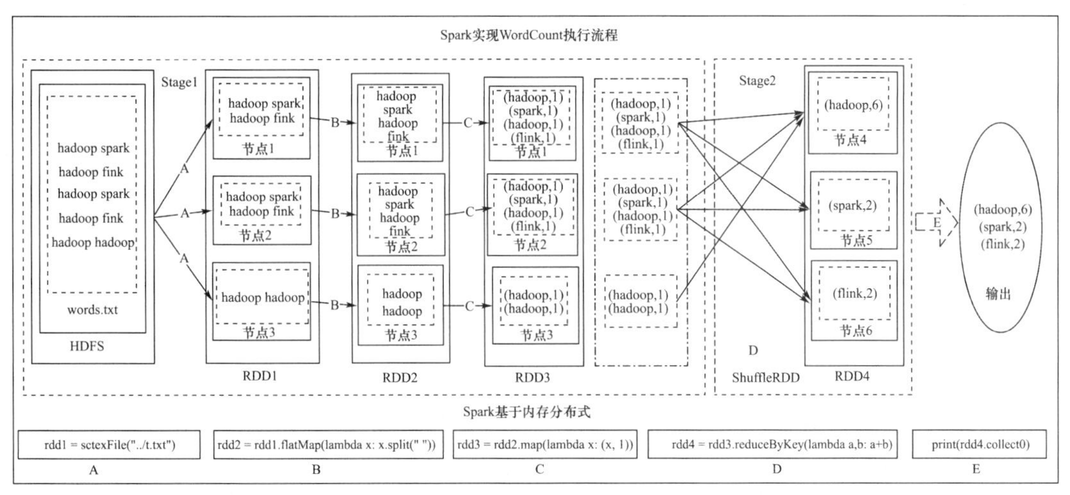

图 4-5 RDD之间的依赖关系

4.1.4 RDD 的执行流程

(1)RDD 读取外部数据源进行创建。

(2)RDD 经过一系列的转换(Transformation)算子操作,每一次都会产生不同的 RDD,供给下一个转换算子操作使用。

(3)最后一个 RDD 经过“动作”算子进行转换,并输出到外部数据源。

上述执行流程如图 4-6 所示。

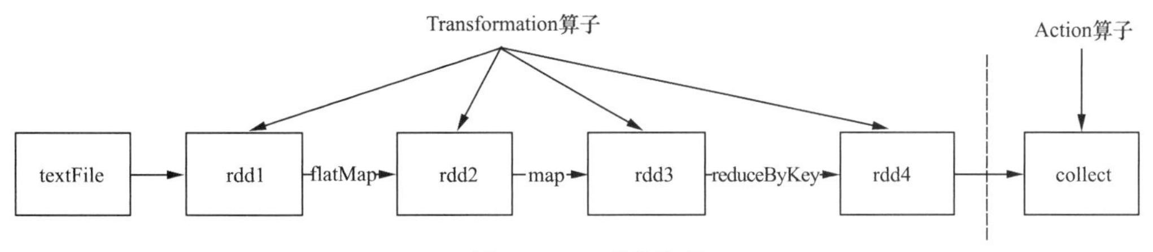

图 4-6 RDD 执行流程

在 Action 算子之前,是 RDD 的迭代链条,此链条不会触发真正的计算,而 Aciton 相当于这个这个链条的开关,Action 算子会触发具体的计算,这个原理在后面的惰性机制中具体讲解。

4.2 RDD 创建

RDD 的创建分为 2 种方式:一是通过并行化集合创建,即本地对象转换为分布式 RDD;二是读取外部数据源,即读取外部文件,包括本地文件系统和 HDFS 等文件系统。如图 4-7 所示。

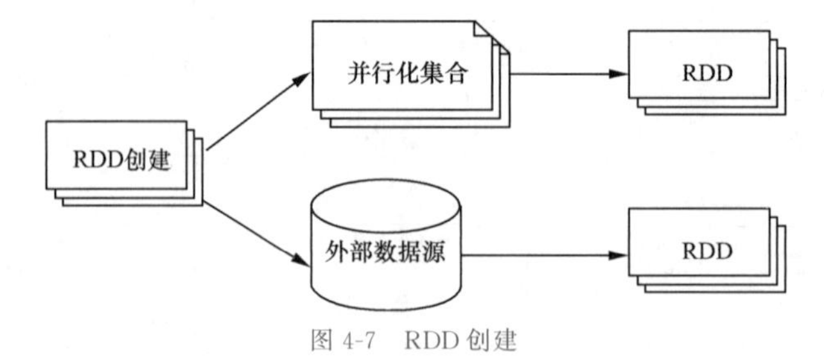

图 4-7 RDD 创建

4.2.1 程序执行入口 SparkContext 对象

不论何种编程语言,Spark RDD 编程的程序入口对象都是 SparkContext 对象。只有构建出 SparkContext,基于它才能执行后续的 API 调用和计算。Jupyter Notebook 环境下 SparkContext 对象创建的示例代码如图 4-8 所示。

```
In [1]: # 初始化环境
        import findspark
        findspark.init()
        from pyspark import SparkConf, SparkContext
        conf = SparkConf().setMaster("local").setAppName("My RDD")
        sc = SparkContext(conf = conf)
        rdd=sc.parallelize([1,2,3,4,5,6],3).map(lambda x :x*5)
```

图 4-8 创建程序执行入口 SparkContext(sc)对象

本质上,SparkContext 对编程来说,主要功能就是创建第一个 RDD,然后根据第一个 RDD 通过转换算子和行动算子进行系列转换操作。

4.2.2 并行化创建 RDD

通过 Spark 中的 SparkContext(sc)对象调用 parallelize()或者 textFile()方法加载数据创建 RDD。

并行化创建 RDD 可以调用 SparkContext 的 parallelize 方法,注意要在 Driver 中一个已经存在的集合(列表)上创建。创建流程如图 4-9 所示。

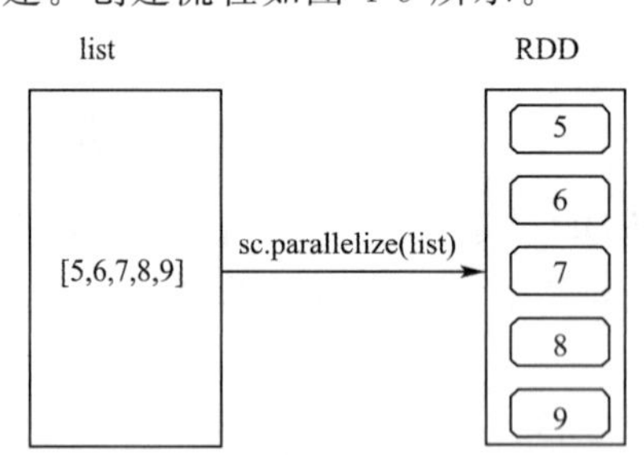

图 4-9 并行集合创建 RDD 流程

示例代码和操作如下所示。

```
list1 = [5,6,7,8,9]
list1RDD = sc.parallelize(list1)
list1RDD.collect()
```

```
In [5]: list1 = [5,6,7,8,9]
        list1RDD = sc.parallelize(list1)
        list1RDD.collect()
Out[5]: [5, 6, 7, 8, 9]
```

4.2.3 外部数据源创建 RDD

Spark 采用 textFile()方法来从外部数据源中加载数据创建 RDD,该方法将外部数据源的 URI 作为参数,这个 URI 可以是本地文件系统的地址、分布式文件系统 HDFS 的地址、Amazon S3 的地址等。

1.从本地文件系统中加载数据创建 RDD 并写入

首先,在本地 Linux 系统创建一个文本文件 word.txt,输入几行单词;其次,开启 pyspark;最后通过 sc.textFile()读取生成 RDD,并输出 RDD 内容。RDD 创建流程如图 4-10 所示。

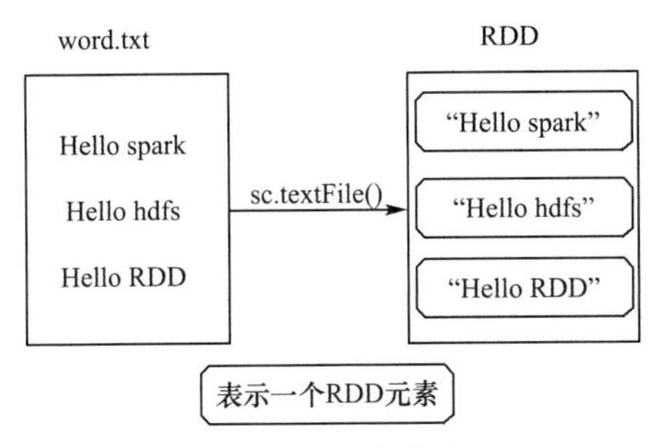

图 4-10　RDD 创建流程

操作命令和示例如下所示。

```
hadoop@bigdataVM:~ $ cd /opt/spark/mycode/
hadoop@bigdataVM:/opt/spark/mycode $ sudo mkdir rdd
hadoop@bigdataVM:/opt/spark/mycode $ cd rdd/
hadoop@bigdataVM:/opt/spark/mycode/rdd $ sudo vim word.txt
# word.txt 中添加如下内容:
Hello spark
Hello hdfs
Hello RDD
```

```
hadoop@bigdataVM: /opt/spark/mycode/rdd
hadoop@bigdataVM:~$ cd /opt/spark/mycode/
hadoop@bigdataVM:/opt/spark/mycode$ sudo mkdir rdd
[sudo] hadoop 的密码:
hadoop@bigdataVM:/opt/spark/mycode$ cd rdd/
hadoop@bigdataVM:/opt/spark/mycode/rdd$ sudo vim word.txt
hadoop@bigdataVM:/opt/spark/mycode/rdd$
```

```
# 1.启动 pyspark
hadoop@bigdataVM:~ $ pyspark
# 2.创建 RDD 并输出
>>> linesRDD = sc.textFile("file:///opt/spark/mycode/rdd/word.txt")
>>> linesRDD.collect()
['Hello spark', 'Hello hdfs', 'Hello RDD']
>>> linesRDD.foreach(print)
Hello spark                                                          (0 + 2) / 2]
Hello hdfs
Hello RDD
```

```
Welcome to
      ____              __
     / __/__  ___ _____/ /__
    _\ \/ _ \/ _ `/ __/  '_/
   /__ / .__/\_,_/_/ /_/\_\   version 3.1.2
      /_/

Using Python version 3.8.8 (default, Apr 13 2021 19:58:26)
Spark context Web UI available at http://192.168.252.133:4040
Spark context available as 'sc' (master = local[*], app id = local-1634821347832).
SparkSession available as 'spark'.
>>> linesRDD = sc.textFile("file:///opt/spark/mycode/rdd/word.txt")
>>> linesRDD.collect()
['Hello spark', 'Hello hdfs', 'Hello RDD']
>>> linesRDD.foreach(print)
Hello spark                                                         (0 + 2) / 2]
Hello hdfs
Hello RDD
```

注意比较 collect()和 foreach()方法输出方式的不同

3.创建并写入文件

```
>>> linesRDD = sc.textFile("file:///opt/spark/mycode/rdd/word.txt")
>>> linesRDD.saveAsTextFile("file:///opt/spark/mycode/rdd/writeword")
```

```
hadoop@bigdataVM: /opt/spark/mycode/rdd/writeword
hadoop@bigdataVM: /opt/spark/mycode/rdd/writeword
hadoop@bigdataVM:~$ cd /opt/spark/mycode/rdd/writeword/
hadoop@bigdataVM:/opt/spark/mycode/rdd/writeword$ ls
part-00000  part-00001  _SUCCESS
hadoop@bigdataVM:/opt/spark/mycode/rdd/writeword$ cat part-00000
Hello spark
Hello hdfs
hadoop@bigdataVM:/opt/spark/mycode/rdd/writeword$ cat part-00001
Hello RDD
hadoop@bigdataVM:/opt/spark/mycode/rdd/writeword$
```

2.从分布式文件系统 HDFS 中加载数据并写入文件

首先,启动 HDFS 系统;其次,将本地创建的 word.txt 文件上传到 HDFS 下的默认用户目录下(/user/hadoop);最后通过 sc.textFile()加载 HDFS 上的 word.txt 生成 RDD,并输出 RDD 的内容。执行命令和操作示例如下。

```
start-all.sh
hdfs dfs -mkdir -p /user/hadoop    # 默认用户目录如果已经创建,请忽略此步
cd /opt/spark/mycode/rdd/
hdfs dfs -put word.txt /user/hadoop
```

```
hadoop@bigdataVM: /opt/spark/mycode/rdd                    hadoop@b
hadoop@bigdataVM:~$ start-all.sh
WARNING: Attempting to start all Apache Hadoop daemons as hadoop in 10 seco
WARNING: This is not a recommended production deployment configuration.
WARNING: Use CTRL-C to abort.
Starting namenodes on [localhost]
Starting datanodes
Starting secondary namenodes [bigdataVM]
Starting resourcemanager
Starting nodemanagers
hadoop@bigdataVM:~$ jps
14790 SecondaryNameNode
15129 NodeManager
15497 Jps
2620 SparkSubmit
14990 ResourceManager
14574 DataNode
14398 NameNode
hadoop@bigdataVM:~$ cd /opt/spark/mycode/rdd/
hadoop@bigdataVM:/opt/spark/mycode/rdd$ hdfs dfs -put word.txt /user/hadoop
```

```
# pyspark 操作
# 1.以下三条语句是等价的,可以任选其中一种方式
>>> linesRDD1 = sc.textFile("hdfs://localhost:9000/user/hadoop/word.txt")
>>> linesRDD2 = sc.textFile("/user/hadoop/word.txt")
>>> linesRDD3 = sc.textFile("word.txt")
# 2.操作示例和输出结果如下
>>> linesRDD1 = sc.textFile("hdfs://localhost:9000/user/hadoop/word.txt")
>>> linesRDD1.collect()
['Hello spark', 'Hello hdfs', 'Hello RDD']
>>> linesRDD2 = sc.textFile("/user/hadoop/word.txt")
>>> linesRDD2.collect()
['Hello spark', 'Hello hdfs', 'Hello RDD']
>>> linesRDD3 = sc.textFile("word.txt")        三个RDD输出结果一致，说明三条
>>> linesRDD3.collect()                        语句是等价的
['Hello spark', 'Hello hdfs', 'Hello RDD']
# 3.写入文件到 HDFS 并查看,保存到默认用户目录下
>>> linesRDD3.saveAsTextFile("writeword")
hadoop@bigdataVM:~$ hdfs dfs -ls /user/hadoop/writeword
Found 3 items
-rw-r--r--   1 hadoop supergroup          0 2021-10-30 21:35 /user/hadoop/writeword/_SUCCESS
-rw-r--r--   1 hadoop supergroup         23 2021-10-30 21:35 /user/hadoop/writeword/part-00000
-rw-r--r--   1 hadoop supergroup         10 2021-10-30 21:35 /user/hadoop/writeword/part-00001
hadoop@bigdataVM:~$ hdfs dfs -cat /user/hadoop/writeword/part-00000
Hello spark
Hello hdfs
hadoop@bigdataVM:~$ hdfs dfs -cat /user/hadoop/writeword/part-00001
Hello RDD
# 4.从写入的 HDFS 文件中再次加载到 RDD 中
>>> linesRDD4 = sc.textFile("writeword")
>>> linesRDD4.collect()
['Hello spark', 'Hello hdfs', 'Hello RDD']
```

4.3 RDD 处理过程

微课

RDD的处理过程

Spark 实现了 RDD 的 API,程序开发者可以通过调用 API 对 RDD 进行操作处理,分布式集合对象上的 API 也称为算子。RDD 经过一系列的“转换”算子操作,每一次转换都会产生不同的 RDD,以供给下一次“转换”算子操作使用,直到最后一个 RDD 经过“行动”算子操作才会被真正计算处理,并输出到外部数据源中,若是中间的数据结果需要复用,则可以进行缓存处理,将数据缓存到内存中。RDD 的处理过程主要分为转换算子操作和行动算子操作。对于这两类算子来说,转换(Transformation)算子和行动(Action)算子的区别是:转换算子相当于在构建执行计划,行动算子相当于让执行计划开始工作。

RDD 处理过程如图 4-11 所示。

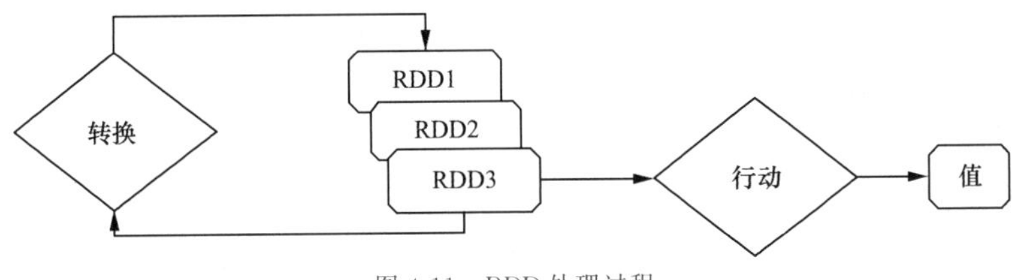

图 4-11　RDD 处理过程

4.3.1 转换算子

RDD处理过程中的“转换”算子操作主要用于根据已有RDD创建新的RDD，每一次通过Transformation“转换”算子计算后都会返回一个新RDD，供给下一个“转换”使用。常用“转换”算子操作的API，如表4-1所示。

表4-1　常用RDD转换操作API

转换算子	说明
filter(func)	筛选出满足函数func的元素，并返回一个新的数据集
map(func)	将每个元素传递到函数func中，返回的结果是一个新的数据集
flatMap(func)	与map()相似，但是每个输入的元素都可以映射到0或者多个输出结果
groupByKey()	应用于(Key,Value)键值对的数据集，返回一个新的(Key,Iterable <Value>)形式的数据集
reduceByKey(func)	应用于(Key,Value)键值对的数据集，返回一个新的(Key,Value)形式的数据集。其中，每个Value值是将每个Key键传递到函数func中进行聚合后的结果

1.转换操作filter(func)：筛选出满足函数func的元素，并返回一个新的数据集。

开启Linux终端，输入命令jupyter notebook打开Jupyter在线编辑器，然后新建一个文件，命名为：第4章-RDD弹性分布式数据集。编写代码读取本地文件word.txt生成RDD，然后使用filter()过滤含有spark的记录。如图4-12所示。

图4-12　转换操作filter()使用实例

filter()操作实例执行流程如图4-13所示。

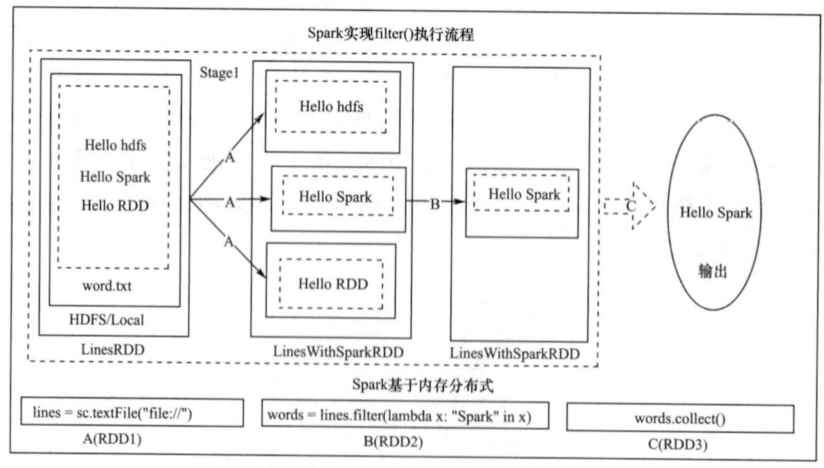

图4-13　filter()操作实例执行流程

2.转换操作 map(func):将每个元素传递到函数 func 中,并将结果返回为一个新的数据集。map()使用实例如图 4-14 所示。

```
In [2]: # 2.转换操作map()实例1
        listData = [1,2,3,4,5]
        rdd1 = sc.parallelize(listData)
        rdd2 = rdd1.map(lambda x:x+5)
        rdd2.collect()
Out[2]: [6, 7, 8, 9, 10]
```

图 4-14　map()转换操作使用实例 1

上述 map()转换操作实例执行流程如图 4-15 所示。

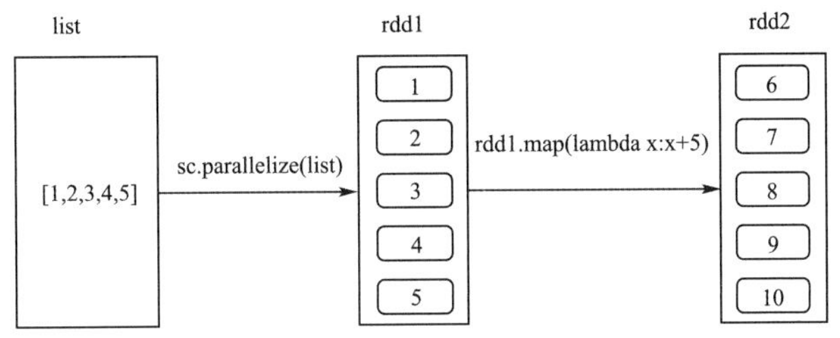

图 4-15　map()转换操作实例执行流程

map()转换操作的另外一个实例如图 4-16 所示。

```
In [3]: # 3.转换操作map()实例2
        linesRDD = sc.textFile("file:///opt/spark/mycode/rdd/word.txt")
        words = linesRDD.map(lambda line:line.split(" "))
        words.collect()
Out[3]: [['Hello', 'spark'], ['Hello', 'hdfs'], ['Hello', 'RDD']]
```

图 4-16　map()转换操作使用实例 2

上述 map()操作实例执行流程如图 4-17 所示。

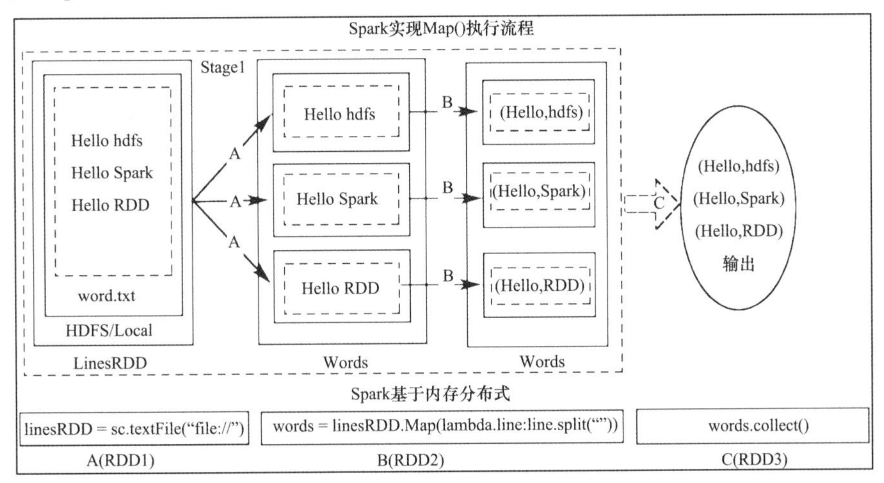

图 4-17　map()操作实例执行流程

3.转换操作 flatMap(func):与 map()相似,但是每个输入的元素都可以映射到 0 或者多个输出结果。flatMap()使用实例如图 4-18 所示。

```
In [4]: # 4.转换操作flatMap(func)
        linesRDD = sc.textFile("file:///opt/spark/mycode/rdd/word.txt")
        wordsRDD = linesRDD.flatMap(lambda line:line.split(" "))
        wordsRDD.collect()
Out[4]: ['Hello', 'spark', 'Hello', 'hdfs', 'Hello', 'RDD']
```

图 4-18　flatMap()使用实例

上述 flatMap()操作实例执行流程如图 4-19 所示。

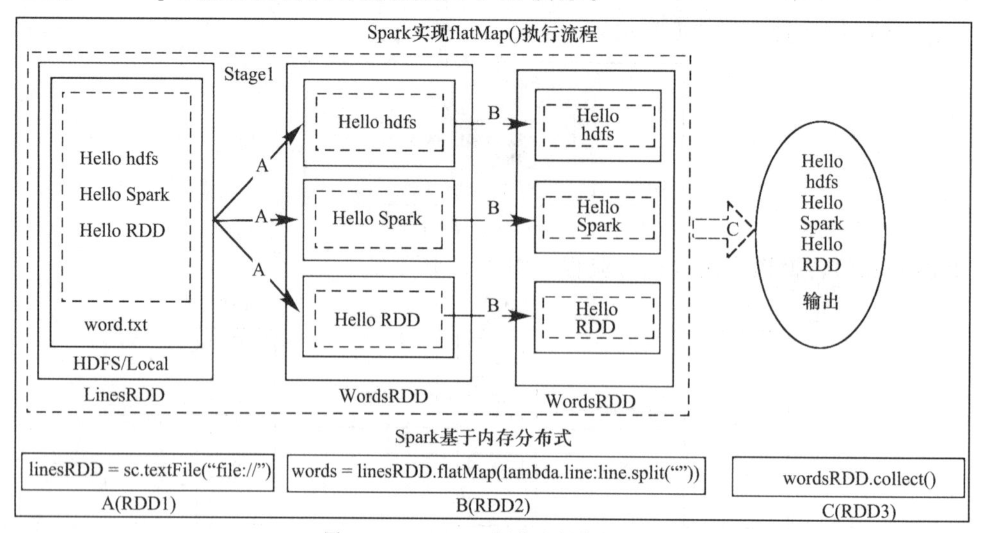

图 4-19 flatMap()操作实例执行流程

4.转换操作 groupByKey():应用于(K,V)键值对的数据集,返回一个新的(K,Iterable)形式的数据集。groupByKey()使用实例如图 4-20 所示。

```
In [5]: # 5.转换操作groupByKey()
        wordsRDD = sc.parallelize([("Hello",1),("spark",1),("Hello",1), ("hdfs",1),("Hello",1),("RDD",1)])
        wordsRDD1= wordsRDD.groupByKey()
        wordsRDD1.collect()

Out[5]: [('Hello', <pyspark.resultiterable.ResultIterable at 0x7ff5fab60f40>),
         ('spark', <pyspark.resultiterable.ResultIterable at 0x7ff5fab36730>),
         ('hdfs', <pyspark.resultiterable.ResultIterable at 0x7ff5fab36340>),
         ('RDD', <pyspark.resultiterable.ResultIterable at 0x7ff5fab369d0>)]
```

图 4-20 groupByKey()使用实例

上述 groupByKey()操作实例执行流程如图 4-21 所示。

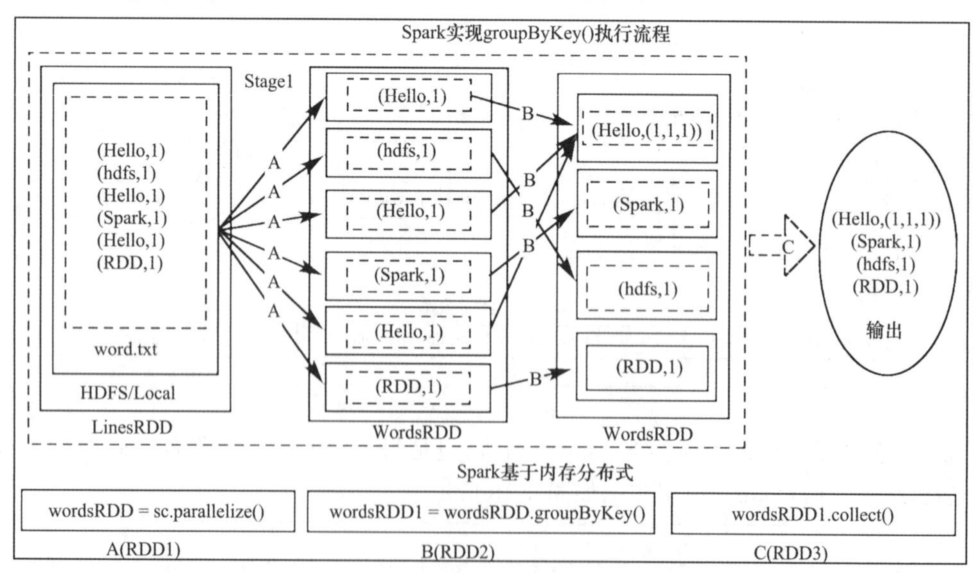

图 4-21 groupByKey()操作实例执行流程

5.转换操作 reduceByKey(func):应用于(K,V)键值对的数据集,返回一个新的(K, V)形式的数据集,其中的每个值是将每个 key 传递到函数 func 中进行聚合后得到的结果。

reduceByKey(func)使用实例如图 4-22 所示。

```
In [6]: # 6.转换操作reduceByKey(func)
        wordsRDD = sc.parallelize([("Hello",1),("spark",1),("Hello",1), ("hdfs",1),("Hello",1),("RDD",1)])
        wordsRDD1= wordsRDD.reduceByKey(lambda a,b:a+b)
        wordsRDD1.collect()
Out[6]: [('Hello', 3), ('spark', 1), ('hdfs', 1), ('RDD', 1)]
```

图 4-22　reduceByKey(func)使用实例

上述 reduceByKey(func)操作实例执行流程如图 4-23 所示。

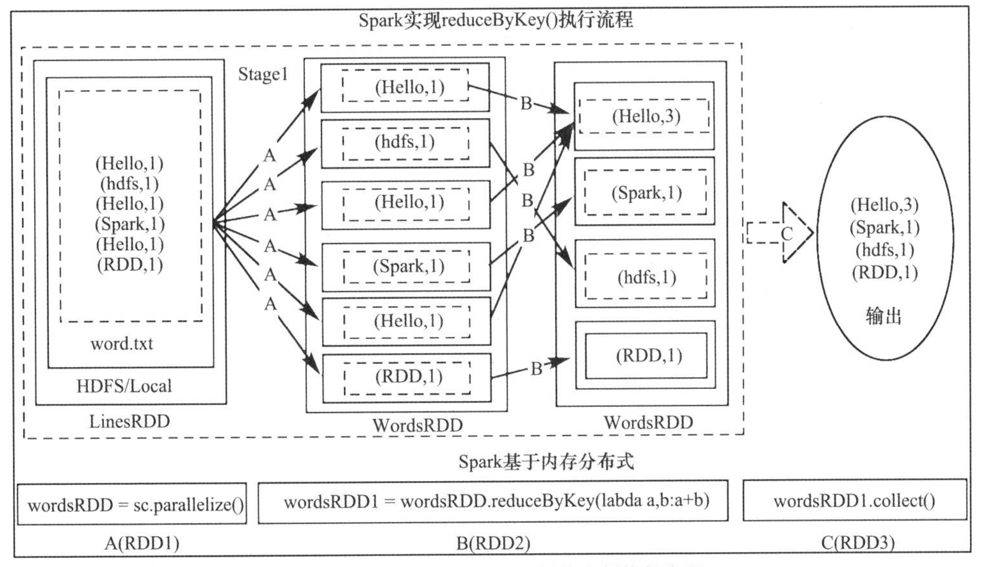

图 4-23　reduceByKey(func)操作实例执行流程

其中,rdd.reduceByKey(lambda a,b:a+b)执行过程如图 4-24 所示,这里以计算 1、2、3、4、5 的累加和为例。

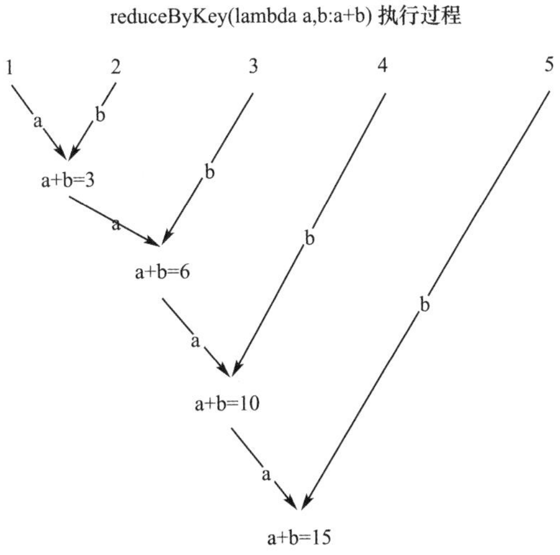

reduceByKey(lambda a,b:a+b) 执行过程

1　2　3　4　5

a　b

a+b=3

a+b=6

a+b=10

a+b=15

图 4-24　reduceByKey(lambda a,b:a+b)执行过程

4.3.2 行动算子

行动算子是真正触发计算的地方。Spark 程序执行到行动算子时，才会执行真正的计算，从文件中加载数据，完成一次又一次转换操作，最终，完成行动算子得到结果。常用的 RDD 行动算子 API 如表 4-2 所示。

表 4-2　常用 RDD 行动算子 API

行动算子	说明
count()	返回数据集中的元素个数
first()	返回数组的第一个元素
take(n)	以数组的形式返回数组集中的前 n 个元素
reduce(func)	通过函数 func(输入两个参数并返回一个值)聚合数据集中的元素
collect()	以数组的形式返回数据集中的所有元素
foreach(func)	将数据集中的每个元素传递到函数 func 中运行

行动算子 API 使用实例如图 4-25 所示。

```
In [9]:  # 7.行动操作使用实例
         rdd = sc.parallelize([1,2,3,4,5,6])
         rdd.count()
Out[9]:  6

In [10]: rdd.first()
Out[10]: 1

In [11]: rdd.take(3)
Out[11]: [1, 2, 3]

In [12]: rdd.reduce(lambda a,b:a+b)
Out[12]: 21

In [13]: rdd.collect()
Out[13]: [1, 2, 3, 4, 5, 6]

In [14]: # 结果要在Linux控制台终端查看
         rdd.foreach(lambda item:print(item))
```

图 4-25　行动算子 API 使用实例

4.3.3 惰性机制

对于 RDD 而言，每一次转换操作都会产生不同的 RDD，供给下一个“转换”使用。

“转换”得到的 RDD 是惰性求值的，也就是说，整个转换过程只是记录了转换的轨迹，并不会发生真正的计算，只有遇到行动操作时，才会发生真正的计算，开始从血缘关系源头开始，进行物理的转换操作。惰性机制使用实例如图 4-26 所示。

```
In [20]: linesRDD = sc.textFile("file:///opt/spark/mycode/rdd/word.txt")
         lineLengthsRDD = linesRDD.map(lambda s:len(s))
         print('中间转换操作结果:%s' %lineLengthsRDD)
         totalLength = lineLengthsRDD.reduce(lambda a,b:a+b)
         print('最终行动操作结果:%s' %totalLength)

         中间转换操作结果:PythonRDD[47] at RDD at PythonRDD.scala:53
         最终行动操作结果:30
```

图 4-26　惰性机制使用实例

4.4 RDD 持久化机制

RDD 持久化(缓存)机制可以避免行动操作迭代时重复计算。在 Spark 中，RDD 采用惰性求值的机制，每次遇到行动操作，都会从头开始执行计算。每次调用行动操作，都会触发一次从头开始的计算。这对于迭代计算而言，代价是很大的，迭代计算经常需要多次重复使用同一组数据。多次计算同一个 RDD 实例如图 4-27 所示。

```
In [21]: listData = ["Hadoop","Spark","Hive"]
         listRDD = sc.parallelize(listData)
         # 行动操作1, 触发一次真正从头到尾的计算
         print(listRDD.count())
         # 行动操作2, 触发一次真正从头到尾的计算
         print(','.join(listRDD.collect()))

         3
         Hadoop,Spark,Hive
```

图 4-27　多次计算同一个 RDD 实例

针对上述问题，可以通过持久化(缓存)机制避免这种重复计算的开销，可以使用 persist()方法对一个 RDD 标记为持久化。之所以说“标记为持久化”，是因为出现 persist()语句的地方，并不会马上计算生成 RDD 并把它持久化，而是要等遇到第一个行动操作触发真正计算以后，才会把计算结果进行持久化。持久化后的 RDD 将会被保留在计算节点的内存中被后面的行动操作重复使用。

persist()方法持久化参数说明如表 4-3 所示。

表 4-3　persist()方法持久化参数说明

持久化参数	说明
persist(MEMORY_ONLY)	表示将 RDD 作为反序列化的对象存储在 JVM 中，如果内存不足，就要按照 LRU 原则替换缓存中的内容
persist(MEMORY_AND_DISK)	表示将 RDD 作为反序列化的对象存储在 JVM 中，如果内存不足，超出的分区将会被存放在硬盘上
persist.cache()	一般而言，使用 cache()方法时，会调用 persist(MEMORY_ONLY)
persist.unpersist()	手动地把持久化的 RDD 从缓存中移除

针对图 4-27 的实例，增加持久化语句以后的执行过程如图 4-28 所示。

```
In [22]: # 增加持久化实例
         list = ["Hadoop","Spark","Hive"]
         rdd = sc.parallelize(list)
         #会调用persist(MEMORY_ONLY), 但是, 语句执行到这里, 并不会缓存rdd, 因为这时rdd还没有被计算生成
         rdd.cache()
         #第一次行动操作, 触发一次真正从头到尾的计算, 这时上面的rdd.cache()才会被执行, 把这个rdd放到缓存中
         print(rdd.count())
         #第二次行动操作, 不需要触发从头到尾的计算, 只需要重复使用上面缓存中的rdd
         print(','.join(rdd.collect()))

         3
         Hadoop,Spark,Hive
```

图 4-28　RDD 持久化实例

4.5 RDD 分区

1.RDD 分区简介

RDD 是弹性分布式数据集，通常 RDD 很大，会被分成很多个分区，分别保存在不同的节点上。RDD 分区第一个作用是增加并行度，第二个作用是减少通信开销。

在分布式程序中，网络通信的开销是很大的，因此控制数据分布以获得最少的网络传输可以极大的提升程序的整体性能，Spark 程序可以通过控制 RDD 分区方式来减少通信开销。Spark 中所有的 RDD 都可以进行分区，系统会根据一个针对键的函数对元素进行分区。虽然 Spark 不能控制每个键具体划分到哪个节点上，但是可以确保相同的键出现在同一个分区上。

2.RDD 分区原则

RDD 的分区原则是分区的个数尽量等于集群中的 CPU 核心(Core)数目。对于不同的 Spark 部署模式而言，都可以通过设置 spark.default.parallelism 这个参数值来配置默认的分区数目。不同模式下默认分区数如下：

(1)本地模式：默认为本地机器的 CPU 数目，若设置了 local[N]，则默认为 N。

(2)Apache Mesos：默认的分区数为 8。

(3)Standalone 或 YARN：在"集群中所有 CPU 核心数目总和"和"2"二者中取较大值作为默认值。

3.RDD 分区方式

Spark 框架为 RDD 提供了两种分区方式，分别是哈希分区(HashPartitioner)和范围分区(RangePartitioner)。其中，哈希分区是根据哈希值进行分区；范围分区是将一定范围的数据映射到一个分区中。这两种分区方式已经可以满足大多数应用场景的需求。与此同时，Spark 也支持自定义分区方式，即通过一个自定义的 Partitioner 对象来控制 RDD 的分区，从而进一步减少通信开销。

(1)创建 RDD 时手动指定分区个数

在调用 textFile()和 parallelize()方法的时候手动指定分区个数即可，语法格式如下：

sc.textFile(path, partitionNum)

其中，path 参数用于指定要加载的文件的地址，partitionNum 参数用于指定分区个数。创建 RDD 时指定分区使用实例如图 4-29 所示。

```
In [5]: # 创建RDD时手动指定分区个数
        listData = [1,2,3,4,5,6]
        rdd = sc.parallelize(listData,2)  # 设置两个分区
        len(rdd.glom().collect())  #显示data这个RDD的分区数量

Out[5]: 2
```

图 4-29 创建 RDD 时指定分区

(2)使用 reparititon 方法重新设置分区个数

当通过转换操作得到新 RDD 时，可以直接调用 repartition 方法重新进行指定分区个数。如图 4-30 所示。

```
In [6]: rdd1 = rdd.repartition(1)     #对rdd这个RDD进行重新分区
        len(rdd1.glom().collect())    #显示rdd这个RDD的分区数量
Out[6]: 1
```

图 4-30　转换 RDD 时重新指定分区数

4.6 RDD 的依赖关系

RDD 只能基于在稳定物理存储中的数据集和其他已有的 RDD 上执行确定性操作来创建。能从其他 RDD 通过确定操作创建新的 RDD 的原因是 RDD 含有从其他 RDD 计算出本 RDD 的相关信息(血统,Lineage),Dependency 代表了 RDD 之间的依赖关系,分为窄依赖和宽依赖。

窄依赖是指父 RDD 的每一个分区最多被一个子 RDD 的分区使用,即 OneToOneDependencies。窄依赖的表现一般分为两类,第一类表现为一个父 RDD 的分区对应于一个子 RDD 的分区;第二类表现为多个父 RDD 的分区对应于一个子 RDD 的分区。一个父 RDD 的一个分区不可能对应一个子 RDD 的多个分区。为了便于理解,通常把窄依赖形象地比喻为独生子女。当 RDD 做 map、filter 和 union 操作时,是属于窄依赖的第一类表现;而当 RDD 做 join 操作(对输入进行协同划分)时,是属于窄依赖表现的第二类。窄依赖如图 4-31 所示。

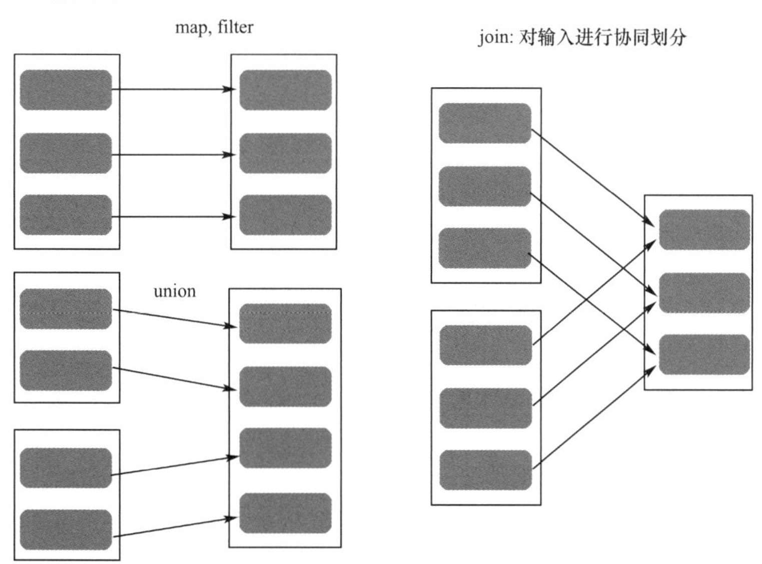

图 4-31　窄依赖

宽依赖是指子 RDD 的每一个分区都会使用所有父 RDD 的所有分区或多个分区,即 OneToManyDependecies。为了便于理解,通常把宽依赖形象地比喻为超生。父 RDD 做 groupByKey 和 join(输入未协同划分)操作操作时,子 RDD 的每一个分区都会依赖于所有父 RDD 的所有分区。当子 RDD 做算子操作,因为某个分区操作失败导致数据丢失时,则需要重新对父 RDD 中的所有分区进行算子操作才能恢复数据。宽依赖如图 4-32 所示。

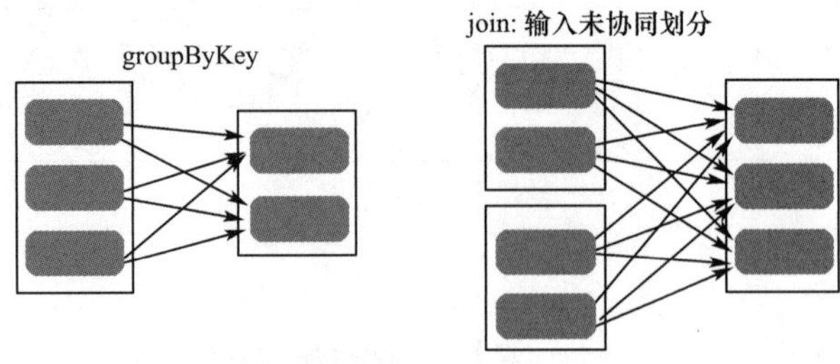

图 4-32 宽依赖

是否包含 Shuffle 操作是区分窄依赖和宽依赖的根据。

DAG(Directed Acyclic Graph)叫作有向无环图，Spark 中的 RDD 通过一系列的转换算子操作和行动算子操作形成了一个 DAG。DAG 是一种非常重要的图论数据结构。如果一个有向图无法从任意顶点出发经过若干条边回到该点，则这个图就是有向无环图。“4→6→1→2”是一条路径，“4→6→5”也是一条路径，并且图中不存在从顶点经过若干条边后能回到该点。如图 4-33 所示。

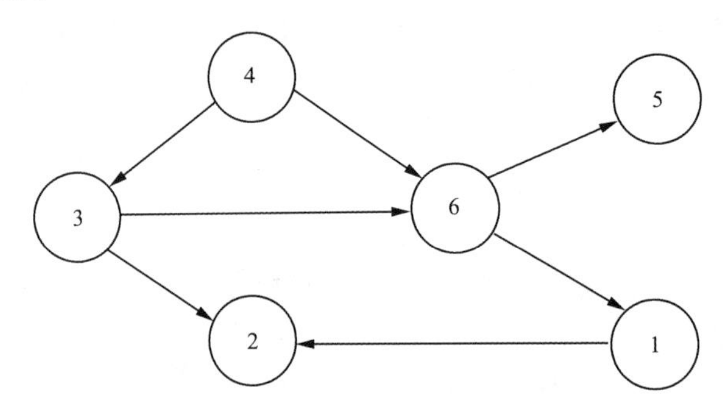

图 4-33 DAG 图

Spark 根据 DAG 图中的 RDD 依赖关系，把一个作业分成多个阶段。对于宽依赖和窄依赖而言，窄依赖对于作业的优化很有利。只有窄依赖可以实现流水线优化，宽依赖包含 Shuffle 过程，无法实现流水线方式处理。

Spark 通过分析各个 RDD 的依赖关系生成了 DAG，再通过分析各个 RDD 中的分区之间的依赖关系来决定如何划分阶段 Stage，阶段具体划分方法是：

在 DAG 中进行反向解析，遇到宽依赖就断开，遇到窄依赖就把当前的 RDD 加入 Stage，将窄依赖尽量划分在同一个 Stage 中，可以实现流水线计算。

Stage 划分的目的是将 RDD 生成的一个个 task 提交到 Executor 中执行，所以需要把 RDD 先划分 stage 再生成 task。一个 Stage 生成 n 个分区 n 个 task。

Stage 划分是根据 RDD 之间的依赖关系将 DAG 划分为不同的 Stage，对于窄依赖，partition 的转换处理在 stage 中完成计算；对于宽依赖，由于有 shuffle 的存在，只能在 parentRDD 中处理完成后才开始接下来的计算，因此宽依赖是划分 stage 的依据。

Stage 划分过程：找到最后的 RDD，向前找，以宽依赖划分（宽依赖前的）为一个 stage，整体划为一个 stage，直到所有 RDD 划分完。

4.7 RDD 在 Spark 中的运行流程

通过上述对 RDD 概念、依赖关系和 Stage 划分的介绍，结合之前介绍的 Spark 运行基本流程，再总结一下 RDD 在 Spark 架构中的运行过程，可分为 RDD Objects、DAGScheduler、TaskScheduler 和 Worker 四个部分。

1.RDD Objects

当 RDD 对象创建后，SparkContext 会根据 RDD 对象构建 DAG 有向无环图，然后将 Task 提交给 DAGScheduler。

2.DAGScheduler

将作业的 DAG 划分成不同的 Stage，每个 Stage 都是 TaskSet 任务集合，并以 TaskSet 为单位提交给 TaskScheduler。

3.TaskScheduler

通过 TaskSetManager 管理 Task，并通过集群中的资源管理器(Standalone 模式下是 Master，Yarn 模式下是 ResourceManager)把 Task 发给集群中 Worker 的 Executor。若期间有某个 Task 失败，则 TaskScheduler 会重试；若 TaskScheduler 发现某个 Task 一直没有运行完成，则有可能在空闲的机器上启动同一个 Task，哪个 Task 先完成就用哪个 Task 的结果。但是，无论 Task 是否成功，TaskScheduler 都会向 DAGScheduler 汇报当前的状态，若某个 Stage 运行失败，则 TaskScheduler 会通知 DAGScheduler 重新提交 Task。需要注意的是，一个 TaskScheduler 只能服务一个 SparkContext 对象。

4.Worker

Spark 集群中的 Worker 接收到 Task 后，把 Task 运行在 Executor 进程中，这个 Task 就相当于 Executor 中进程中的一个线程。一个进程中可以有多个线程在工作，从而可以处理多个数据分区(例如运行任务、读取或者存储数据)。

RDD 在 Spark 中的运行流程如图 4-34 所示。

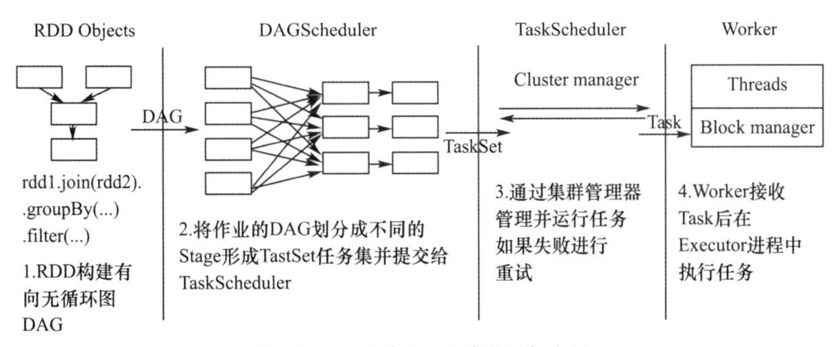

图 4-34 RDD 在 Spark 中的运行流程

4.8 键值对 RDD

Spark 为包含键值对(Key-Value)类型的 RDD 提供了一些专有操作,这些 RDD 被称为 PairRDD,每个 RDD 元素都是(key,value)键值对类型。PariRDD 提供了可以并行处理各个键对应的数据和对在不同节点上的数据重新进行处理的接口。PariRDD 可以使用所有标准 RDD 上可用的转换(Transformation)操作和行动(Action)操作。传递函数的规则也适用于 PairRDD。因为 PairRDD 中包含二元组,所以需要传递的函数是两个元素而不是独立元素。

4.8.1 键值对 RDD 的创建

键值对 RDD 的创建主要有两种方式:一是从外部数据源中加载生成 RDD;二是通过并行集合创建 RDD。

1.第一种创建方式:从外部数据源中加载生成 RDD

假设在本地 Linux 系统路径/opt/spark/mycode/pairrdd/文件夹下已经创建了文件 words.txt,操作示例如下所示。

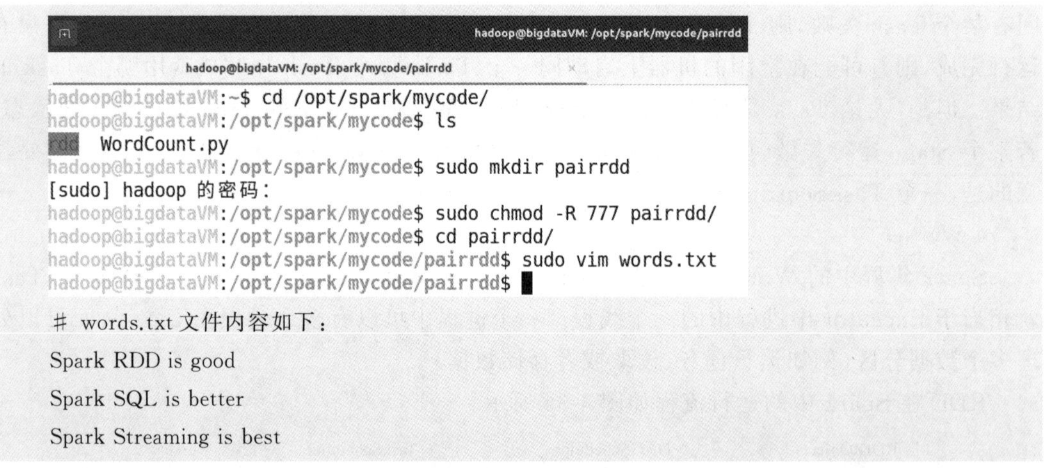


```
# words.txt 文件内容如下:
Spark RDD is good
Spark SQL is better
Spark Streaming is best
```

使用 textFile()方法从文件中加载数据,然后使用 map()函数转换得到相应的键值对 RDD。在 Jupyter notebook 中的运行实例如图 4-35 所示。

```
In [6]: # 键值对RDD: 第一种方式: 从文件中加载生成RDD
        linesRDD= sc.textFile("file:///opt/spark/mycode/pairrdd/words.txt")
        pairRDD = linesRDD.flatMap(lambda line:line.split(" ")).map(lambda word:(word,1))
        pairRDD.collect()

Out[6]: [('Spark', 1),
         ('RDD', 1),
         ('is', 1),
         ('good', 1),
         ('Spark', 1),
         ('SQL', 1),
         ('is', 1),
         ('better', 1),
         ('Spark', 1),
         ('Streaming', 1),
         ('is', 1),
         ('best', 1)]
```

图 4-35　加载文件生成键值对 RDD

2.第二种创建方式:通过并行集合(列表)创建 RDD

通过并行列表创建键值对 RDD 如图 4-36 所示。

```
In [10]: # 键值对RDD: 第二种创建方式: 通过并行集合 (列表) 创建RDD
         listRDD = ["SparkRDD","SparkSQL","SparkStreamming","SparkMLlib"]
         rdd = sc.parallelize(listRDD)
         pairRDD = rdd.map(lambda word:(word,1))
         pairRDD.collect()

Out[10]: [('SparkRDD', 1), ('SparkSQL', 1), ('SparkStreamming', 1), ('SparkMLlib', 1)]
```

图 4-36　并行列表创建键值对 RDD

4.8.2 常用的键值对 RDD 转换算子

常见的键值对 RDD 转换算子分别为 mapValues(func)、reduceByKey(func)、groupByKey()、keys()、values()、sortByKey()、join()等。

1.mapValues(func)

对键值对 RDD 中的每个 value 都应用一个函数,但是 key 不会发生变化。操作实例如图 4-37 所示。

```
In [3]: # 键值对转换操作1: mapValues(func)
        listData = [("SparkRDD",1),("SparkSQL",1),("SparkStreamming",1),("SparkMLlib",1)]
        pairRDD = sc.parallelize(listData)
        pairRDD1 = pairRDD.mapValues(lambda x:x+1)
        pairRDD1.collect()

Out[3]: [('SparkRDD', 2), ('SparkSQL', 2), ('SparkStreamming', 2), ('SparkMLlib', 2)]
```

图 4-37　mapValues(func)转换操作实例

2.reduceByKey(func)

reduceByKey(func)的功能是使用 func 函数合并具有相同键的值。操作实例如图 4-38 所示。

```
In [4]: # 键值对转换操作2: reduceByKey((func)
        pairRDD = sc.parallelize([("RDD",1),("Spark",1),("RDD",1),("Spark",1)])
        pairRDD.reduceByKey(lambda a,b:a+b).collect()

Out[4]: [('RDD', 2), ('Spark', 2)]
```

图 4-38　reduceByKey(func)转换操作实例

3.groupByKey()

groupByKey()的功能是对具有相同键的值进行分组。使用实例如图 4-39 所示。

```
In [5]: # 键值对转换操作3: groupByKey()
        listData = [("spark",1),("spark",2),("hadoop",2),("hadoop",3)]
        pairRDD = sc.parallelize(listData)
        pairRDD.groupByKey()
        pairRDD.groupByKey().collect()

Out[5]: [('spark', <pyspark.resultiterable.ResultIterable at 0x7fa9380f5490>),
         ('hadoop', <pyspark.resultiterable.ResultIterable at 0x7fa938a7f910>)]
```

图 4-39　groupByKey()使用实例

4.groupByKey()和 reduceByKey()的区别

(1)groupByKey()仅仅有分组功能而已。

(2)reduceByKey()除了具有 ByKey 的分组功能外,还有 reduce 聚合功能,所以是一个分组加聚合一体化的操作。

如果对数据进行分组＋聚合，使用这两个操作的性能差别是很大的。reduceByKey()的性能远远大于 groupByKey()＋聚合。

groupByKey()＋聚合逻辑的执行流程如图 4-40 所示。

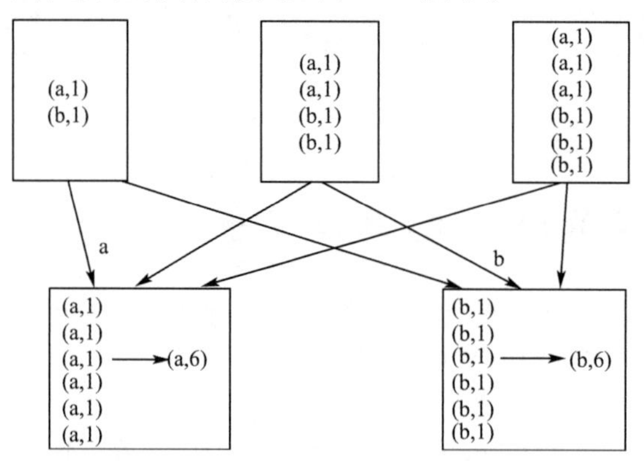

图 4-40 groupByKey＋聚合逻辑的执行流程

如上图可知，因为 groupByKey()只能分组，所以执行是先分组(Shuffle)后聚合。

reduceByKey()的执行流程如图 4-41 所示。

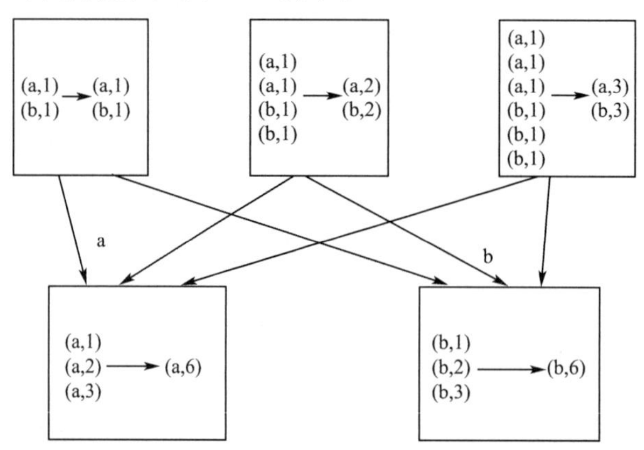

图 4-41 reduceByKey()的执行流程

如图 4-41 可知，由于 reduceByKey()自带聚合逻辑，所以可以完成先在分区内做预聚合，然后再走分组(Shuffle)流程，分组后再做最终聚合。这样被 Shuffle 的数据极大的减少，能够大幅度提升性能。

二者区别实例如图 4-42 所示。

```
In [6]: # 键值对转换操作4: reduceByKey和groupByKey的区别
        words = ["RDD", "SQL", "SQL", "streamming", "streamming", "streamming"]
        wordPairsRDD = sc.parallelize(words).map(lambda word:(word, 1))
        wordCountsWithReduce = wordPairsRDD.reduceByKey(lambda a,b:a+b)
        wordCountsWithReduce.collect()

Out[6]: [('RDD', 1), ('SQL', 2), ('streamming', 3)]

In [7]: wordCountsWithGroup = wordPairsRDD.groupByKey().map(lambda t:(t[0],sum(t[1])))
        wordCountsWithGroup.collect()

Out[7]: [('RDD', 1), ('SQL', 2), ('streamming', 3)]
```

图 4-42 reduceByKey()和 groupByKey()的区别实例

上述得到的 wordCountsWithReduce 和 wordCountsWithGroup 是完全一样的，但是它们的内部运算过程是不同的。

5.keys()和 values()操作

keys()只会把 Pair RDD 中的 key 返回形成一个新的 RDD。values()只会把 Pair RDD 中的 value 返回形成一个新的 RDD。使用实例如图 4-43 所示。

```
In [12]: # 键值对转换操作5: keys(), values()
         listData = [("Hadoop",1),("Spark",2),("Hive",3),("Spark",2)]
         pairRDD = sc.parallelize(listData)
         pairRDD.keys().collect()
Out[12]: ['Hadoop', 'Spark', 'Hive', 'Spark']

In [13]: pairRDD.values().collect()
Out[13]: [1, 2, 3, 2]
```

图 4-43 keys()和 values()实例

6.sortByKey()

sortByKey()的功能是返回一个根据键排序的 RDD。使用实例如图 4-44 所示。

```
In [14]: # 键值对转换操作6: sortByKey()
         listData = [("Hadoop",1),("Spark",1),("Hive",1),("Flink",1)]
         pairRDD = sc.parallelize(listData)
         pairRDD.collect()
Out[14]: [('Hadoop', 1), ('Spark', 1), ('Hive', 1), ('Flink', 1)]

In [15]: pairRDD.sortByKey().collect()
Out[15]: [('Flink', 1), ('Hadoop', 1), ('Hive', 1), ('Spark', 1)]
```

图 4-44 sortByKey()使用实例

sortByKey()和 sortBy()的区别实例如图 4-45 所示。

```
In [16]: # 键值对转换操作7: sortByKey()和sortBy()
         rdd1= sc.parallelize([("e",1),("c",2),("f",3),("c",4),("b",5),("c",8),("a",12), ("b",7),("d",9),\
                               ("g",15),("b",11)])

         rdd1.reduceByKey(lambda a,b:a+b).sortByKey(False).collect()
Out[16]: [('g', 15), ('f', 3), ('e', 1), ('d', 9), ('c', 14), ('b', 23), ('a', 12)]

In [17]: rdd1.reduceByKey(lambda a,b:a+b).sortBy(lambda x:x,False).collect()
Out[17]: [('g', 15), ('f', 3), ('e', 1), ('d', 9), ('c', 14), ('b', 23), ('a', 12)]

In [18]: rdd1.reduceByKey(lambda a,b:a+b).sortBy(lambda x:x[0],False).collect()
Out[18]: [('g', 15), ('f', 3), ('e', 1), ('d', 9), ('c', 14), ('b', 23), ('a', 12)]

In [19]: rdd1.reduceByKey(lambda a,b:a+b).sortBy(lambda x:x[1],False).collect()
Out[19]: [('b', 23), ('g', 15), ('c', 14), ('a', 12), ('d', 9), ('f', 3), ('e', 1)]
```

图 4-45 sortByKey()和 sortBy()的区别实例

7.join()

join()表示内连接。对于内连接，给定的两个输入数据集(K，V1)和(K，V2)，只有在两个数据集中都存在的 key 才会被输出，最终得到一个(K，(V1，V2))类型的数据集。join()使用实例如图 4-46 所示。

```
In [20]: # 键值对转换操作8: join()
         pairRDD1 = sc.parallelize([("spark",1),("spark",2),("flink",3),("flink",4)])
         pairRDD2 = sc.parallelize([("spark","fast")])
         pairRDD3 = pairRDD1.join(pairRDD2)
         pairRDD3.collect()

Out[20]: [('spark', (1, 'fast')), ('spark', (2, 'fast'))]
```

图 4-46 join()使用实例

4.8.3 常用的键值对 RDD 行动算子

针对 Key-Value 结构类型的 RDD，Spark 提供了专门的 action 算子进行操作，例如，collectAsMap()操作和 countByKey()操作。

1.collectAsMap()操作

与 collect()相关的行动算子是将结果返回到 driver 端。collectAsMap 操作是将 Key-Value 结构的 RDD 收集到 driver 端，并返回成一个字典。操作实例如图 4-47 所示。

```
In [23]: # 键值对行动操作1: collectAsMap()
         rdd1 = sc.parallelize([(2,4),(6,8)]).collectAsMap()
         print(type(rdd1))
         rdd1

         <class 'dict'>
Out[23]: {2: 4, 6: 8}

In [25]: rdd2 = sc.parallelize([(2,4),(6,8)]).collect()
         print(type(rdd2))
         rdd2

         <class 'list'>
Out[25]: [(2, 4), (6, 8)]
```

图 4-47 collectAsMap()行动操作实例

2.countByKey()操作

countByKey()操作是统计每个 Key 键的元素数。使用实例如图 4-48 所示。

```
In [26]: # 键值对行动操作2: countByKey()
         rdd = sc.parallelize([('a',1),('b',1),('c',1),('a',3),('b',4)])
         rdd.countByKey()

Out[26]: defaultdict(int, {'a': 2, 'b': 2, 'c': 1})

In [27]: rdd.countByKey().items()

Out[27]: dict_items([('a', 2), ('b', 2), ('c', 1)])
```

图 4-48 countByKey()使用实例

第二部分:实践任务

4.9 实践任务 1:词频统计

假设有一个本地文件 wordscount.txt,文件路径为/opt/spark/mycode/rdd,里面包含了很多行文本,每行文本由多个单词构成,单词之间用空格分隔。使用 Spark RDD 操作语句进行词频统计,统计出每个单词出现的次数。

1.数据准备,操作示例如下所示。

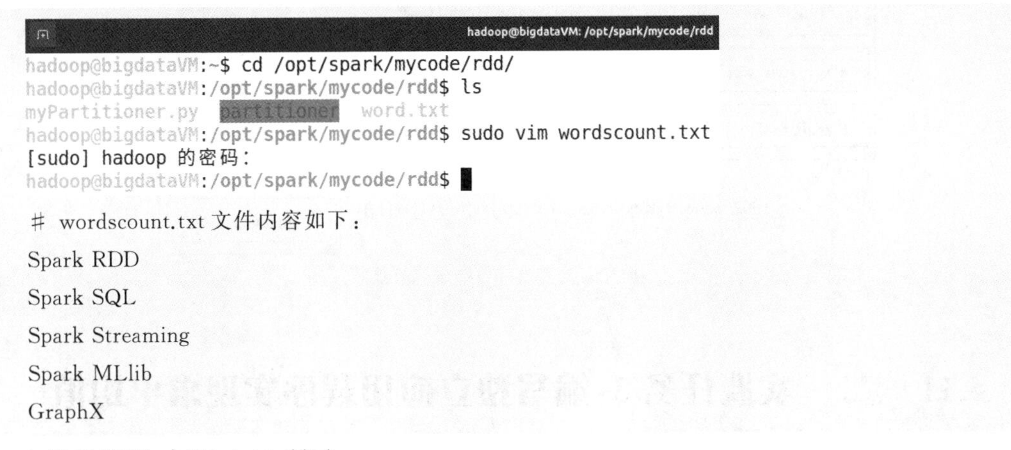

2.编程实现,如图 4-49 所示。

```
In [8]: # 实践任务1: 词频统计
        wordsRDD = sc.textFile("file:///opt/spark/mycode/rdd/wordscount.txt")
        wordCount = wordsRDD.flatMap(lambda line:line.split(" ")).map(lambda word:(word,1)).reduceByKey(lambda a,b:a+b)
        wordCount.collect()

Out[8]: [('Spark', 4),
         ('RDD', 1),
         ('SQL', 1),
         ('Streaming', 1),
         ('MLlib', 1),
         ('GraphX', 1)]
```

图 4-49 词频统计案例

4.10 实践任务 2:计算学生“大数据基础”和“Spark”两门课程的平均成绩

给定一组键值对:("zhangsan",86),("lisi",88),("zhangsan",91),("lisi",96),("wangwu",80),("wangwu",94)。

键值对的 key 表示学生姓名,value 表示学生的大数据基础和 Spark 课程期末成绩,请计算每个键对应的平均值,也就是计算每个学生的大数据课程平均成绩。案例实现如图 4-50所示。

```
In [10]: # 实践任务2：求平均值
         rdd = sc.parallelize([("zhangsan",86),("lisi",88),("zhangsan",91),("lisi",96),("wangwu",80),("wangwu",94)])
         rdd.mapValues(lambda x:(x,1)).\
         reduceByKey(lambda x,y:(x[0]+y[0],x[1]+y[1])).\
         mapValues(lambda x:x[0]/x[1]).collect()

Out[10]: [('zhangsan', 88.5), ('lisi', 92.0), ('wangwu', 87.0)]
```

图 4-50 求平均值案例

求平均值操作实例执行过程如图 4-51 所示。

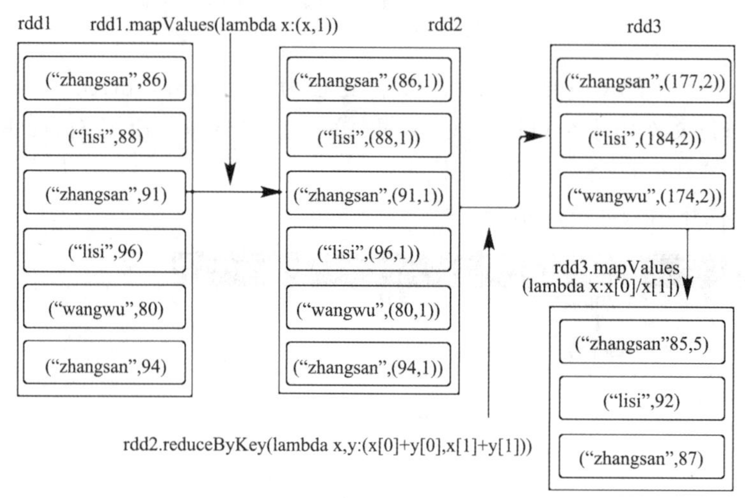

图 4-51 求平均值案例执行过程

4.11 实践任务 3：编写独立应用程序实现求平均值

每个输入文件表示班级学生某个学科的成绩，每行内容由两个字段组成，第一个是学生名字，第二个是学生的成绩；编写 Spark 独立应用程序求出所有学生的平均成绩，并输出到一个新文件中。下面是输入文件和输出文件的一个示例。

《Python 编程基础与应用》成绩文件 pythonscore.txt，成绩如下：

张三 86

李四 81

王五 80

赵六 91

《Hadoop 大数据基础与应用》成绩文件 hadoopscore.txt，成绩如下：

张三 81

李四 78

王五 88

赵六 96

《Spark 大数据处理技术》成绩文件 sparkscore.txt，成绩如下：

张三 89

李四 83

王五 90

赵六 82

平均成绩结果如下：

('李四', 80.67)

('张三', 85.33)

('王五', 86.0)

('赵六', 89.67)

实验步骤如下：

1.在目录/opt/spark/mycode/rdd 下新建 pythonscore.txt、hadoopscore.txt、sparkscore.txt 成绩文本文件，文件内容如上述示例。

2.在目录/opt/spark/mycode/rdd 下新建一个 avgscore.py。

3.编写完毕 avgscore.py 在 Linux 终端通过 spark-submit 提交运行。

4.到目录/opt/spark/mycode/rdd/result 下即可得到结果文件 part-00000。

上述步骤的操作如下所示。

```
# 1.在目录/opt/spark/mycode/rdd 下新建 pythonscore.txt、hadoopscore.txt、sparkscore.txt 成绩文本文件
hadoop@bigdataVM: /opt/spark/mycode/rdd
hadoop@bigdataVM:~$ cd /opt/spark/mycode/rdd/
hadoop@bigdataVM:/opt/spark/mycode/rdd$ sudo vim pythonscore.txt
[sudo] hadoop 的密码:
hadoop@bigdataVM:/opt/spark/mycode/rdd$ sudo vim hadoopscore.txt
hadoop@bigdataVM:/opt/spark/mycode/rdd$ sudo vim sparkscore.txt
hadoop@bigdataVM:/opt/spark/mycode/rdd$ 
# 2.在目录/opt/spark/mycode/rdd 下新建一个 avgscore.py
hadoop@bigdataVM:/opt/spark/mycode/rdd$ sudo vim avgscore.py
# 代码如下：
from pyspark import SparkContext
#初始化 SparkContext
sc = SparkContext('local',' avgscore')
#加载三个文件 pythonscore.txt、hadoopscore.txt 和 sparkscore.txt
rdd1 = sc.textFile("file:///opt/spark/mycode/rdd/pythonscore.txt")
rdd2 = sc.textFile("file:///opt/spark/mycode/rdd/hadoopscore.txt")
rdd3 = sc.textFile("file:///opt/spark/mycode/rdd/sparkscore.txt")
#合并三个文件的内容
rdd = rdd1.union(rdd2).union(rdd3)
#为每行数据新增一列 1，方便后续统计每个学生选修的课程数目。data 的数据格式为('张三',(86, 1))
data = rdd.map(lambda x:x.split(" ")).map(lambda x:(x[0],(int(x[1]),1)))
#根据 key 也就是学生姓名合计每门课程的成绩，以及选修的课程数目。res 的数据格式为('张三', (269, 3))
res = data.reduceByKey(lambda x,y:(x[0]+y[0],x[1]+y[1]))
#利用总成绩除以选修的课程数来计算每个学生的每门课程的平均分，并利用 round(x,2)保留两位小数
```

```
result = res.map(lambda x:(x[0],round(x[1][0]/x[1][1],2)))
#将结果写入 result 文件中,repartition(1)的作用是让结果合并到一个文件中,不加的话会结果写入到三个文件
result.repartition(1).saveAsTextFile("file:///opt/spark/mycode/rdd/result")
# 3.编写完毕 avgscore.py 在 Linux 终端通过 spark-submit 提交运行
```

```
hadoop@bigdataVM:/opt/spark/mycode/rdd$ spark-submit avgscore.py
WARNING: An illegal reflective access operation has occurred
WARNING: Illegal reflective access by org.apache.spark.unsafe.Platform (file:/opt/spark/jars/spark-unsafe_2.12-3.1.2.jar) to constructor java.nio.DirectByteBuffer(long,int)
WARNING: Please consider reporting this to the maintainers of org.apache.spark.unsafe.Platform
WARNING: Use --illegal-access=warn to enable warnings of further illegal reflective access operations
WARNING: All illegal access operations will be denied in a future release
```

```
# 4.到目录/opt/spark/mycode/rdd/result 下即可得到结果文件 part-00000
```

```
hadoop@bigdataVM:/opt/spark/mycode/rdd$ cd result/
hadoop@bigdataVM:/opt/spark/mycode/rdd/result$ ls
part-00000  _SUCCESS
hadoop@bigdataVM:/opt/spark/mycode/rdd/result$ cat part-00000
('李四', 80.67)
('张三', 85.33)
('王五', 86.0)
('赵六', 89.67)
```

4.12 小结

本章主要介绍了 RDD 以及 RDD 的创建和处理过程,首先对 RDD 的转换算子、行动算子以及惰性机制进行了详细的讲解,并给出了实操案例;其次概述了 RDD 的持久化、分区、依赖关系以及 RDD 在 Spark 中的运行流程;最后对键值对 RDD 的创建、转换算子和行动算子进行了案例讲解。在实践任务部分给出了三个综合性案例,加深读者对 RDD 的理解和综合应用。

4.13 习题

1.简述什么是 RDD 以及为何要使用 RDD。
2.简述 RDD 的五大特性。
3.简述 RDD 的执行流程。
4.简述 RDD 常用的转换算子和行动算子。

第5章 Spark SQL 结构化数据文件处理

学习目标

1.了解 Spark SQL
2.理解 Spark SQL 架构和执行原理
3.理解 DataFrame
4.掌握 DataFrame 的创建、保存和常用操作
5.掌握 Spark SQL 基本操作的综合应用
6.掌握 RDD 转换为 DataFrame
7.掌握使用 DataFrame 读写 MySQL

第一部分：基础理论

5.1 Spark SQL 概述

在很多情况下，用户并不了解 Python 语言，也不了解 Spark 常用 API，但又非常想要使用 Spark 框架提供的强大的数据分析能力。Spark 的开发工程师们考虑到了这个问题，利用 SQL 语言的语法简洁、学习门槛低以及在编程语言普及程度和流行程度高等诸多优势，从而开发了 Spark SQL 模块。通过 Spark SQL，开发人员能够使用 SQL 语句，实现对结构化数据的处理。

5.1.1 什么是 Spark SQL

Spark SQL 是 Spark 的一个模块，用于处理海量结构化数据。它提供了一个编程抽象结构叫作 DataFrame 的数据模型，Spark SQL 作为分布式 SQL 查询引擎，让用户可以通过 SQL、DataFrames API 和 Datasets API 三种方式实现对结构化数据的处理。

5.1.2 为什么学习 Spark SQL

Spark SQL 是非常成熟的海量结构化数据处理框架。学习 Spark SQL 主要包括两个方面：

(1)Spark SQL 本身十分优秀，支持 SQL 语言，性能强，可以自动优化，API 简单，兼容 Hive 等。

(2)企业大面积在使用 Spark SQL 处理业务数据，主要包括离线开发、数仓搭建、科学计算、数据分析等。

5.1.3 Spark SQL 的特点

(1)融合性：SQL 可以无缝集成在代码中，随时用 SQL 处理数据。

(2)统一数据访问：一套标准 API 可读写不同数据源。

(3)Hive 兼容：可以使用 Spark SQL 直接计算并生成 Hive 数据表。

(4)标准化连接：支持标准化 JDBC\ODBC 连接，方便和各种数据库进行数据交互。

5.1.4 Spark SQL 的发展历史

(1)2014 年 1.0 正式发布。

(2)2015 年 1.3 发布 DataFrame 数据结构，沿用至今。

(3)2016 年 1.6 发布 Dataset 数据结构(带泛型的 DataFrame)，适用于支持泛型的语言(Java\Scala)。

(4)2016 年 2.0 统一了 Dataset 和 DataFrame，以后只有 Dataset，Python 用的 DataFrame 就是没有泛型的 Dataset。

(5)2019 年 3.0 发布，性能大幅度提升，Spark SQL 变化不大。

5.1.5 Spark SQL 架构

Spark SQL 架构与 Hive 架构相比，把底层的 MapReduce 执行引擎更改为 Spark，还修改了 Catalyst 优化器，Spark SQL 快速的计算效率得益于 Catalyst 优化器。从 HiveQL 被解析成语法抽象树起，执行计划生成和优化的工作全部交给 Spark SQL 的 Catalyst 优化器进行负责和管理。Spark SQL 架构如图 5-1 所示。

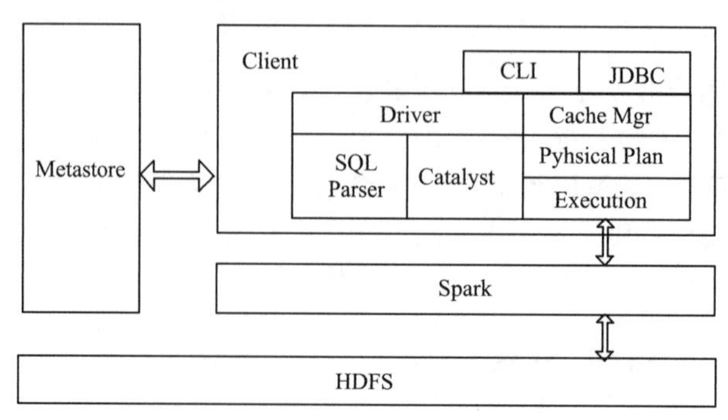

图 5-1 Spark SQL 架构

Catalyst 优化器在执行计划生成和优化的工作时，离不开内部的五大组件，如表 5-1 所示。

表 5-1 Catalyst 优化器五大组件

组件名称	组件说明
SqlParse	完成 SQL 语法解析功能，目前只提供了一个简单的 SQL 解析器
Analyze	主要完成绑定工作，将不同来源的 Unresolved Logical Plan 和元数据进行绑定，生成 Resolved Logical Plan
Optimizer	对 Resolved Logical Plan 进行优化，生成 Optimized Logical Plan
Planner	将 Logical Plan 转换成 PhysicalPlan
CostModel	主要根据过去的性能统计数据，选择最佳的物理执行计划

Catalyst 优化器的具体执行流程如图 5-2 所示。

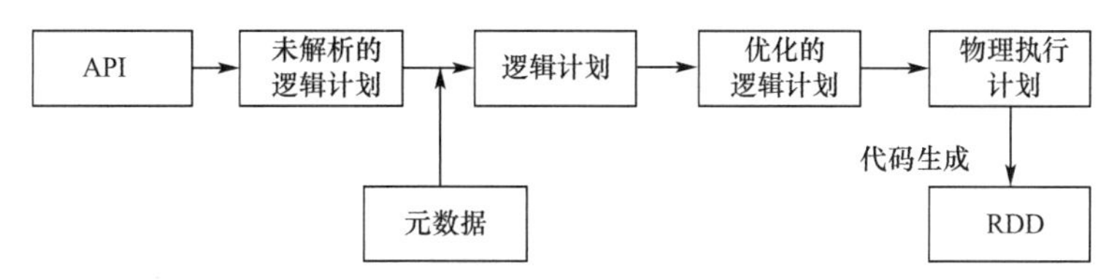

图 5-2 Catalyst 优化器的执行流程

5.1.6 Spark SQL 执行原理

Spark 要想很好地支持 SQL，需要完成解析（Parser）、优化（Optimization）、执行（Execution）三大过程。如图 5-3 所示。

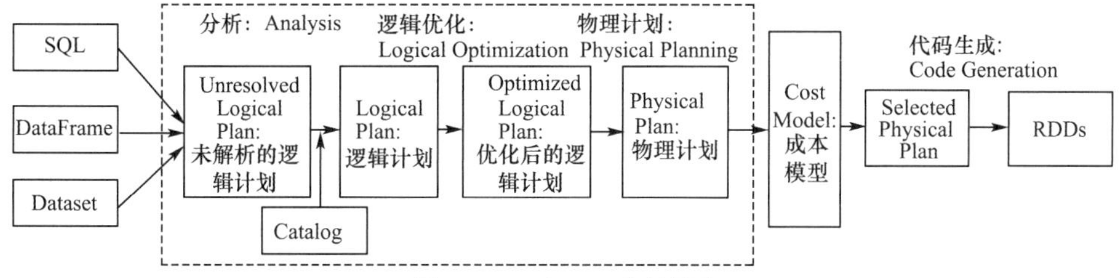

图 5-3 Spark SQL 执行原理

Spark SQL 工作流程如下：

（1）在解析 SQL 语句之前，会创建 SparkSession，涉及表名、字段名称和字段类型的元数据都将保存在 SessionCatalog 中。

（2）当调用 SparkSession 的 sql()方法时，就会使用 SparkSqlParser 进行解析 SQL 语句，解析过程中使用 ANTLR 进行词法解析和语法解析。

（3）使用 Analyzer 分析器绑定逻辑计划，在该阶段，Analyzer 会使用 Analyzer Rules，并结合 SessionCatalog，对未绑定的逻辑计划进行解析，生成已绑定的逻辑计划。

（4）使用 Optimizer 优化器优化逻辑计划，该优化器同样定义了一套规则（Rules），利用这些规则对逻辑计划和语句进行迭代处理。

（5）使用 SparkPlanner 对优化后的逻辑计划进行转换，生成可以执行的物理计划 SparkPlan。

（6）使用 QueryExecution 执行物理计划，此时则调用 SparkPlan 的 execute()方法，返回 RDDs。

5.1.7 Spark SQL 的数据抽象

Spark SQL 使用的数据抽象并非是 RDD(SparkCore 的数据抽象是 RDD),而是 DataFrame。在 Spark 1.3.0 版本之前,DataFrame 被称为 SchemaRDD。DataFrame 使 Spark 具备处理大规模结构化数据的能力。

在 Spark 中,DataFrame 是一种以 RDD 为基础的分布式数据集。DataFrame 的结构类似传统数据库的二维表格,可以从很多数据源中创建,如结构化文件、外部数据库、Hive 表等数据源。

Spark SQL 其实有 3 类数据抽象对象:

(1)SchemaRDD 对象(已废弃)。

(2)DataSet 对象:可用于 Java、Scala 语言。

(3)DataFrame 对象:可用于 Python、Java、Scala、R 语言。

我们以 Python 开发 Spark SQL,主要使用的就是 DataFrame 对象作为核心数据结构。

DataFrame

5.2 DataFrame

5.2.1 DataFrame 简介

DataFrame 可以看作是分布式的 Row 对象的集合,在二维表数据集的每一列都带有名称和类型,这就是 Schema 元信息,这使得 Spark 框架可获取更多数据结构信息,从而对在 DataFrame 背后的数据源以及作用于 DataFrame 之上数据变换进行针对性的优化,最终达到提升计算效率的目的。

DataFrame 和前面所讲的 RDD 都是弹性的、分布式的数据集。只是 DataFrame 存储的数据结构"限定"为二维表结构化数据,而 RDD 可以存储的数据则没有任何限制,想处理什么就处理什么。

RDD 和 DataFrame 的区别如图 5-4 所示。

RDD按照数组对象(Student) 存储

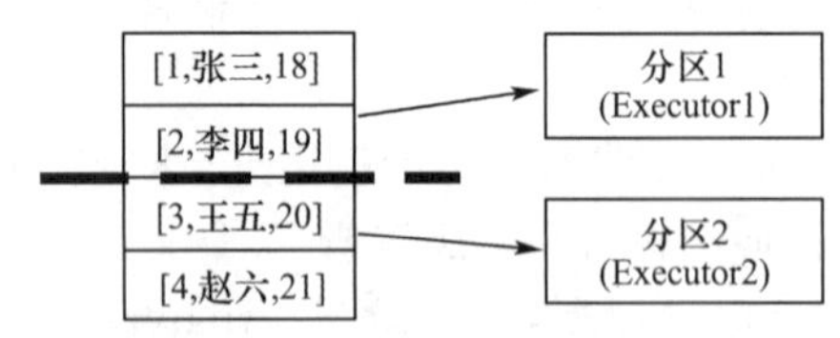

DataFrame按照二维表格存储

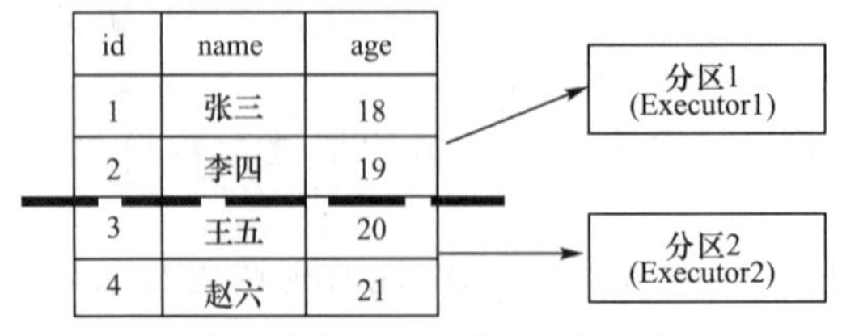

图 5-4 RDD 和 DataFrame 的区别

从图 5-4 可以看出，DataFrame 是按照二维表格的形式存储数据，RDD 则是存储对象本身。

基于这个前提，DataFrame 的组成如下：

1.在结构层面

StructType 对象描述整个 DataFrame 的表结构：

StructField 对象描述一个列的信息。

2.在数据层面

Row 对象记录一行数据；

Column 对象记录一列数据并包含列的信息。

5.2.2 DataFrame 创建

1.SparkSession 对象

在 RDD 阶段，程序的执行入口对象是 SparkContext。在 Spark 2.0 后，推出了 SparkSession 对象，其作为 Spark 编码的统一入口对象。

SparkSession 对象可以：

(1)用于 Spark SQL 编程，作为入口对象。

(2)用于 SparkCore 编程，可以通过 SparkSession 对象中获取到 SparkContext。

所以，我们后续的代码，执行环境入口对象统一变更为 SparkSession 对象。

现在，来体验一下构建执行环境入口对象：SparkSession。构建 SparkSession 核心代码如下：

```
# coding:utf8
# Spark SQL 中的入口对象是 SparkSession 对象
from pyspark.sql import SparkSession
if __name__ == '__main__':
# 构建 SparkSession 对象，这个对象是构建器模式，通过 builder 方法来构建
spark = SparkSession.builder.\
appName("local[*]").\
config("spark.sql.shuffle.partitions", "4").\
getOrCreate()
# appName 设置程序名称，config 设置一些常用属性
# 最后通过 getOrCreate()方法创建 SparkSession 对象
```

2.Spark SQL 案例演示

假设有如下数据集：列 1(id)，列 2(subject)，列 3(score)。

需求：读取文件，找出学科为“语文”的数据，并限制输出 5 条：

where subject = '语文' limit 5

数据集保存在/opt/spark/mycode 目录的 stuScore.csv 文本文件下，示例数据如下：

1，语文，99

2，数学，98

3，英语，97

4,语文,99

5,数学,98

6,英语,97

根据需求,实现代码如下:

```
# coding:utf8
# Spark SQL 中的入口对象是 SparkSession 对象
from pyspark.sql import SparkSession
if __name__ == '__main__':
# 构建 SparkSession 对象，这个对象是构建器模式通过 builder 方法来构建
spark = SparkSession.builder.\
appName("local[*]").\
config("spark.sql.shuffle.partitions", "4").\
getOrCreate()
# appName 设置程序名称，config 设置一些常用属性
# 最后通过 getOrCreate()方法创建 SparkSession 对象
df = spark.read.csv('../opt/spark/mycode/stuScore.csv', sep=',', header=False)
df2 = df.toDF('id', 'subject ', 'score')
df2.printSchema()
df2.show()
df2.createTempView("score")
# SQL 风格
spark.sql("""
SELECT * FROM score WHERE subject ='语文' LIMIT 5
""").show()
# DSL 风格
df2.where("name='语文'").limit(5).show()
```

3.DataFrame 基本使用

若使用 SparkSession 方式创建 DataFrame,可以使用 spark.read 从不同类型的文件中加载数据创建 DataFrame。spark.read 的具体操作,如表 5-2 所示。

表 5-2 spark.read 方式创建 DataFrame

方法名称	方法描述
spark.read.text("people.txt")	读取 txt 格式文件,创建 DataFrame
spark.read.csv ("people.csv")	读取 csv 格式文件,创建 DataFrame
spark.read.json("people.json")	读取 json 格式文件,创建 DataFrame
spark.read.parquet("people.parquet")	读取 parquet 格式文件,创建 DataFrame

也可以使用如下格式的语句创建 DataFrame,如表 5-3 所示。

表 5-3 spark.read.format 方式创建 DataFrame

方法名称	方法描述
spark.read.format("text").load("people.txt")	读取 txt 格式文件,创建 DataFrame

（续表）

方法名称	方法描述
spark.read.format("csv").load("people.csv")	读取 csv 格式文件，创建 DataFrame
spark.read.format("json").load("people.json")	读取 json 格式文件，创建 DataFrame
spark.read.format("parquet").load("people.parquet")	读取 parquet 格式文件，创建 DataFrame

打开 Jupyter Notebook，在“/opt/spark/examples/src/main/resources/”这个目录下有三个样例数据 people.json、people.txt 和 people.csv。三个样例数据的内容分别如图 5-5 所示。

```
hadoop@bigdataVM:~$ cd /opt/spark/examples/src/main/resources/
hadoop@bigdataVM:/opt/spark/examples/src/main/resources$ ls
dir1            full_user.avsc  people.csv   people.txt  users.avro  users.parquet
employees.json  kv1.txt         people.json  user.avsc   users.orc
hadoop@bigdataVM:/opt/spark/examples/src/main/resources$ cat people.json
{"name":"Michael"}
{"name":"Andy", "age":30}
{"name":"Justin", "age":19}
hadoop@bigdataVM:/opt/spark/examples/src/main/resources$ cat people.txt
Michael, 29
Andy, 30
Justin, 19
hadoop@bigdataVM:/opt/spark/examples/src/main/resources$ cat people.csv
name;age;job
Jorge;30;Developer
Bob;32;Developer
```

图 5-5　people 样例数据内容

创建 DataFrame 并读取三个样例数据内容如图 5-6 所示。

```
In [7]: # DataFrame创建
        # 1.读取json格式数据
        import findspark
        findspark.init()
        from pyspark import SparkContext,SparkConf
        from pyspark.sql import SparkSession
        spark = SparkSession.builder.config(conf = SparkConf()).getOrCreate()
        dataframe1 = spark.read.json("file:///opt/spark/examples/src/main/resources/people.json")
        dataframe1.show()

        +----+-------+
        | age|   name|
        +----+-------+
        |null|Michael|
        |  30|   Andy|
        |  19| Justin|
        +----+-------+

In [8]: # 2.读取text格式数据
        dataframe2 = spark.read.text("file:///opt/spark/examples/src/main/resources/people.txt")
        dataframe2.show()

        +-----------+
        |      value|
        +-----------+
        |Michael, 29|
        |   Andy, 30|
        | Justin, 19|
        +-----------+

In [9]: # 3.读取csv格式数据
        dataframe3 = spark.read.csv("file:///opt/spark/examples/src/main/resources/people.csv")
        dataframe3.show()

        +------------------+
        |               _c0|
        +------------------+
        |      name;age;job|
        |Jorge;30;Developer|
        |  Bob;32;Developer|
        +------------------+
```

图 5-6　创建 DataFrame 并读取不同格式数据样例

5.2.3 DataFrame 保存

使用 spark.write 操作，将一个 DataFrame 保存成不同格式的文件，例如：把一个名称为 df 的 DataFrame 保存到不同格式文件中，方法如下：

(1)df.write.text("people.txt")

(2)df.write.json("people.json“)

(3)df.write.parquet("people.parquet“)

或者也可以使用如下格式的语句：

(1)df.write.format("text").save("people.txt")

(2)df.write.format("json").save("people.json")

(3)df.write.format ("parquet").save("people.parquet")

下面从示例文件 people.json 中创建一个 DataFrame，名称为 peopleDF，把 peopleDF 保存到另外一个 JSON 文件(newpeople.json)中，然后，再从 peopleDF 中选取一个 name 列，把该列数据保存到一个文本文件(newpeople.txt)中。

准备工作，首先在/opt/spark/mycode/目录下使用 mkdir 命令创建一个文件夹 sparksql，然后给该文件夹授予读写权限。操作示例如图 5-7 所示。

```
hadoop@bigdataVM:/opt/spark/mycode$ sudo mkdir sparksql
[sudo] hadoop 的密码:
hadoop@bigdataVM:/opt/spark/mycode$ ls
pairrdd  rdd  sparksql  WordCount.py
hadoop@bigdataVM:/opt/spark/mycode$ sudo chmod -R 777 sparksql/
```

图 5-7 创建 sparksql 并授权示例

编写程序读写文件并保存到 sparksql 目录下，如图 5-8 所示。

```
In [24]: # DataFrame的保存
peopleDF = spark.read.format("json").load("file:///opt/spark/examples/src/main/resources/people.json")
peopleDF.select("name", "age").write.format("json").save("file:///opt/spark/mycode/sparksql/newpeople.json")
# 从保存的路径中再次读出来显示
dataframe4 = spark.read.json("file:///opt/spark/mycode/sparksql/newpeople.json")
dataframe4.show()

+----+-------+
| age|   name|
+----+-------+
|null|Michael|
|  30|   Andy|
|  19| Justin|
+----+-------+

In [25]: peopleDF.select("name").write.format("text").save("file:///opt/spark/mycode/sparksql/newpeople.txt")
# 从保存的路径中再次读出来显示
dataframe5 = spark.read.text("file:///opt/spark/mycode/sparksql/newpeople.txt")
dataframe5.show()

+-------+
|  value|
+-------+
|Michael|
|   Andy|
| Justin|
+-------+
```

图 5-8 DataFrame 保存文件示例

上述保存操作会新生成一个名称为 newpeople.json 的目录和一个名称为 newpeople.txt 的目录，这两个目录都不是文件，目录中类似于如下内容：

part-00000-e8ac8acb-76b0-4093-8b24-c08b467aaf19-c000.json _SUCCESS

但是，上述内容可以直接通过指定该目录重新读取，如示例程序图 5-7 所示。

其中 part-00000-e8ac8acb-76b0-4093-8b24-c08b467aaf19-c000.json 是真正保存数据内容的文件，可以通过 cat 命令查看。

5.2.4 DataFrame 常用操作

DataFrame 提供了两种语法格式，即 DSL 格式语法和 SQL 格式语法。二者在功能上并无区别，仅仅是根据用户习惯，自定义选择操作方式。

(1)DSL 格式：DataFrame 提供了一个领域特定语言(DSL)以方便操作结构化数据。

(2)SQL 格式：在程序中直接使用 spark.sql()方式执行 SQL 查询，结果将作为一个 DataFrame 返回，使用 SQL 风格操作的前提是将 DataFrame 注册成一个临时表。

DSL 格式操作 DataFrame 的常用方法，如表 5-4 所示。

表 5-4　DSL 格式操作 DataFrame 的常用方法

方法名称	方法描述
show()	查看 DataFrame 中的具体内容信息
printSchema()	查看 DataFrame 的 Schema 信息
select()	查看 DataFrame 中选取部分列的数据及进行重命名
filter()	实现条件查询，过滤出想要的结果
groupBy()	对记录进行分组
sort()	对特定字段进行排序操作

以读取 people.json 数据为例，DataFrame 的常用操作 show()、printSchema()、select()示例如图 5-9 所示。

```
In [3]: # DataFrame常用操作
        # 1. printSchema()
        df=spark.read.json("file:///opt/spark/examples/src/main/resources/people.json")
        df.printSchema()

        root
         |-- age: long (nullable = true)
         |-- name: string (nullable = true)

In [4]: # 2.select()
        df.select(df['name'],df['age']+1).show()

        +-------+---------+
        |   name|(age + 1)|
        +-------+---------+
        |Michael|     null|
        |   Andy|       31|
        | Justin|       20|
        +-------+---------+
```

图 5-9　DataFrame 常用操作 show()、select()、printSchema()示例

DataFrame 的常用操作 filter()、groupBy()示例如图 5-10 所示。

```
In [5]: # 3.filter()
        df.filter(df['age']>20).show()

        +---+----+
        |age|name|
        +---+----+
        | 30|Andy|
        +---+----+

In [6]: # 4.groupBy()
        df.groupBy(df['age']).count().show()

        +----+-----+
        | age|count|
        +----+-----+
        |  19|    1|
        |null|    1|
        |  30|    1|
        +----+-----+
```

图 5-10　DataFrame 常用操作 filter()、groupBy()示例

DataFrame 的常用操作 sort()示例如图 5-11 所示。

```
In [7]: # 5.sort()
        df.sort(df['age'].desc()).show()

        +----+-------+
        | age|   name|
        +----+-------+
        |  30|   Andy|
        |  19| Justin|
        |null|Michael|
        +----+-------+

In [8]: df.sort(df['age'].desc(),df['name'].asc()).show()

        +----+-------+
        | age|   name|
        +----+-------+
        |  30|   Andy|
        |  19| Justin|
        |null|Michael|
        +----+-------+
```

图 5-11　DataFrame 常用操作 sort()示例

第二部分：实践任务

5.3　实践任务 1：Spark SQL 基本操作

将下列 JSON 格式的学生信息数据复制到 Linux 系统中，假设复制到/opt/spark/mycode/sparksql 路径下，保存并命名为 student.json。学生信息内容如下所示：

```
{ "num":101, "username":" zhangsan" , "age":23 }
{ "num":102, "username":"lisi","age":21 }
{ "num":103, "username":"wangwu","age":19 }
{ "num":104, "username":"zhaoliu","age":22 }
{ "num":104, "username":"zhaoliu","age":22 }
{ "num":105, "username":"xiaoming" }
{ "num":105, "username":"xiaoming" }
```

为 student.json 创建 DataFrame，并写出 Python 语句完成下列操作：

(1)查询所有数据；

(2)查询所有数据，并去除重复的数据；

(3)查询所有数据，打印时去除 num 字段；

(4)筛选出 age>20 的记录；

(5)将数据按 age 分组；

(6)将数据按 name 升序排列；

(7)取出前 3 行数据；

(8)查询所有记录的 username 列，并为其取别名为 name；

(9)查询年龄 age 的平均值；

(10)查询年龄 age 的最小值。

上述各步的基本操作如下所示。

```
In [16]: # sparkSQL基本操作案例
         # 1.查询所有数据;
         df1 = spark.read.json("file:///opt/spark/mycode/sparksql/student.json")
         df1.show()

         +----+---+---------+
         | age|num| username|
         +----+---+---------+
         |  23|101| zhangsan|
         |  21|102|     lisi|
         |  19|103|   wangwu|
         |  22|104|  zhaoliu|
         |  22|104|  zhaoliu|
         |null|105| xiaoming|
         |null|105| xiaoming|
         +----+---+---------+

In [17]: # 2. 查询所有数据，并去除重复的数据;
         df1.distinct().show()

         +----+---+---------+
         | age|num| username|
         +----+---+---------+
         |  21|102|     lisi|
         |  19|103|   wangwu|
         |null|105| xiaoming|
         |  22|104|  zhaoliu|
         |  23|101| zhangsan|
         +----+---+---------+

In [18]: # 3. 查询所有数据，打印时去除num字段;
         df1.drop("num").show()

         +----+---------+
         | age| username|
         +----+---------+
         |  23| zhangsan|
         |  21|     lisi|
         |  19|   wangwu|
         |  22|  zhaoliu|
         |  22|  zhaoliu|
         |null| xiaoming|
         |null| xiaoming|
         +----+---------+

In [19]: # 4. 筛选出age>20的记录;
         df1.filter(df1.age > 20 ).show()

         +---+---+---------+
         |age|num| username|
         +---+---+---------+
         | 23|101| zhangsan|
         | 21|102|     lisi|
         | 22|104|  zhaoliu|
         | 22|104|  zhaoliu|
         +---+---+---------+

In [20]: # 5. 将数据按age分组;
         df1.groupBy("age").count().show()

         +----+-----+
         | age|count|
         +----+-----+
         |  19|    1|
         |  22|    2|
         |null|    2|
         |  21|    1|
         |  23|    1|
         +----+-----+
```

```
In [21]: # 6. 将数据按username升序排列;
         df1.sort(df1.username.asc()).show()

         +----+---+---------+
         | age|num| username|
         +----+---+---------+
         |  23|101| zhangsan|
         |  21|102|     lisi|
         |  19|103|   wangwu|
         |null|105| xiaoming|
         |null|105| xiaoming|
         |  22|104|  zhaoliu|
         |  22|104|  zhaoliu|
         +----+---+---------+

In [22]: # 7. 取出前3行数据;
         df1.take(3)

Out[22]: [Row(age=23, num=101, username=' zhangsan'),
          Row(age=21, num=102, username='lisi'),
          Row(age=19, num=103, username='wangwu')]

In [23]: # 7. 取出前3行数据;
         df1.head(3)

Out[23]: [Row(age=23, num=101, username=' zhangsan'),
          Row(age=21, num=102, username='lisi'),
          Row(age=19, num=103, username='wangwu')]

In [24]: # 8. 查询所有记录的username列, 并为其取别名为name;
         df1.select(df1.username.alias("name")).show()

         +---------+
         |     name|
         +---------+
         | zhangsan|
         |     lisi|
         |   wangwu|
         |  zhaoliu|
         |  zhaoliu|
         | xiaoming|
         | xiaoming|
         +---------+

In [25]: # 9. 查询年龄age的平均值;
         df1.agg({"age": "mean"}).show()

         +--------+
         |avg(age)|
         +--------+
         |    21.4|
         +--------+

In [26]: # 10. 查询年龄age的最小值。
         df1.agg({"age": "min"}).show()

         +--------+
         |min(age)|
         +--------+
         |      19|
         +--------+
```

5.4 实践任务 2:编程实现将 RDD 转换为 DataFrame

Spark 提供了三种方式实现从 RDD 转换得到 DataFrame。

第一种方式是通过 SparkSession 对象 createDataFrame 方法来将 RDD 转换为 DataFrame。这里只传入列名称,类型从 RDD 中进行推断,“是否允许为空”默认为允许

(True)。这种方式适用于对已知数据结构的 RDD 转换。

第二种方式是通过 StructType 对象来定义 DataFrame 的“表结构”转换 RDD。通过编程接口构造一个 Schema,并将其应用在已知的 RDD 数据中。

第三种方式使用 RDD 的 toDF 方法转换 RDD。

数据准备:以下两个案例均使用 spark 自带的样例数据 people.txt,样例数据路径/opt/spark/examples/src/main/resources/,样例数据内容如下:

```
Michael, 29
Andy, 30
Justin, 19
```

第一种方法案例:通过 SparkSession 对象 createDataFrame 方法来将 RDD 转换为 DataFrame,这种方式适用于对已知数据结构的 RDD 转换。

现在要把 people.txt 加载到内存中生成一个 DataFrame,并查询其中的数据。

(1)转换流程如图 5-12 所示。

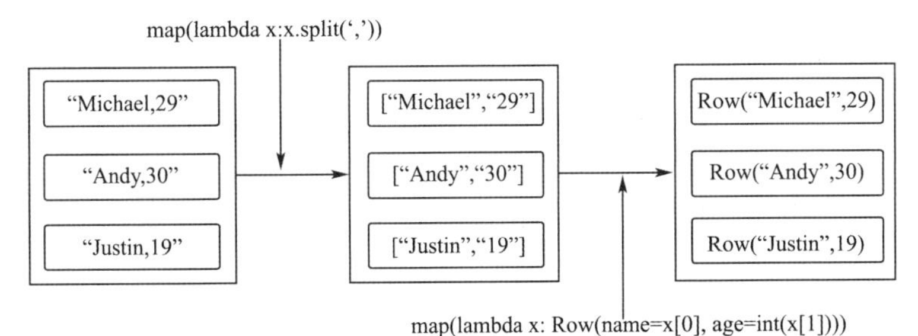

图 5-12 通过 createDataFrame 方法来将 RDD 转换为 DataFrame

(2)代码编写实现如图 5-13 所示。

```
In [3]: # 实践任务2: 通过SparkSession对象createDataFrame方法来将RDD转换为DataFrame
        # RDD转换为DataFrame方式1
        # 初始化环境
        import findspark
        findspark.init()
        from pyspark import SparkContext,SparkConf
        from pyspark.sql import SparkSession,Row
        spark = SparkSession.builder.config(conf = SparkConf()).getOrCreate()
        sc = spark.sparkContext
        # 首先构建一个RDD rdd[(name, age), ()]
        rdd = sc.textFile("file:///opt/spark/examples/src/main/resources/people.txt").\
        map(lambda x: x.split(',')).\
        map(lambda x: [x[0], int(x[1])]) # 需要做类型转换, 因为类型从RDD中探测
        # 构建DF方式1
        df = spark.createDataFrame(rdd, schema = ['name', 'age'])
        # 打印表结构
        df.printSchema()
        # 默认打印20行数据
        df.show()
        df.createTempView("temp")
        spark.sql("select * from temp where age< 30").show()

        root
         |-- name: string (nullable = true)
         |-- age: long (nullable = true)

        +-------+---+
        |   name|age|
        +-------+---+
        |Michael| 29|
        |   Andy| 30|
        | Justin| 19|
        +-------+---+
        |   name|age|
        +-------+---+
        |Michael| 29|
        | Justin| 19|
        +-------+---+
```

图 5-13 通过 createDataFrame 方法来将 RDD 转换为 DataFrame

第二种方式案例：通过 StructType 对象来定义 DataFrame 的“表结构”转换 RDD。

当无法提前获知数据结构时，就需要采用编程方式定义 RDD 模式。比如，现在需要通过编程方式把 people.txt 加载进来生成 DataFrame，并完成 SQL 查询。

(1)实现思路如图 5-14 所示。

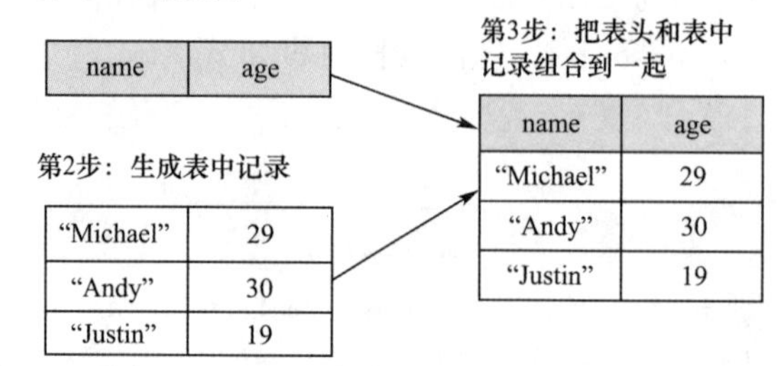

图 5-14　通过 StructType 对象来定义 DataFrame 的表结构实现流程

(2)转换流程如图 5-15 所示。

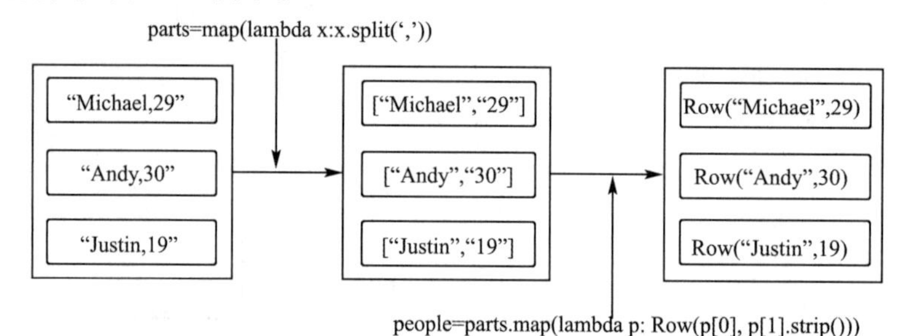

图 5-15　通过 StructType 对象来定义 DataFrame 的表结构转换流程

(3)代码编写实现如图 5-16 所示。

```
In [4]: # 实践任务2: 通过SparkSession对象createDataFrame方法来将RDD转换为DataFrame
        # RDD转换为DataFrame方式2
        # 通过StructType对象来定义DataFrame的表结构
        # 初始化环境
        from pyspark.sql.types import *
        from pyspark.sql import Row
        #下面生成“表头”
        schemaString = "name age"
        fields = [StructField(field_name, StringType(), True) for field_name in schemaString.split(" ")]
        schema = StructType(fields)
        #下面生成“表中的记录”
        lines = spark.sparkContext.\
        textFile("file:///opt/spark/examples/src/main/resources/people.txt")
        parts = lines.map(lambda x: x.split(","))
        people = parts.map(lambda y: Row(y[0], y[1].strip()))
        #下面把“表头”和“表中的记录”拼装在一起
        schemaPeople = spark.createDataFrame(people, schema)
        #注册一个临时表供下面查询使用
        schemaPeople.createOrReplaceTempView("people")
        results = spark.sql("SELECT name,age FROM people")
        results.show()

        +-------+---+
        |   name|age|
        +-------+---+
        |Michael| 29|
        |   Andy| 30|
        | Justin| 19|
        +-------+---+
```

图 5-16　通过 StructType 对象来定义 DataFrame 的表结构

第三种方案：使用 RDD 的 toDF 方法转换。

需求：使用 toDF 方法将 RDD 转换为 DataFrame。

假设有如下数据集：列 1(id)，列 2(subject)，列 3(score)。

数据集保存在/opt/spark/mycode 目录的 stuScore.txt 文本文件下，示例数据如下：

1，语文，99

2，数学，98

3，英语，97

4，语文，99

5，数学，98

6，英语，97

根据需求，实现代码如图 5-17 所示，输出结果如图 5-18 所示。

```
In [31]: # 实践任务2: 使用RDD的toDF方法转换
         # RDD转换为DataFrame方式3
         # 初始化环境
         import findspark
         findspark.init()
         from pyspark import SparkContext,SparkConf
         from pyspark.sql.types import StructType, StringType, IntegerType
         from pyspark.sql import SparkSession,Row
         spark = SparkSession.builder.config(conf = SparkConf()).getOrCreate()

         # SparkSession对象也可以获取 SparkContext
         sc = spark.sparkContext
         # 创建DF ， 首先创建RDD 将RDD转DF
         rdd = sc.textFile("file:///opt/spark/mycode/stuScore.txt").\
         map(lambda x:x.split(',')).\
         map(lambda x:Row(int(x[0]), x[1], int(x[2])))
         # StructType 类
         # 这个类 可以定义整个DataFrame中的Schema
         schema = StructType().\
         add("id", IntegerType(), nullable=False).\
         add("subject", StringType(), nullable=True).\
         add("score", IntegerType(), nullable=False)
         # 一个add方法 定义一个列的信息, 如果有3个列, 就写三个add
         # add方法: 参数1: 列名称, 参数2: 列类型, 参数3: 是否允许为空
         # 方式1: 只传列名, 类型靠推断, 是否允许为空是true
         df = rdd.toDF(['id', 'subject', 'score'])
         df.printSchema()
         df.show()
         # 方式2: 传入完整的Schema描述对象StructType
         df = rdd.toDF(schema)
         df.printSchema()
         df.show()
```

图 5-17　使用 toDF 方法将 RDD 转换为 DataFrame 示例代码

```
root
 |-- id: long (nullable = true)
 |-- subject: string (nullable = true)
 |-- score: long (nullable = true)

+---+-------+-----+
| id|subject|score|
+---+-------+-----+
|  1|     语文|   99|
|  2|     数学|   98|
|  3|     英语|   97|
|  4|     语文|   99|
|  5|     数学|   98|
|  6|     英语|   97|
+---+-------+-----+

root
 |-- id: integer (nullable = false)
 |-- subject: string (nullable = true)
 |-- score: integer (nullable = false)

+---+-------+-----+
| id|subject|score|
+---+-------+-----+
|  1|     语文|   99|
|  2|     数学|   98|
|  3|     英语|   97|
|  4|     语文|   99|
|  5|     数学|   98|
|  6|     英语|   97|
+---+-------+-----+
```

图 5-18　使用 toDF 方法将 RDD 转换为 DataFrame 输出结果

5.5 实践任务3:编程实现使用DataFrame读写MySQL数据

Spark SQL可以支持Parquet、JSON、Hive等数据源,并且可以通过JDBC连接外部数据源。编程实现利用DataFrame读写外部数据源MySQL的数据,需求描述如下:

(1)在MySQL数据库中新建数据库spark,再创建表student,包含如表5-5所示的两行数据。

表5-5 student表原有数据

id	name	gender	Age
1	zhangsan	M	21
2	lisi	F	23

(2)配置Spark通过JDBC连接数据库MySQL,编程实现利用DataFrame插入如表5-6所示的两行数据到MySQL中,最后打印出age的最大值和age的总和。

表5-6 student表新增数据

id	name	gender	age
3	wangwu	F	22
4	zhaoliu	M	25

1.准备工作

(1)安装MySQL数据库

Ubuntu20.4下mysql使用以下命令即可进行mysql安装,注意安装前先更新一下软件源以获得最新版本。打开Linux命令行终端,命令如下:

```
sudo apt-get update                  #更新软件源
sudo apt-get install mysql-server    #安装mysql
```

上述命令会自动安装mysql8.0.27版本的如下软件:mysql-client-8.0.27、mysql-client-core-8.0.27、mysql-server-8.0.27、mysql-server-core-8.0.27等。因此无须安装额外的mysql-client。

(2)在Linux中启动MySQL数据库

安装完成后在Linux终端命令行使用如下命令启动mysql服务,并进入mysql客户端命令行交互模式,命令和操作如下所示。

```
service mysql start     # 开启mysql服务
sudo mysql -u root -p   # 提示输入密码,如果root没有设置密码,默认密码为空
service mysql stop      #  关闭mysql服务
```

```
hadoop@bigdataVM:~$ service mysql start
hadoop@bigdataVM:~$ sudo mysql -u root -p
Enter password:
Welcome to the MySQL monitor.  Commands end with ; or \g.
Your MySQL connection id is 8
Server version: 8.0.27-0ubuntu0.20.04.1 (Ubuntu)

Copyright (c) 2000, 2021, Oracle and/or its affiliates.
```

```
Oracle is a registered trademark of Oracle Corporation and/or its
affiliates. Other names may be trademarks of their respective
owners.

Type 'help;' or '\h' for help. Type '\c' to clear the current input statement.

mysql>
```

为了方便后续使用 mysql，修改 root 账号的默认空密码为自己设定的密码，步骤如下：

①修改配置文件/etc/mysql/mysql.conf.d/mysqld.cnf，打开后，按“i”进入 insert 模式，添加语句 skip-grant-tables。

```
sudo vim /etc/mysql/mysql.conf.d/mysqld.cnf
# 添加如下语句：表示以后可以跳过输入密码环节直接进入 MySQL
skip-grant-tables
```

```
hadoop@bigdataVM:~$ sudo vim /etc/mysql/mysql.conf.d/mysqld.cnf

# Here is entries for some specific programs
# The following values assume you have at least 32M ram

[mysqld]
#
# * Basic Settings
#
user            = mysql
# pid-file      = /var/run/mysqld/mysqld.pid
# socket        = /var/run/mysqld/mysqld.sock
# port          = 3306
# datadir       = /var/lib/mysql
skip-grant-tables
```

②重新启动 mysql，直接按 Enter 键进入 mysql，无须输入密码，然后设置 root 新密码。命令和操作如下所示。

```
service mysql restart          # 重启 mysql
mysql -u root -p               # 直接回车进入 mysql
use mysql;
flush privileges;              # 刷新权限
ALTER USER 'root'@'localhost' IDENTIFIED WITH mysql_native_password BY 'root 的新密码';
flush privileges;              # 刷新权限
exit;                          # 退出
```

```
hadoop@bigdataVM:~$ service mysql restart
hadoop@bigdataVM:~$ mysql -u root -p
Enter password:
Welcome to the MySQL monitor.  Commands end with ; or \g.
Your MySQL connection id is 7
Server version: 8.0.27-0ubuntu0.20.04.1 (Ubuntu)

Copyright (c) 2000, 2021, Oracle and/or its affiliates.

Oracle is a registered trademark of Oracle Corporation and/or its
affiliates. Other names may be trademarks of their respective
owners.
```

```
Type 'help;' or '\h' for help. Type '\c' to clear the current input statement

mysql> use mysql;
Reading table information for completion of table and column names
You can turn off this feature to get a quicker startup with -A

Database changed
mysql> flush privileges;
Query OK, 0 rows affected (0.00 sec)

mysql> ALTER USER 'root'@'localhost' IDENTIFIED WITH mysql_native_password BY 'root';
Query OK, 0 rows affected (0.01 sec)

mysql> flush privileges;
Query OK, 0 rows affected (0.01 sec)

mysql> exit;
```

③退出后，重新打开配置文件，将之前添加的一行语句 skip-grant-tables 删除，然后重启，再次进入 mysql 测试新密码已经成功。

```
sudo vim /etc/mysql/mysql.conf.d/mysqld.cnf   # 打开配置文件，注释 skip-grant-tables
service mysql restart          # 重启 mysql
mysql -u root -p               # 输入新密码(这里设置的是 root)进入 mysql
```

```
hadoop@bigdataVM: ~
hadoop@bigdataVM: ~                                  hadoop@bigdataVM: /opt/spark/ex
hadoop@bigdataVM:~$ sudo vim /etc/mysql/mysql.conf.d/mysqld.cnf
hadoop@bigdataVM:~$ service mysql restart
hadoop@bigdataVM:~$ mysql -u root -p
Enter password:
Welcome to the MySQL monitor.  Commands end with ; or \g.
Your MySQL connection id is 8
Server version: 8.0.27-0ubuntu0.20.04.1 (Ubuntu)

Copyright (c) 2000, 2021, Oracle and/or its affiliates.

Oracle is a registered trademark of Oracle Corporation and/or its
affiliates. Other names may be trademarks of their respective
owners.

Type 'help;' or '\h' for help. Type '\c' to clear the current input statement.

mysql>
```

(3)输入下面 SQL 语句完成数据库 spark 和表 student 的创建。命令和操作如下所示。

```
mysql> create database spark;
mysql> use spark;
mysql> create table student (id int(4), name char(20), gender char(4), age int(4));
mysql> insert into student values(1,'Zhangsan','M',21);
mysql> insert into student values(2,'Lisi','F',23);
mysql> select * from student;
```

```
mysql> create database spark;
Query OK, 1 row affected (0.00 sec)

mysql> use spark;
Database changed
mysql> create table student (id int(4), name char(20), gender char(4), age int(4));
Query OK, 0 rows affected, 2 warnings (0.02 sec)

mysql> insert into student values(1,'Zhangsan','M',21);
Query OK, 1 row affected (0.01 sec)
```

```
mysql> insert into student values(2,'Lisi','F',23);
Query OK, 1 row affected (0.01 sec)

mysql> select * from student;
+------+----------+--------+------+
| id   | name     | gender | age  |
+------+----------+--------+------+
|    1 | Zhangsan | M      |   21 |
|    2 | Lisi     | F      |   23 |
+------+----------+--------+------+
2 rows in set (0.00 sec)
```

(4)配置 MySQL 驱动包

下载 Ubuntu20.04 平台下的 mysql8.0.27 版本的驱动包：mysql-connector-java_8.0.27-1ubuntu20.04_all.deb，然后解压缩，将该驱动程序下的 mysql-connector-java-8.0.27.jar 拷贝到 spark 的安装目录/opt/spark/jars 下。

MySQL 的 JDBC 驱动程序可以登录 MySQL 官网下载。

(5)启动 pyspark

启动 pyspark，加上 mysql 驱动包的环境变量参数，命令和操作如下所示。

```
pyspark --jars /opt/spark/jars/mysql-connector-java-8.0.27.jar --driver-class-path /opt/spark/jars/mysql-connector-java-8.0.27.jar  # 启动 pyspark 时加上 mysql 驱动包的环境变量参数，以免后面读写数据库数据找不到驱动包而报错
```

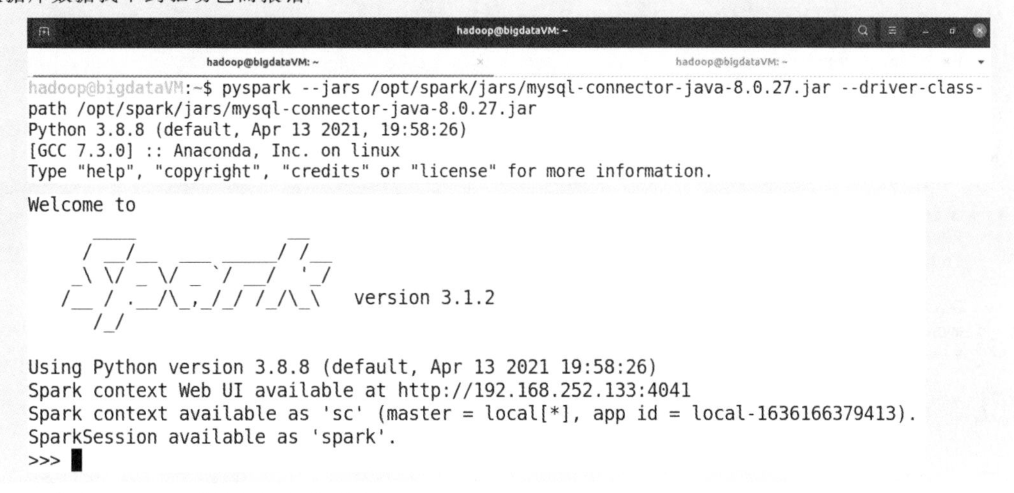

2.读取 MySQL 数据库中的数据

执行以下命令连接数据库，读取数据并显示，执行命令和操作如下所示。

```
>>> jdbcDF = spark.read.format("jdbc").\
...option("url", "jdbc:mysql://localhost:3306/spark").\
...option("driver","com.mysql.cj.jdbc.Driver").\
...option("dbtable", "student").\
...option("user", "root").\
...option("password", "root").\
...load()
>>> jdbcDF.show()
```

```
>>> jdbcDF = spark.read.format("jdbc").\
... option("url", "jdbc:mysql://localhost:3306/spark").\
... option("driver","com.mysql.cj.jdbc.Driver").\
... option("dbtable", "student").\
... option("user", "root").\
... option("password", "root").\
... load()
>>> jdbcDF.show()
+---+--------+------+---+
| id|    name|gender|age|
+---+--------+------+---+
|  1|Zhangsan|     M| 21|
|  2|    Lisi|     F| 23|
+---+--------+------+---+
```

3.向 MySQL 数据库写入数据

(1)在 MySQL 数据库中已经创建了一个名称为 spark 的数据库,而且创建了一个名称为 student 的表,创建后使用 mysql -u root -p 进入命令行交互客户端,查看一下数据库内容,执行命令和操作如下所示。

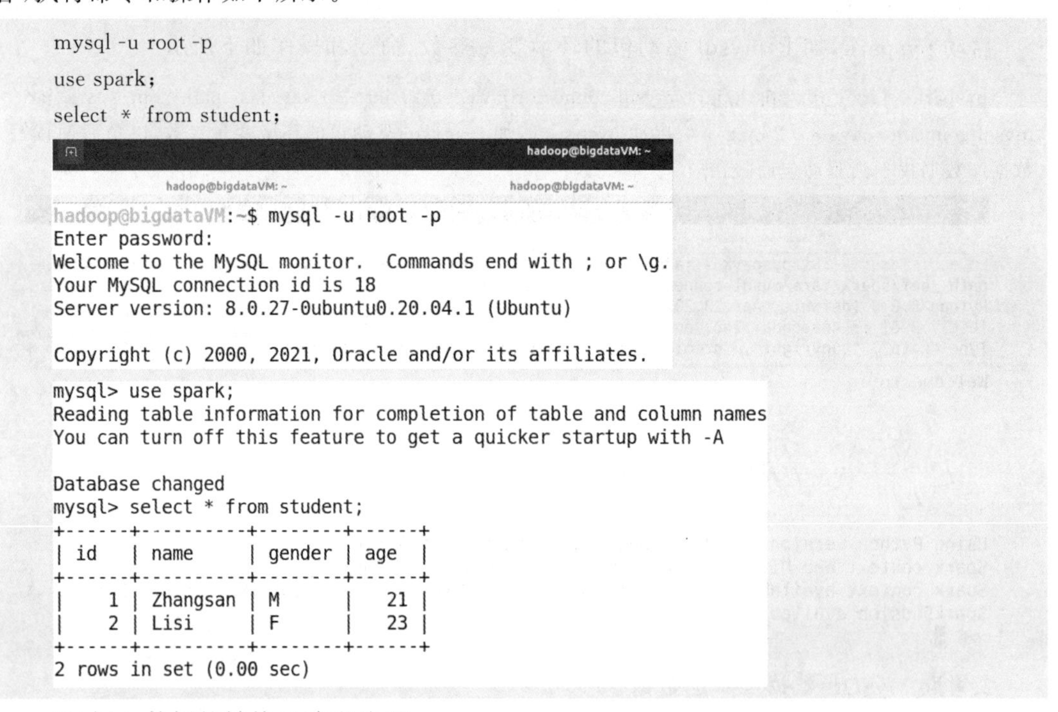

```
mysql -u root -p
use spark;
select * from student;
```

```
hadoop@bigdataVM:~$ mysql -u root -p
Enter password:
Welcome to the MySQL monitor.  Commands end with ; or \g.
Your MySQL connection id is 18
Server version: 8.0.27-0ubuntu0.20.04.1 (Ubuntu)

Copyright (c) 2000, 2021, Oracle and/or its affiliates.

mysql> use spark;
Reading table information for completion of table and column names
You can turn off this feature to get a quicker startup with -A

Database changed
mysql> select * from student;
+------+----------+--------+------+
| id   | name     | gender | age  |
+------+----------+--------+------+
|    1 | Zhangsan | M      |   21 |
|    2 | Lisi     | F      |   23 |
+------+----------+--------+------+
2 rows in set (0.00 sec)
```

(2)插入数据的转换思路和流程。

原数据库 student 表中已经有两条数据,根据题意,要编程实现利用 DataFrame 插入如表 5-6 所示的两行数据到 MySQL 中,最后打印出 age 的最大值和 age 的总和。插入数据的转换流程和思路如图 5-19 所示。

(3)编写程序,向 spark.student 表中插入两条记录。

根据转换流程和思路,切换到/opt/spark/mycode/sparksql 目录下,编辑 insertStudent.py,编写实现程序。命令和实现代码如下所示。

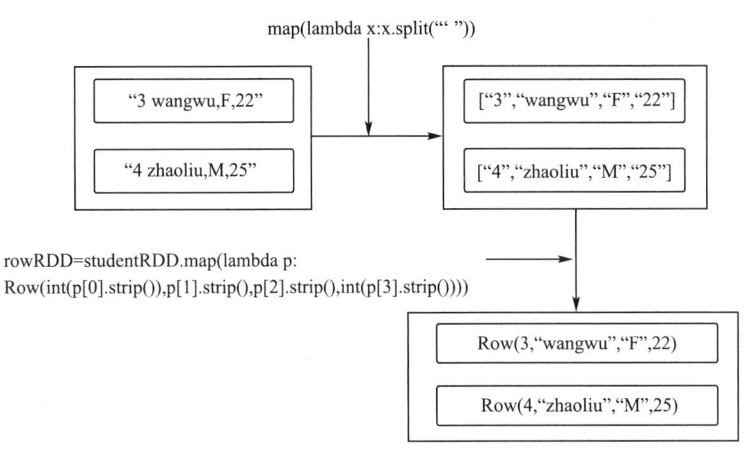

图 5-19　插入数据转换流程

sudo vim insertStudent.py

```
hadoop@bigdataVM:~$ cd /opt/spark/mycode/sparksql/
hadoop@bigdataVM:/opt/spark/mycode/sparksql$ ls
newpeople.json  newpeople.txt  student.json
hadoop@bigdataVM:/opt/spark/mycode/sparksql$ sudo vim insertStudent.py
```

```
# insertStudent.py 代码如下：
#! /usr/bin/env python3

from pyspark.sql import Row
from pyspark.sql.types import *
from pyspark import SparkContext,SparkConf
from pyspark.sql import SparkSession

spark = SparkSession.builder.config(conf = SparkConf()).getOrCreate()

#下面设置模式信息
schema = StructType([StructField("id", IntegerType(), True), StructField("name", StringType(), True), StructField("gender", StringType(), True),StructField("age", IntegerType(), True)])
#下面设置两条数据，表示两个学生的信息
studentRDD = spark.sparkContext.parallelize(["3 wangwu F 22","4 zhaoliu M 25"]).map(lambda x:x.split(" "))
#下面创建 Row 对象，每个 Row 对象都是 rowRDD 中的一行
rowRDD = studentRDD.map(lambda p:Row(int(p[0].strip()), p[1].strip(), p[2].strip(), int(p[3].strip())))

#建立起 Row 对象和模式之间的对应关系，也就是把数据和模式对应起来
studentDF = spark.createDataFrame(rowRDD, schema)

#写入数据库
prop = {}
prop['user'] = 'root'
```

```
prop['password'] = 'root'
prop['driver'] = "com.mysql.cj.jdbc.Driver"
studentDF.write.jdbc("jdbc:mysql://localhost:3306/spark",'student','append', prop)

# 代码编写完毕后保存退出
```

(4)使用 spark-submit 提交 insertStudent.py,执行程序成功后,查看 MySQL 数据库中的 spark.student 表是否插入成功。命令和操作如下所示。

```
spark-submit insertStudent.py
hadoop@bigdataVM:/opt/spark/mycode/sparksql$ spark-submit insertStudent.py
WARNING: An illegal reflective access operation has occurred
WARNING: Illegal reflective access by org.apache.spark.unsafe.Platform (file:/opt/spark/jars/spark
-unsafe_2.12-3.1.2.jar) to constructor java.nio.DirectByteBuffer(long,int)
WARNING: Please consider reporting this to the maintainers of org.apache.spark.unsafe.Platform
WARNING: Use --illegal-access=warn to enable warnings of further illegal reflective access operati
ons
WARNING: All illegal access operations will be denied in a future release
# 执行成功后,进入 mysql 命令行客户端查看是否插入成功
mysql> select * from student;
+------+----------+--------+------+
| id   | name     | gender | age  |
+------+----------+--------+------+
|    1 | Zhangsan | M      |   21 |
|    2 | Lisi     | F      |   23 |
|    4 | zhaoliu  | M      |   25 |
|    3 | wangwu   | F      |   22 |
+------+----------+--------+------+
4 rows in set (0.00 sec)
```

从查询结果可知,已经成功插入两条新数据。

5.6 小结

本章主要介绍了 Spark SQL 的简介、架构和执行原理;同时对 Spark SQL 的抽象模型 DataFrame 进行了介绍,详细阐述了 DataFrame 的创建、保存和常用操作,分别给出了详细的实操案例。实践任务给出了综合性的 Spark SQL 基本操作,以及 RDD 转换为 DataFrame,最后给出了一个 DataFrame 读写外部数据源 MySQL 数据库综合性案例,帮助读者逐步理解并掌握 SparkSQL 的综合应用。

5.7 习题

1.简述什么是 Spark SQL 以及 Spark SQL 的特点。

2.简述 Spark SQL 的数据抽象。

3.简述 DataFrame 以及 DataFrame 和 RDD 的区别。

4.简述 DataFrame 的创建方式有哪些。

5.简述 DataFrame 的 DSL 格式和 SQL 格式有哪些区别,以及 DSL 格式有哪些常用方法。

第6章 Spark Streaming实时计算框架

学习目标

1.了解实时计算概念和常用框架
2.理解 Spark Streaming 的工作原理
3.掌握 Spark 流数据加载和 Spark Dstream 的编程模型
4.掌握 Dstream 的转换、窗口和输出操作
5.掌握综合案例的实现与应用

思政元素

第一部分:基础理论

大数据时代,在 Web 应用、传感监测、电信金融、生产制造、网络监控等领域,增强了对数据实时处理的需求,而 Spark 中的 Spark Streaming 实时计算框架就是为实现对数据实时处理的需求而设计的。在电子商务中,天猫、京东网站从用户点击的行为和浏览的历史记录中发现用户的购买意图和兴趣,然后通过 Spark Streaming 实时计算框架的分析处理,为之推荐相关商品,从而有效地提高商品的销售量,同时也增加了用户的满意度。

6.1 实时计算概述

6.1.1 实时计算简介

在传统的数据处理流程(离线计算)中,复杂的业务处理流程会造成结果数据密集,结果数据密集则存在数据反馈不及时等问题，若是在实时搜索的应用场景中，需要实时数据做决策，而传统的数据处理方式则并不能很好地解决问题。这就引出了一种新的数据计算——实时计算，它可以针对海量数据进行实时计算，无论是在数据采集还是数据处理中，都可以达到秒级别的处理要求。

6.1.2 常用实时计算框架

常用的实时计算框架如表 6-1 所示。

表 6-1　　常用的实时计算框架

实时计算框架名称	实时计算框架说明
Apache Spark Streaming	Apache 公司开源的实时计算框架。Apache Spark Streaming 主要是把输入的数据按时间进行切分，切分的数据块并行计算处理，处理的速度可以达到秒级别
Apache Flink	Apache Flink 是由 Apache 软件基金会开发的开源流处理框架，其核心是用 Java 和 Scala 编写的分布式流数据流引擎。Flink 以数据并行和流水线方式执行任意流数据程序，Flink 的流水线运行时系统可以执行批处理和流处理程序。此外，当 Flink 运行时本身也支持迭代算法的执行，处理的速度可以达到毫秒级别
Apache Storm	Apache 公司开源的实时计算框架，它可以简单、高效、可靠地实时处理海量数据，处理数据的速度达到毫秒级别，并将处理后的结果数据保存到持久化介质中，如数据库或 HDFS
Yahoo！S4	Yahoo 公司开源的实时计算平台。Yahoo！S4 是通用的、分布式的、可扩展的，并且还具有容错和可插拔能力，供开发者轻松地处理源源不断产生的数据

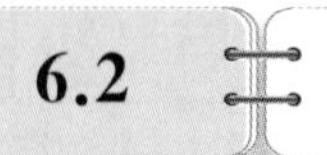

6.2 Spark Streaming 概述

6.2.1 常用实时计算框架

Spark Streaming 是构建在 Spark 上的实时计算框架，且是对 Spark Core API 的一个扩展，它能够实现对流数据进行实时处理，并具有很好的可扩展性、高吞吐量和容错性。Spark Streaming 具有易用性、容错性及易整合性的显著特点。

6.2.2 Spark Streaming 工作原理

Spark Streaming的工作原理

Spark Streaming 支持从多种数据源获取数据，包括 Kafka、Flume、Twitter、Kinesis 及 TCP Sockets 数据源。当 Spark Streaming 从数据源获取数据之后，则可以使用诸如 map、reduce、join 和 window 等高级函数进行复杂的计算处理，最后将处理结果存储到分布式文件系统、数据库中，最终利用实时 Web 仪表板进行展示。Spark Streaming 输入数据源和输出如图 6-1 所示。

图 6-1 Spark Streaming 输入数据源和输出

Spark Streaming 的基本原理是将实时输入数据流以时间片(秒级)为单位进行拆分,然后经 Spark 引擎以类似批处理的方式处理每个时间片数据。Spark Streaming 执行流程如图 6-2 所示。

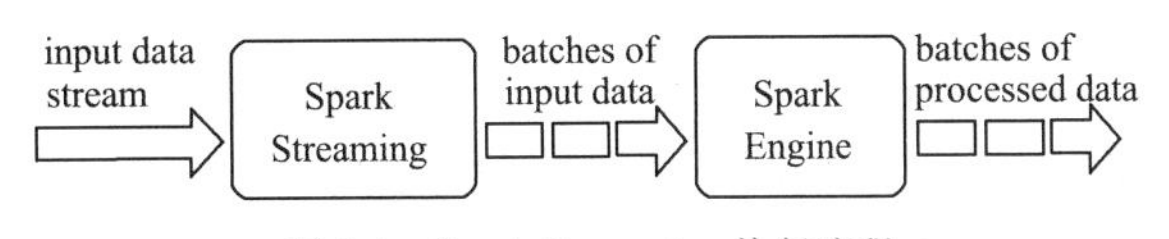

图 6-2 Spark Streaming 执行流程

6.3 Spark 流数据加载

6.3.1 StreamingContext 初始化

如果要运行一个 Spark Streaming 程序,就需要首先生成一个 StreamingContext 对象,它是 Spark Streaming 程序的主入口。

可以从一个 SparkConf 对象创建一个 StreamingContext 对象。

在 pyspark 中的创建方法:进入 pyspark 以后,就已经获得了一个默认的 SparkContext 对象,也就是 sc。因此,可以采用如下方式来创建 StreamingContext 对象。

```
>>> from pyspark.streaming import StreamingContext
>>> ssc = StreamingContext(sc, 1)
```

如果是编写一个独立的 Spark Streaming 程序,而不是在 pyspark 中运行,比如在 jupyter notebook 和 PyCharm 中,则需要通过如下方式创建 StreamingContext 对象。

```
from pyspark import SparkContext, SparkConf
from pyspark.streaming import StreamingContext
conf = SparkConf()
conf.setAppName('TestDStream')
conf.setMaster('local[2]')
sc = SparkContext(conf = conf)
ssc = StreamingContext(sc, 1)
```

6.3.2 Spark 离散化流(DStream)简介

Spark Streaming 提供了一个高级抽象的流,即 DStream(离散流)。DStream 表示连续的数据流,可以通过 Kafka、Flume 和 Kinesis 等数据源创建,也可以通过现有 DStream 的高级操作来创建。DStream 的内部结构是由一系列连续的 RDD 组成的，每个 RDD 都是一小段时间分隔开来的数据集。对 DStream 的任何操作，最终都会转变成对底层 RDDs 的操作。DStream 的转换流程如图 6-3 所示。

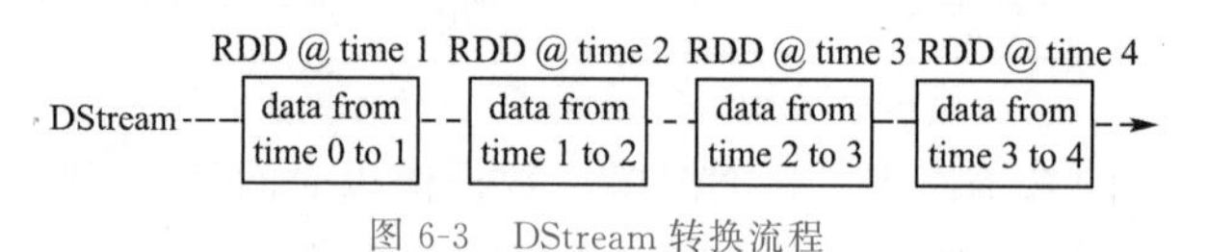

图 6-3 DStream 转换流程

6.3.3 Spark DStream 编程模型

批处理引擎 Spark Core 将输入的数据按照一定的时间片(如 1s)分成一段一段的数据，每一段数据都会转换成 RDD 输入 Spark Core，然后将 DStream 操作转换为 RDD 算子的相关操作，即转换操作、窗口操作以及输出操作。RDD 算子操作产生的中间结果数据会保存在内存中，也可以将中间的结果数据输出到外部存储系统中进行保存。Spark DStream 编程模型如图 6-4 所示。

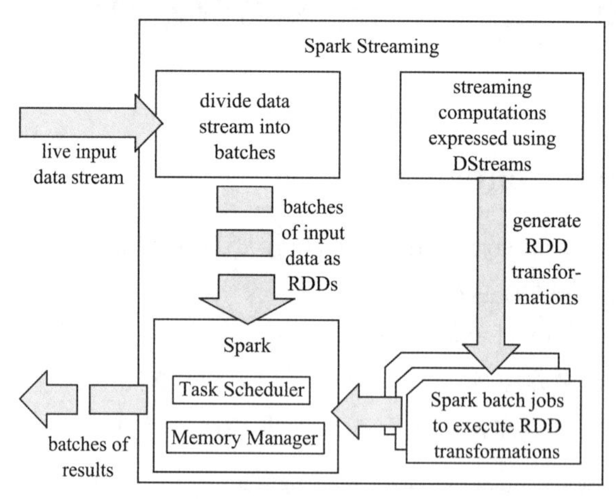

图 6-4 Spark DStream 编程模型

如图 6-4 所示，Spark Streaming 会将输入的数据流分割成一个个小的 batch，每一个 batch 都代表着一系列的 RDD，然后将这些 batch 存储在内存中。通过启动 Spark 作业来处理这些 batch 数据，从而实现一个流处理应用。

6.3.4 Spark Streaming 程序的处理流程

编写 Spark Streaming 程序的基本步骤是：

(1)通过创建输入 DStream 来定义输入源。

(2)通过对 DStream 应用转换操作和输出操作来定义流计算。

(3)用 streamingContext.start()来开始接收数据和处理流程。

(4)通过 streamingContext.awaitTermination()方法来等待处理结束(手动结束或因为错误而结束)。

(5)可以通过 streamingContext.stop()来手动结束流计算进程。

6.4 DStream 转换算子

DStream 的转换操作与 RDD 类似，转换允许修改输入流的数据。

Spark Streaming 中对 DStream 的转换操作会转变成对 RDD 的转换操作，转换流程如图 6-5 所示。

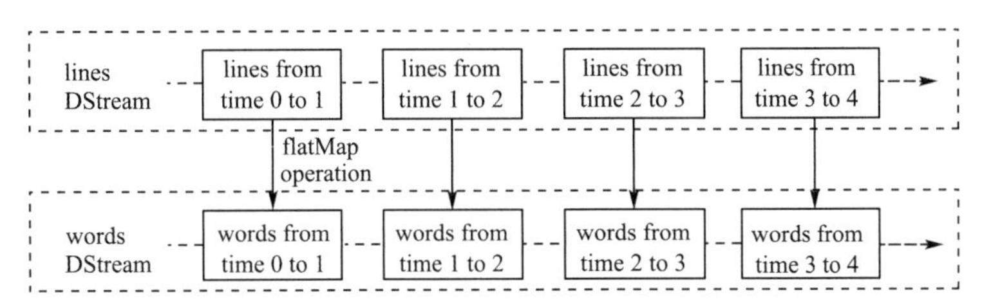

图 6-5 DStream 转换操作流程

其中，lines 表示转换操作前的 DStream，words 表示转换操作后生成的 DStream。对 lines 做 flatMap 转换操作，也就是对它内部的所有 RDD 做 flatMap 转换操作。

DStream API 提供的与转换操作相关的方法如表 6-2 所示。

表 6-2 DStream 转换操作方法

转换操作方法名称	转换操作方法说明
map(func)	将源 DStream 的每个元素传递到函数 func 中进行转换操作，得到一个新的 DStream
flatMap(func)	与 map()相似，但是每个输入的元素都可以映射 0 或者多个输出结果
filter(func)	返回一个新的 DStream，仅包含源 DStream 中经过 func 函数计算结果为 true 的元素
repartition(numPartitions)	用于指定 DStream 分区的数量
union(otherStream)	返回一个新的 DStream，包含源 DStream 和其他 DStream 中的所有元素
count()	统计源 DStream 中每个 RDD 包含的元素个数，返回一个新 DStream
reduce(func)	使用函数 func 将源 DStream 中每个 RDD 的元素进行聚合操作，返回一个新 DStream
reduceByKey()	是把相同 key 的 DStream 聚合在一起，例如(k1,v1)，(k1,v2)，(k2,v2)聚合后为(k1,v1+v2)，(k2,v2)
countByValue()	计算 DStream 中每个 RDD 内的元素出现的频次，并返回一个新的 DStream[(K,Long)]，其中 K 是 RDD 中元素的类型，Long 是元素出现的频次
join(otherStream,[numTasks])	当被调用类型分别为(K,V)和(K,W)键值对的两个 DStream 时，返回类型为(K,(V,W))键值对的一个新 DStream
cogroup(otherStream,[numTasks])	当被调用的两个 DStream 分别含有(K,V)和(K,W)键值对时，则返回一个新 DStream
transform(func)	对源 DStream 中每个 RDD 应用 RDD-to-RDD 函数返回一个新 DStream，在 DStream 中做任意 RDD 操作

（续表）

转换操作方法名称	转换操作方法说明
updateStateByKey(func)	返回一个新状态 DStream，通过在键的先前状态和键的新值上应用给定函数 func 更新每一个键的状态。该操作方法被用于维护每一个键的任意状态数据

常用的转换操作示例程序如下所示。

6.4.1 map 转换

map()转换将源 DStream 的每个元素，传递到函数 func 中进行转换操作，得到一个新的 DStream。

打开 Linux 命令行终端，切换到/opt/spark/mycode/目录下新建目录 streaming，然后在该目录下新建一个文件 wordStreaming.txt。命令和操作如下所示。

```
cd /opt/spark/mycode/
/opt/spark/mycode $  ls
/opt/spark/mycode $  sudo mkdir streaming
/opt/spark/mycode $  cd streaming/
/opt/spark/mycode/streaming $  sudo vim wordStreaming.txt
# wordStreaming.txt 文本内容如下：
    Hello sparkstreaming
    Hello sparkrdd
    Hello sparksql
```

```
hadoop@bigdataVM: /opt/spark/mycode/streaming
hadoop@bigdataVM: /opt/spark/mycode/streaming        hadoop@big
hadoop@bigdataVM:~$ cd /opt/spark/mycode/
hadoop@bigdataVM:/opt/spark/mycode$ ls
pairrdd  rdd  sparksql  WordCount.py
hadoop@bigdataVM:/opt/spark/mycode$ sudo mkdir streaming
[sudo] hadoop 的密码:
hadoop@bigdataVM:/opt/spark/mycode$ cd streaming/
hadoop@bigdataVM:/opt/spark/mycode/streaming$ sudo vim wordStreaming.txt
```

```
# 输入文本内容，保存后退出
```

开启 jupyter notebook，编写代码以动态读取目录/opt/spark/mycode/streaming 下的文本输入流 wordStreaming.txt 中的内容。

代码编写完毕，首先在 jupyter notebook 中执行程序，一旦 ssc.start()开启以后，程序就开始自动进入循环监听状态，屏幕上会每隔一秒动态输出大量信息，但此时输出信息为空，如下所示。

```
-------------------------------------------
Time: 2022-11-06 20:42:39
-------------------------------------------

-------------------------------------------
Time: 2022-11-06 20:42:40
-------------------------------------------

-------------------------------------------
```

```
Time：2022-11-06 20:42:41
-------------------------------------------

-------------------------------------------
Time：2022-11-06 20:42:42
-------------------------------------------
```

要想监测到输出结果，需要打开另一个 Linux 终端，在路径/opt/spark/mycode/streaming/下输入 sudo vim wordStreaming.txt，打开已存在的文本输入流，在原有基础上，再动态输入一行 hello spark，然后保存退出。

最后回到 jupyter notebook 输出端监听窗口查看输出结果，如图 6-6 所示。

```
In [*]: # 初始化环境
        # 1.map转换操作
        import findspark
        findspark.init()
        from pyspark import SparkContext, SparkConf
        from pyspark.streaming import StreamingContext
        conf = SparkConf()
        conf.setAppName('TestDStream')
        conf.setMaster('local[2]')
        sc = SparkContext(conf = conf)
        ssc = StreamingContext(sc, 1)
        wordsRDD = ssc.textFileStream("file:///opt/spark/mycode/streaming/")
        linesRDD = wordsRDD.map(lambda x:(x,1))
        linesRDD.pprint()
        ssc.start()
        ssc.awaitTermination()

        -------------------------------------------
        Time: 2022-11-06 20:08:05
        -------------------------------------------

        -------------------------------------------
        Time: 2022-11-06 20:08:06
        -------------------------------------------
        ('Hello sparkstreaming', 1)
        ('Hello sparkrdd', 1)
        ('Hello sparksql', 1)
        ('hello spark', 1)

        -------------------------------------------
        Time: 2022-11-06 20:08:07
```

图 6-6 map()转换操作程序实例

从输出结果可知，对输入流 wordStreaming.txt 中的文本进行 map()转换操作已经成功。

每次执行测试完毕后如果要再次执行，请刷新服务器进行重启，然后再进行下一次测试。

6.4.2 flatMap 转换

flatMap()转换与 map()相似，但是每个输入的元素都可以映射 0 或者多个输出结果。faltMap()转换的测试方式和 map()转换类似，这里不再进行赘述，后面的其他转换操作测试流程同样如此。测试代码和结果如图 6-7 所示。操作过程如下所示。

```
# 1.首先编写代码,代码编写完毕,执行程序,进入监听状态
# 2.打开另一个 Linux 终端,切换到/opt/spark/mycode/streaming/路径下,输入如下命令
sudo vim wordStreaming.txt
# 文本已有内容如下:
    Hello sparkstreaming
    Hello sparkrdd
    Hello sparksql
    hello spark
# 3.在原有内容基础上,再动态输入一行 hello hadoop 后保存
# 4.切换到 jupyter notebook 窗口查看监听输出结果
```

```
import findspark
findspark.init()
from pyspark import SparkContext, SparkConf
from pyspark.streaming import StreamingContext
conf = SparkConf()
conf.setAppName('TestDStream')
conf.setMaster('local[2]')
sc = SparkContext(conf = conf)
ssc = StreamingContext(sc, 1)
wordsRDD = ssc.textFileStream("file:///opt/spark/mycode/streaming/")
# 1.map转换操作
#linesRDD = wordsRDD.map(lambda x:(x,1))
# 2.flatMap()转换操作
linesRDD = wordsRDD.flatMap(lambda x:x.split(" "))
linesRDD.pprint()
ssc.start()
ssc.awaitTermination()
-------------------------------------------

-------------------------------------------
Time: 2022-11-06 20:12:57
-------------------------------------------
Hello
sparkstreaming
Hello
sparkrdd
Hello
sparksql
hello
spark
hello
hadoop
```

图 6-7 flatMap()转换操作程序实例

从输出结果可知,flatMap()转换操作已经成功。

6.4.3 filter 转换

filter()返回一个新的 DStream,仅包含源 DStream 中经过 func 函数计算结果为 true 的元素。

测试代码和结果如图 6-8 所示。操作过程如下所示。

```
# 1.首先编写代码,代码编写完毕,执行程序,进入监听状态
# 2.打开另一个 Linux 终端,切换到/opt/spark/mycode/streaming/路径下,输入如下命令
sudo vim wordStreaming.txt
```

```
# 文本已有内容如下：
    Hello sparkstreaming
    Hello sparkrdd
    Hello sparksql
    hello spark
    hello hadoop
# 3.在原有内容基础上，再动态输入一行 hello rdd 后保存
# 4.切换到 jupyter notebook 窗口查看监听输出结果
```

```
In [ ]: # 初始化环境
        # 1.map转换操作
        import findspark
        findspark.init()
        from pyspark import SparkContext, SparkConf
        from pyspark.streaming import StreamingContext
        conf = SparkConf()
        conf.setAppName('TestDStream')
        conf.setMaster('local[2]')
        sc = SparkContext(conf = conf)
        ssc = StreamingContext(sc, 1)
        wordsRDD = ssc.textFileStream("file:///opt/spark/mycode/streaming/")
        # 1.map转换操作
        #linesRDD = wordsRDD.map(lambda x:(x,1))
        # 2.flatMap()转换操作
        # linesRDD = wordsRDD.flatMap(lambda x:x.split(" "))
        # 3.filter()转换操作
        linesRDD = wordsRDD.filter(lambda line:'spark' in line)
        linesRDD.pprint()
        ssc.start()
        ssc.awaitTermination()

        -------------------------------------------
        Time: 2022-11-06 20:20:21
        -------------------------------------------
        Hello sparkstreaming
        Hello sparkrdd
        Hello sparksql
        hello spark
```

图 6-8 filter()转换操作程序实例

从输出结果可知，filter()转换操作已经成功。

6.4.4 reduceByKey 转换

reduceByKey()是把相同 key 的 DStream 聚合在一起，例如：("spark",1)，("spark",2)，("hadoop",1)聚合后为("spark",2)，("hadoop",1)。

测试代码和结果如图 6-9 所示。操作过程如下所示。

```
# 1.首先编写代码，代码编写完毕，执行程序，进入监听状态
# 2.打开另一个 Linux 终端，切换到/opt/spark/mycode/streaming/路径下，输入如下命令
sudo vim wordStreaming.txt
# 文本已有内容如下：
    Hello sparkstreaming
    Hello sparkrdd
    Hello sparksql
```

hello spark

hello hadoop

hello rdd

3.在原有内容基础上,再动态输入文本,分别为:hello spark、hello rdd、hello hadoop,输入完毕保存退出

4.切换到 jupyter notebook 窗口查看监听输出结果

```
import findspark
findspark.init()
from pyspark import SparkContext, SparkConf
from pyspark.streaming import StreamingContext
conf = SparkConf()
conf.setAppName('TestDStream')
conf.setMaster('local[2]')
sc = SparkContext(conf = conf)
ssc = StreamingContext(sc, 1)
wordsRDD = ssc.textFileStream("file:///opt/spark/mycode/streaming/")
# 1.map转换操作
#linesRDD = wordsRDD.map(lambda x:(x,1))
# 2.flatMap()转换操作
# linesRDD = wordsRDD.flatMap(lambda x:x.split(" "))
# 3.filter()转换操作
# linesRDD = wordsRDD.filter(lambda line:'spark' in line)
# 4.reduceByKey()转换操作
linesRDD = wordsRDD.map(lambda x:(x,1)).reduceByKey(lambda x,y:x+y)
linesRDD.pprint()
ssc.start()
ssc.awaitTermination()
```

```
-------------------------------------------
Time: 2022-11-06 20:30:57
-------------------------------------------
('Hello sparkstreaming', 1)
('Hello sparkrdd', 1)
('Hello sparksql', 1)
('hello spark', 3)
('hello hadoop', 2)
('hello rdd', 2)
```

图 6-9 reduceByKey()转换操作程序实例

从输出结果可知,reduceByKey()转换操作已经成功。

6.4.5 count 转换

count()转换统计源 DStream 中每个 RDD 包含的元素个数,返回一个新 DStream。测试代码和结果如图 6-10 所示。操作过程如下所示。

1.首先编写代码,代码编写完毕,执行程序,进入监听状态

2.打开另一个 Linux 终端,切换到/opt/spark/mycode/streaming/路径下,输入如下命令

sudo vim wordStreaming.txt

文本已有内容如下:

Hello sparkstreaming

Hello sparkrdd

Hello sparksql

hello spark

hello hadoop

```
hello rdd
hello spark
hello rdd
hello spark
hello hadoop
```

3.在原有内容(10 行)基础上,再动态输入 2 行文本,分别为 hello hbase、hello hive,输入完毕保存退出

4.切换到 jupyter notebook 窗口查看监听输出结果,结果应该是 10+2=12 个

```
import findspark
findspark.init()
from pyspark import SparkContext, SparkConf
from pyspark.streaming import StreamingContext
conf = SparkConf()
conf.setAppName('TestDStream')
conf.setMaster('local[2]')
sc = SparkContext(conf = conf)
ssc = StreamingContext(sc, 1)
wordsRDD = ssc.textFileStream("file:///opt/spark/mycode/streaming/")
# 1.map转换操作
#linesRDD = wordsRDD.map(lambda x:(x,1))
# 2.flatMap()转换操作
# linesRDD = wordsRDD.flatMap(lambda x:x.split(" "))
# 3.filter()转换操作
# linesRDD = wordsRDD.filter(lambda line:'spark' in line)
# 4.reduceByKey()转换操作
#linesRDD = wordsRDD.map(lambda x:(x,1)).reduceByKey(lambda x,y:x+y)
# 5.count转换
linesRDD = wordsRDD.count()
linesRDD.pprint()
ssc.start()
ssc.awaitTermination()

-------------------------------------------
Time: 2022-11-06 20:42:26
-------------------------------------------
12

-------------------------------------------
Time: 2022-11-06 20:42:27
-------------------------------------------
```

图 6-10 count()转换操作程序实例

6.5 DStream 窗口操作

在 Spark Streaming 中,为 DStream 提供窗口操作,即在 DStream 流上,将一个可配置的长度设置为窗口,以一个可配置的速率向前移动窗口。根据窗口操作,对窗口内的数据进行计算,每次落在窗口内的 RDD 数据会被聚合起来计算,生成的 RDD 会作为 Window DStream 的一个 RDD。DStream 窗口操作如图 6-11 所示。

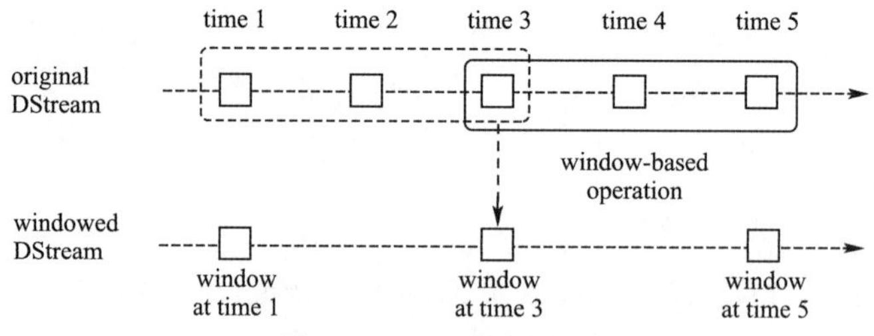

图 6-11 DStream 窗口操作

DStream API 提供的与窗口操作相关的方法如表 6-3 所示。

表 6-3 DStream 窗口操作方法

窗口操作方法名称	窗口操作方法说明
reduceByKeyAndWindow(func, windowLength, slideInterval,[numTasks])	基于滑动窗口对(K,V)类型的 DStream 中的值,按 K 应用聚合函数 func 进行聚合操作,返回一个新 DStream
reduceByKeyAndWindow(func, invFuncwindowLength, slideInterval,[numTasks])	更高效的 reduceByKeyAndWindow()实现版本。每个窗口的聚合值都是基于先前窗口的聚合值进行增量计算得到,该操作会对进入滑动窗口的新数据进行聚合操作,并对离开窗口历史数据进行逆向聚合操作
countByValueAndWindow(windowLength, slideInterval,[numTasks])	基于滑动窗口计算源 DStream 中每个 RDD 内每个元素出现的频次,返回一个由(K,V)组成的新的 DStream

6.6 DStream 输出操作

DStream API 提供的与输出操作相关的方法如表 6-4 所示。

表 6-4 DStream 输出操作方法

输出操作方法名称	输出操作方法说明
print()	在 Driver 中打印出 DStream 中数据的前 10 个元素
saveAsTextFiles(prefix,[suffix])	将 DStream 中的内容以文本的形式进行保存,其中每次批处理间隔内产生的文件以“prefix-TIME_IN_MS[.suffix]”的方式命名
saveAsObjectFiles(prefix,[suffix])	将 DStream 中的内容按对象进行序列化,并且以 SequenceFile 的格式保存。每次批处理间隔内产生的文件以“prefix-TIME_IN_MS[.suffix]”的方式命名
saveAsHadoopFiles(prefix,[suffix])	将 DStream 中的内容以文本的形式保存为 Hadoop 文件,其中每次批处理间隔内产生的文件以 prefix-TIME_IN_MS[.suffix]的方式命名
foreachRDD(func)	最基本的输出操作,将 func 函数应用于 DStream 中的 RDD 上,这个操作会输出数据到外部系统

第二部分：实践任务

6.7 实践任务 1：Spark Streaming 基本输入源——文件流的使用

文件流可以在 pyspark 中创建，也可以在 jupyter notebook 中创建，还可以采用独立应用程序方式创建。其中，文件流在 jupyter notebook 中创建应用方式已经在 DStream 常用转换中详细演示过，这里不再赘述。

1.在 pyspark 中创建文件流

主要目标是读取文件流进行词频统计，步骤如下：

(1)首先，打开 Linux 终端，切换到路径/opt/spark/mycode/streaming 目录下，新建 logs 目录。

(2)其次，打开另一个 Linux 终端，开启 pyspark，编写程序创建文件流。

(3)最后，在"/opt/spark/mycode/streaming/logs"目录下新建一个 log.txt 文件，输入几行文本，就可以在监听窗口中显示词频统计结果。

实际操作如下所示。

(1)首先，打开 Linux 终端，切换到路径/opt/spark/mycode/streaming 目录下，新建 logs 目录

```
hadoop@bigdataVM: /opt/spark/mycode/streaming/logs
hadoop@bigdataVM:~$ cd /opt/spark/mycode/streaming/
hadoop@bigdataVM:/opt/spark/mycode/streaming$ sudo mkdir logs
[sudo] hadoop 的密码:
hadoop@bigdataVM:/opt/spark/mycode/streaming$ cd logs
hadoop@bigdataVM:/opt/spark/mycode/streaming/logs$ sudo vim log.txt
```

(2)其次，打开另外一个 Linux 终端，开启 pyspark，编写程序创建文件流，进入监听状态

```
hadoop@bigdataVM: ~
hadoop@bigdataVM: ~        hadoop@bigdataVM: /opt
hadoop@bigdataVM:~$ pyspark
Python 3.8.8 (default, Apr 13 2021, 19:58:26)
[GCC 7.3.0] :: Anaconda, Inc. on linux
Type "help", "copyright", "credits" or "license" for more information.

Welcome to
      ____              __
     / __/__  ___ _____/ /__
    _\ \/ _ \/ _ `/ __/  '_/
   /__ / .__/\_,_/_/ /_/\_\   version 3.1.2
      /_/

Using Python version 3.8.8 (default, Apr 13 2021 19:58:26)
Spark context Web UI available at http://192.168.252.133:4040
Spark context available as 'sc' (master = local[*], app id = local-1636370338270).
SparkSession available as 'spark'.
>>> from pyspark import SparkContext
>>> from pyspark.streaming import StreamingContext
>>> ssc = StreamingContext(sc, 5)
>>> lines = ssc.\
... textFileStream('file:///opt/spark/mycode/streaming/logs')
>>> words = lines.flatMap(lambda line: line.split(' '))
>>> wordCounts = words.map(lambda x : (x,1)).reduceByKey(lambda a,b:a+b)
>>> wordCounts.pprint()
```

```
>>> ssc.start()
-------------------------------------------
Time: 2022-11-08 19:23:55
-------------------------------------------

-------------------------------------------
Time: 2022-11-08 19:24:00
-------------------------------------------
```

输入完 ssc.start()后，上述程序已经进入监听状态，每隔 5 秒读取一次 logs 目录下的文件流，当前还未输入文件内容，因此，监控输出为空信息

(3)最后在"/opt/spark/mycode/streaming/logs"目录下新建一个 log.txt 文件，输入几行文本，就可以在刚才的监听窗口中显示词频统计结果

```
-------------------------------------------
Time: 2022-11-08 19:25:20
-------------------------------------------
('', 1)
('spark', 3)
('streaming', 1)
('rdd', 1)
('sql', 1)

-------------------------------------------
Time: 2022-11-08 19:25:25
-------------------------------------------
```

(4)如果要停止监听，可以按 Ctrl+C 或者 Ctrl+D 进行终止

2.采用独立应用程序方式创建文件流

(1)首先，切换到目录/opt/spark/mycode/streaming/logs 下，新建 fileStreaming.py 文件，编写监听程序。

(2)其次，使用 spark-submit 提交 fileStreaming.py 文件到集群中运行，进行监听。

(3)最后在"/opt/spark/mycode/streaming/logs"目录下编辑 log.txt 文件，输入几行文本，就可以在刚才的监听窗口中显示新的词频统计结果。

(4)也可以在上述目录下新建一个 log1.txt 文件，观察监听窗口的结果。

上述步骤的实际操作如下所示。

(1)首先，打开 Linux 终端，切换到路径/opt/spark/mycode/streaming/logs 目录下，新建 fileStreaming.py 文件，编写监听程序

```
hadoop@bigdataVM: /opt/spark/mycode/streaming/logs
hadoop@bigdataVM:/opt/spark/mycode/streaming/logs$ sudo vim fileStreaming.py
```

代码如下：

```
#!/usr/bin/env python3

from pyspark import SparkContext, SparkConf
from pyspark.streaming import StreamingContext

conf = SparkConf()
conf.setAppName('TestDStream')
conf.setMaster('local[2]')
sc = SparkContext(conf = conf)
ssc = StreamingContext(sc, 10)
lines = ssc.textFileStream('file:///opt/spark/mycode/streaming/logs')
words = lines.flatMap(lambda line: line.split(' '))
wordCounts = words.map(lambda x : (x,1)).reduceByKey(lambda a,b:a+b)
wordCounts.pprint()
ssc.start()
ssc.awaitTermination()
```

(2)其次，使用 spark-submit 提交 fileStreaming.py 文件到集群中运行，进行监听，每隔 10 秒输出一次

```
hadoop@bigdataVM:/opt/spark/mycode/streaming/logs$ spark-submit fileStreaming.py
```

```
-------------------------------------------
Time: 2022-11-08 19:51:30
-------------------------------------------

-------------------------------------------
Time: 2022-11-08 19:51:40
-------------------------------------------
```

(3)最后在另外一个 Linux 终端中切换到/opt/spark/mycode/streaming/logs 目录下编辑 log.txt 文件，在原有基础上输入几行文本(hello spark，hello rdd，hello sql)

```
hadoop@bigdataVM: /opt/spark/mycode/streaming/logs
hadoop@bigdataVM: /opt/spark/mycode/streaming/logs    hadoop@bigdataVM
hadoop@bigdataVM:~$ cd /opt/spark/mycode/streaming/logs/
hadoop@bigdataVM:/opt/spark/mycode/streaming/logs$ sudo vim log.txt
[sudo] hadoop 的密码:
hadoop@bigdataVM:/opt/spark/mycode/streaming/logs$
```

(4)切换到第(2)步的监听窗口，就可以看到新的词频统计结果

```
-------------------------------------------
Time: 2022-11-08 19:54:00
-------------------------------------------
('streaming', 1)
('', 1)
('spark', 4)
('rdd', 2)
('sql', 2)
('hello', 3)

-------------------------------------------
Time: 2022-11-08 19:54:10
-------------------------------------------
```

(5)如果在"/opt/spark/mycode/streaming/logs"目录下新建 log1.txt 文件，输入如下 3 行内容

spark is good

spark is better

spark is best

观察监听窗口的输出结果如下所示。

```
Time: 2022-11-08 20:25:50
-------------------------------------------
('is', 3)
('good', 1)
('best', 1)
('spark', 3)
('better', 1)

-------------------------------------------
Time: 2022-11-08 20:26:00
-------------------------------------------
```

由此可知，监听只会读取新增文件流(log1.txt)，不会读取历史文件(log.txt)中的信息

(6)如果要停止监听，可以按 Ctrl+C 或者 Ctrl+D 快速键进行终止

6.8 实践任务2:Spark Streaming 基本输入源——套接字流的使用

Spark Streaming 可以通过 Socket 端口监听并接收数据,然后进行相应处理。

(1)首先,切换到/opt/spark/mycode/streaming 目录下,新建 netsocket 目录,在该目录下新建 NetworkWordCount.py 文件,命令和操作代码如下

```
hadoop@bigdataVM:~$ cd /opt/spark/mycode/streaming/
hadoop@bigdataVM:/opt/spark/mycode/streaming$ sudo mkdir netsocket
[sudo] hadoop 的密码:
hadoop@bigdataVM:/opt/spark/mycode/streaming$ cd netsocket/
hadoop@bigdataVM:/opt/spark/mycode/streaming/netsocket$ sudo vim NetworkWordCount.py
```

```
#!/usr/bin/env python3

from __future__ import print_function
import sys
from pyspark import SparkContext,SparkConf
from pyspark.streaming import StreamingContext

if __name__ == "__main__":
    if len(sys.argv) != 3:
        print("Usage: NetworkWordCount.py <hostname> <port>", file=sys.stderr)
        exit(-1)
    conf=SparkConf().setAppName("PythonStreamingNetworkWordCount").setMaster('local[4]')
    sc = SparkContext(conf = conf)
    ssc = StreamingContext(sc, 1)
    lines = ssc.socketTextStream(sys.argv[1], int(sys.argv[2]))
    counts = lines.flatMap(lambda line: line.split(" ")) \
                  .map(lambda word: (word, 1)) \
                  .reduceByKey(lambda a, b: a+b)
    counts.pprint()
    ssc.start()
    ssc.awaitTermination()
```

(2)新打开一个窗口作为 nc 窗口,启动 nc 程序

```
hadoop@bigdataVM:~$ nc -lk 8899
```

(3)使用 spark-submit 提交 NetworkWordCount.py 程序到集群运行,启动流计算,进行监听。此时第(2)步 nc 端没有进行任何输入,因此,输出信息为空

```
hadoop@bigdataVM:/opt/spark/mycode/streaming/netsocket$ spark-submit NetworkWordCount.py localhost 8899
-------------------------------------------
Time: 2022-11-08 22:11:34
-------------------------------------------

-------------------------------------------
Time: 2022-11-08 22:11:35
-------------------------------------------
```

(4)在第(2)步 nc 窗口中,任意输入一些单词,监听窗口就会自动获得单词数据流信息,在监听窗口每隔 1 秒就会打印出词频统计信息,如下所示

nc 端输入内容:

hello spark

hello hadoop

hello hive

```
Time: 2022-11-08 22:12:02
-------------------------------------------

-------------------------------------------
Time: 2022-11-08 22:12:03
-------------------------------------------
('hello', 1)
('spark', 1)

-------------------------------------------
Time: 2022-11-08 22:12:07
-------------------------------------------
('hadoop', 1)
('hello', 1)

-------------------------------------------
Time: 2022-11-08 22:12:08
-------------------------------------------

-------------------------------------------
Time: 2022-11-08 22:12:13
-------------------------------------------
('hello', 1)
('hive', 1)

-------------------------------------------
Time: 2022-11-08 22:12:14
-------------------------------------------
```

6.9 实践任务 3:Spark Streaming 基本输入源——RDD 队列流的使用

在调试 Spark Streaming 应用程序的时候,可以创建基于 RDD 队列的流,使用如下方式创建: DStreamstreamingContext. queueStream (queueOfRDD)。新建一个 RDDQueueStream.py 代码文件,主要功能是:每隔 1 秒创建一个 RDD,Streaming 每隔 2 秒就对数据进行处理。操作步骤如下所示。

(1)首先,打开 Linux 终端,切换到路径/opt/spark/mycode/streaming 目录下,新建 rddQueueStream.py 文件

```
hadoop@bigdataVM: /opt/spark/mycode/streaming
hadoop@bigdataVM:~$ cd /opt/spark/mycode/streaming/
hadoop@bigdataVM:/opt/spark/mycode/streaming$ sudo vim rddQueueStream.py
```

文件内容:

```
#!/usr/bin/env python3

import time
from pyspark import SparkContext
from pyspark.streaming import StreamingContext

if __name__ == "__main__":
    sc = SparkContext(appName="PythonStreamingQueueStream")
    ssc = StreamingContext(sc, 2)
    #创建一个队列,通过该队列可以把RDD推给一个RDD队列流
    rddQueue = []
```

```
    for i in range(5):
        rddQueue += [ssc.sparkContext.parallelize([j for j in range(1, 1001)], 10)]
        time.sleep(1)
    #创建一个RDD队列流
    inputStream = ssc.queueStream(rddQueue)
    mappedStream = inputStream.map(lambda x: (x % 10, 1))
    reducedStream = mappedStream.reduceByKey(lambda a, b: a + b)
    reducedStream.pprint()
    ssc.start()
    ssc.stop(stopSparkContext=True, stopGraceFully=True)
```

(2)使用 spark-submit 提交 rddQueueStream.py 到集群运行,查看输出结果

```
hadoop@bigdataVM:/opt/spark/mycode/streaming$ spark-submit rddQueueStream.py
```

```
-------------------------------------------
Time: 2022-11-10 20:47:52
-------------------------------------------
(4, 100)
(8, 100)
(0, 100)
(1, 100)
(5, 100)
(9, 100)
(2, 100)
(6, 100)
(3, 100)
(7, 100)
```

6.10 实践任务4:词频统计综合案例

需要在跨批次之间维护状态时,就必须使用 updateStateByKey 操作,对于有状态转换操作而言,本批次的词频统计,会在之前批次的词频统计结果的基础上进行不断累加。所以,最终统计得到的词频,是所有批次单词的总的词频统计结果,结果统计完成之后输出保存到指定的本地文件目录中。操作步骤如下所示。

(1)首先,打开 Linux 终端,切换到路径/opt/spark/mycode/streaming 目录下,新建 networkWordCountState.py 文件

```
hadoop@bigdataVM: /opt/spark/mycode/streaming
hadoop@bigdataVM:~$ cd /opt/spark/mycode/streaming/
hadoop@bigdataVM:/opt/spark/mycode/streaming$ sudo vim networkWordCountState.py
```

文件内容:

```
#!/usr/bin/env python3
from __future__ import print_function
import sys
from pyspark import SparkContext
from pyspark.streaming import StreamingContext
if __name__ == "__main__":
    if len(sys.argv) != 3:
        print("Usage: networkWordCountState.py <hostname> <port>", file=sys.stderr)
        exit(-1)
    sc = SparkContext(appName="PythonStreamingStateNetworkWordCount")
    ssc = StreamingContext(sc, 1)
    ssc.checkpoint("file:///opt/spark/mycode/streaming/")
    # RDD with initial state (key, value) pairs
    initialStateRDD = sc.parallelize([(u'hello', 1), (u'spark', 1)])
```

```
def updateFunc(new_values, last_sum):
    return sum(new_values) + (last_sum or 0)
lines = ssc.socketTextStream(sys.argv[1], int(sys.argv[2]))
running_counts = lines.flatMap(lambda line: line.split(" "))\
                      .map(lambda word: (word, 1))\
                      .updateStateByKey(updateFunc, initialRDD=initialStateRDD)
running_counts.saveAsTextFiles("file:///opt/spark/mycode/streaming/output")
running_counts.pprint()
ssc.start()
ssc.awaitTermination()
```

(2)新打开一个窗口作为 nc 端窗口，启动 nc 程序

(3)使用 spark-submit 提交 networkWordCountState.py 程序到集群运行，启动流计算，进行监听。此时第(2)步 nc 端没有进行任何输入，因此，只有初始化信息输出

```
hadoop@bigdataVM:/opt/spark/mycode/streaming$ spark-submit networkWordCountState.py localhost 6688
WARNING: An illegal reflective access operation has occurred
WARNING: Illegal reflective access by org.apache.spark.unsafe.Platform (file:/opt/spark/jars/spark-unsafe
_2.12-3.1.2.jar) to constructor java.nio.DirectByteBuffer(long,int)
WARNING: Please consider reporting this to the maintainers of org.apache.spark.unsafe.Platform
WARNING: Use --illegal-access=warn to enable warnings of further illegal reflective access operations
WARNING: All illegal access operations will be denied in a future release
-------------------------------------------
Time: 2021-11-10 21:46:07
-------------------------------------------
('hello', 1)
('spark', 1)
```

提示：提交后如果报文件不存在错误，请使用 sudo chmod -R 777 给该文件授权

(4)在第(2)步 nc 端窗口中，任意输入一些单词，监听窗口就会自动获得单词数据流信息，在监听窗口每隔 1 秒就会打印出词频统计信息，如下所示

nc 端输入内容：

```
hadoop@bigdataVM: ~
hadoop@bigdataVM:~$ nc -lk 6688
hello streaming
hello rdd
```

监听端输出内容：

```
hadoop@bigdataVM:/opt/spark/mycode/streaming$ spark-submit networkWordCountState.py localhost 6688
WARNING: An illegal reflective access operation has occurred
WARNING: Illegal reflective access by org.apache.spark.unsafe.Platform (file:/opt/spark/jars/spark-unsafe
_2.12-3.1.2.jar) to constructor java.nio.DirectByteBuffer(long,int)
WARNING: Please consider reporting this to the maintainers of org.apache.spark.unsafe.Platform
WARNING: Use --illegal-access=warn to enable warnings of further illegal reflective access operations
WARNING: All illegal access operations will be denied in a future release
-------------------------------------------
Time: 2022-11-10 21:34:44
-------------------------------------------
('hello', 1)
('world', 1)

-------------------------------------------
Time: 2022-11-10 21:34:45
-------------------------------------------
('hello', 3)
('world', 1)
('streaming', 1)
('rdd', 1)
```

(5)切换到本地目录/opt/spark/mycode/streaming 目录下查看保存的文件

因为每一秒都会有一次输出，每次输出会保存到不同的文件夹中，可以切换到不同的输出文件夹查看，前面的文件夹只有初始化内容，后面的文件会保存输入后和之前的内容

```
hadoop@bigdataVM:/opt/spark/mycode/streaming$ ls
335b2f70-b8bc-435e-b27e-d8d7e506295d  logs                         output-1636553422000
checkpoint-1636553422000              netsocket                    output-1636553423000
checkpoint-1636553423000              networkWordCountState.py     output-1636553424000
checkpoint-1636553423000.bk           output-1636553414000         output-1636553425000
checkpoint-1636553424000              output-1636553415000         output-1636553426000
checkpoint-1636553424000.bk           output-1636553416000         output-1636553427000
checkpoint-1636553425000              output-1636553417000         rddQueueStream.py
checkpoint-1636553425000.bk           output-1636553418000         receivedBlockMetadata
checkpoint-1636553426000              output-1636553419000         wordStreaming.txt
checkpoint-1636553426000.bk           output-1636553420000
checkpoint-1636553427000              output-1636553421000
hadoop@bigdataVM:/opt/spark/mycode/streaming$ cd output-1636553426000/
hadoop@bigdataVM:/opt/spark/mycode/streaming/output-1636553426000$ ls
part-00000  part-00001  part-00002  part-00003  _SUCCESS
hadoop@bigdataVM:/opt/spark/mycode/streaming/output-1636553426000$ cat part-00000
hadoop@bigdataVM:/opt/spark/mycode/streaming/output-1636553426000$ cat part-00001
('hello', 3)
('spark', 1)
hadoop@bigdataVM:/opt/spark/mycode/streaming/output-1636553426000$ cat part-00002
('streaming', 1)
hadoop@bigdataVM:/opt/spark/mycode/streaming/output-1636553426000$ cat part-00003
('rdd', 1)
hadoop@bigdataVM:/opt/spark/mycode/streaming/output-1636553426000$
```

6.11 实践任务5:输出操作——把DStream写入MySQL数据库

本案例实现把DStream写入到MySQL数据库中,实操步骤如下所示。

(1)首先,打开Linux终端,启动MySQL数据库,进入MySQL交互式命令行客户端

```
hadoop@bigdataVM: ~
hadoop@bigdataVM:~$ service mysql start
hadoop@bigdataVM:~$ mysql -u root -p
Enter password:
Welcome to the MySQL monitor.  Commands end with ; or \g.
Your MySQL connection id is 8
Server version: 8.0.27-0ubuntu0.20.04.1 (Ubuntu)

Copyright (c) 2000, 2021, Oracle and/or its affiliates.

Oracle is a registered trademark of Oracle Corporation and/or its
affiliates. Other names may be trademarks of their respective
owners.

Type 'help;' or '\h' for help. Type '\c' to clear the current input statement.

mysql> 
```

(2)在已打开的客户端,完成数据库和表的创建。在已创建的spark数据库中创建表wordcount

```
mysql> use spark;
Reading table information for completion of table and column names
You can turn off this feature to get a quicker startup with -A

Database changed
mysql> create table wordcount (word char(20),count int(4));
Query OK, 0 rows affected, 1 warning (0.01 sec)

mysql> 
```

（3）在 Linux 终端安装 Python 连接 MySQL 的 mysql.connector 库。因为需要让 Python 连接 MySQL 数据库。安装 mysql.connector 库，执行如下命令

sudo apt-get update

pip install mysql-connector

```
hadoop@bigdataVM: ~
hadoop@bigdataVM: ~
hadoop@bigdataVM:~$ sudo apt-get update
```

```
hadoop@bigdataVM: /opt/spark/mycode/streaming/mysql          hadoop@bigdataVM: /opt/spark/mycode/streaming/m
hadoop@bigdataVM:/opt/spark/mycode/streaming/mysql$ pip install mysql-connector
Collecting mysql-connector
  Downloading mysql-connector-2.2.9.tar.gz (11.9 MB)
     |████████████████████████████████| 11.9 MB 192 kB/s
Building wheels for collected packages: mysql-connector
  Building wheel for mysql-connector (setup.py) ... done
  Created wheel for mysql-connector: filename=mysql_connector-2.2.9-cp38-cp38-linux_x86_64.wh
256=682ff85e69aec47f3730d8d8bbdf0793fca7e9705c9b9e858dbb9c6341cedf49
  Stored in directory: /home/hadoop/.cache/pip/wheels/57/e4/98/5feafb5c393dd2540e44b064a6f958
a8f
Successfully built mysql-connector
Installing collected packages: mysql-connector
Successfully installed mysql-connector-2.2.9
hadoop@bigdataVM:/opt/spark/mycode/streaming/mysql$
```

（4）在/opt/spark/mycode/streaming/mysql/下编写 networkWordCount.py 文件，操作命令如下

```
hadoop@bigdataVM: /opt/spark/mycode/streaming/mysql
hadoop@bigdataVM: /opt/spark/mycode/streaming/mysql          hadoop@bigdataVM: ~
hadoop@bigdataVM:~$ cd /opt/spark/mycode/streaming/
hadoop@bigdataVM:/opt/spark/mycode/streaming$ sudo mkdir mysql
hadoop@bigdataVM:/opt/spark/mycode/streaming$ cd mysql/
hadoop@bigdataVM:/opt/spark/mycode/streaming/mysql$ sudo vim networkWordCount.py
hadoop@bigdataVM:/opt/spark/mycode/streaming/mysql$
```

networkWordCount.py 代码如下：

```
hadoop@bigdataVM: /opt/spark/mycode/s...    hadoop@bigdataVM: ~    hadoop@bigdataVM: /opt/spark/mycode/s...
#!/usr/bin/env python3
from __future__ import print_function
import sys
import mysql.connector
from pyspark import SparkContext
from pyspark.streaming import StreamingContext
if __name__ == "__main__":
    if len(sys.argv) != 3:
        print("Usage: networkWordCountState.py <hostname> <port>", file=sys.stderr)
        exit(-1)
    sc = SparkContext(appName="PythonStreamingStateNetworkWordCount")
    ssc = StreamingContext(sc, 1)
    ssc.checkpoint("file:///opt/spark/mycode/streaming/mysql")
    # RDD with initial state (key, value) pairs
    initialStateRDD = sc.parallelize([(u'hello', 1), (u'spark', 1)])
    def updateFunc(new_values, last_sum):
        return sum(new_values) + (last_sum or 0)
    lines = ssc.socketTextStream(sys.argv[1], int(sys.argv[2]))
    running_counts = lines.flatMap(lambda line: line.split(" "))\
                          .map(lambda word: (word, 1))\
                          .updateStateByKey(updateFunc, initialRDD=initialStateRDD)
    running_counts.pprint()
```

```
def dbfunc(records):
    # db = pymysql.connect("localhost","root","root","spark")
    db = mysql.connector.connect(host='localhost',user='root',password='root',database='spark',auth_plugin
='mysql_native_password')
    cursor = db.cursor()
    def doinsert(p):
        # sql = "insert into wordcount(word,count) values ('%s', '%s')" % (str(p[0]), str(p[1]))
        insert_sql="INSERT into wordcount(word,count) values('%s','%s') "%(str(p[0]),str(p[1]))
        try:
            cursor.execute(insert_sql)
            db.commit()
        except:
            db.rollback()
    for item in records:
        doinsert(item)
def func(rdd):
    repartitionedRDD = rdd.repartition(3)
    repartitionedRDD.foreachPartition(dbfunc)
running_counts.foreachRDD(func)
ssc.start()
ssc.awaitTermination()
```

提示：auth_plugin='mysql_native_password'解释

如果你的 MySQL 是 8.0 以上的版本，密码插件验证方式发生了变化，早期版本为 mysql_native_password，8.0 以上版本为 caching_sha2_password，所以需要添加 auth_plugin='mysql_native_password'

(5)新打开一个窗口作为 nc 端窗口，启动 nc 程序

(6)使用 spark-submit 提交 networkWordCount.py 程序到集群运行，启动流计算，进行监听。此时第(5)步 nc 端没有进行任何输入，因此，只有初始化信息输出

```
hadoop@bigdataVM:/opt/spark/mycode/streaming/mysql    hadoop@bigdataVM: ~    hadoop@bigdataVM: /opt/spark/mycode/strean
hadoop@bigdataVM:/opt/spark/mycode/streaming/mysql$ spark-submit networkWordCount.py localhost 8899
WARNING: An illegal reflective access operation has occurred
WARNING: Illegal reflective access by org.apache.spark.unsafe.Platform (file:/opt/spark/jars/spark-u
-3.1.2.jar) to constructor java.nio.DirectByteBuffer(long,int)
WARNING: Please consider reporting this to the maintainers of org.apache.spark.unsafe.Platform
WARNING: Use --illegal-access=warn to enable warnings of further illegal reflective access operatio
WARNING: All illegal access operations will be denied in a future release
-------------------------------------------
Time: 2022-05-09 20:05:08
-------------------------------------------
('hello', 1)
('spark', 1)
```

提示：提交后如果报文件不存在错误，请使用 sudo chmod -R 777 给该文件授权

(7)在第(5)步 nc 端窗口中，任意输入一些单词，监听窗口就会自动获得单词数据流信息，在监听窗口每隔 1 秒就会打印出词频统计信息，如下所示

nc 端输入内容：

```
hadoop@bigdataVM: /opt/spark/mycode/streaming/mysql
hadoop@bigdataVM:~$ nc -lk 8899
hello word
hello spark
```

监听端输出内容：

```
hadoop@bigdataVM: /opt/spark/mycode/streaming/mysql
Time: 2022-05-09 20:05:32
-------------------------------------------
('hello', 3)
('spark', 2)
('word', 1)
```

(8)切换到本地目录/opt/spark/mycode/streaming 目录下查看保存的文件

```
hadoop@bigdataVM:/opt/spark/mycode/streaming/mysql$ ls
769042b8-07d1-452b-b198-1d8054e0d851  checkpoint-1652098027000     checkpoint-1652098029000.bk
checkpoint-1652098025000              checkpoint-1652098027000.bk  e81e9ba2-2432-4b21-b896-d615883aa9d6
checkpoint-1652098025000.bk           checkpoint-1652098028000     networkWordCount.py
checkpoint-1652098026000              checkpoint-1652098028000.bk  receivedBlockMetadata
checkpoint-1652098026000.bk           checkpoint-1652098029000
hadoop@bigdataVM:/opt/spark/mycode/streaming/mysql$
```

因为每一秒都会有一次输出，每次输出会保存到不同的文件夹中，可以切换到不同的输出文件夹查看，前面的文件夹只有初始化内容，最后面的文件会保存输入后和之前的内容

(9)去 MySql 数据库端查看 wordcount 是否插入数据

执行后查询数据库表发现源源不断插入数据，并不符合现实要求，对数据库性能也不友好，如下图所示

```
mysql> use spark;
Reading table information for completion of table and column names
You can turn off this feature to get a quicker startup with -A

Database changed
mysql> select * from wordcount;
+-------+-------+
| word  | count |
+-------+-------+
| hello |     1 |
| spark |     1 |
| hello |     1 |
| spark |     1 |
| hello |     1 |
| spark |     1 |
| hello |     1 |
| spark |     1 |
| hello |     1 |
| spark |     1 |
| hello |     1 |
| spark |     1 |
| hello |     1 |
| spark |     1 |
| hello |     1 |
| spark |     1 |
```

(10)所以需要优化 networkWordCount.py 程序中的 insert_sql 代码

insert_sql="INSERT into wordcount(word,count) values('%s','%s') "%(str(p[0]),str(p[1]))

优化之前需要在 MySQL 数据库客户端执行以下命令，将 word 字段设置为唯一索引，增加唯一索引之前要先执行清空表，执行代码和操作示例如下

truncate table wordcount

alter table wordcount modify word char(20) unique;

```
mysql> alter table wordcount modify word char(20) unique;
Query OK, 0 rows affected (0.21 sec)
Records: 0  Duplicates: 0  Warnings: 0
```

将上述 insert_sql 代码优化修改如下

insert_sql="INSERT into wordcount(word,count) values('%s','%s') on DUPLICATE key UPDATE word='%s',count='%s'"%(str(p[0]),str(p[1]),str(p[0]),str(p[1]))

```
            # insert_sql="INSERT into wordcount(word,count) values('%s','%s') "%(str(p[0]),str(p[1]))
             insert_sql="INSERT into wordcount(word,count)values('%s','%s') on DUPLICATE key UPDATE word='%s',c
ount='%s'"%(str(p[0]),str(p[1]),str(p[0]),str(p[1]))
```

优化后的上述代码解释：使用 on DUPLICATE key，前提是这个表必须有主键或者唯一索引，然后插入数据的时候，有就更新，没有就新增

（11）重新通过 spark-submit 提交，再次在 nc 端输入 hello word，hello spark，然后查询数据库的 wordcount 表，会发现有不一样的效果，如下图所示

```
mysql> select * from wordcount;
+-------+-------+
| word  | count |
+-------+-------+
| hello |     3 |
| spark |     2 |
| word  |     1 |
+-------+-------+
3 rows in set (0.00 sec)
```

思考：将 mysql.connector 改为 pymysql 或者 Spark 去连接 MySQL 数据库，如何实现？

6.12 小结

本章首先介绍了实时计算以及常用的实时计算框架；其次详细介绍了 Spark Streaming 流以及 Spark 流数据加载流程和处理步骤，并对离散流的常用转换操作进行了详细介绍；最后给出了 6 个实践任务，主要包括 Spark Streaming 文件流、套接字流、RDD 队列流的使用、词频统计综合案例和 DStream 和 MySQL 交互案例，通过实践案例让读者巩固所学知识。

6.13 习题

1.简述常用的实时计算框架。
2.简述 Spark Streaming 的工作原理。
3.简述 Spark Streaming 程序处理的基本步骤。
4.简述什么是 DStream 以及 DStream 常用的转换操作。
5.简述 DStream 常用的输出操作方法。

第7章 Structured Streaming结构化流

学习目标

1. 了解 Structured Streaming 概述
2. 理解 Structured Streaming 的编程模型
3. 掌握 Structured Streaming 的输入与输出
4. 了解容错处理机制
5. 掌握 Structured Streaming 进行实时数据处理

思政元素

第一部分:基础理论

7.1 Structured Streaming 概述

微课 Structured Streaming

7.1.1 Structured Streaming 简介

Spark 在 2.0 版本中发布了新的流计算的 API,Structured Streaming(结构化流)。Structured Streaming 是一个基于 Spark SQL 引擎的可扩展、容错的流处理引擎。它统一了流处理和批处理的编程模型,可以使用静态数据批处理一样的方式来编写流式计算操作,并且支持基于 event_time 的时间窗口的处理逻辑。

随着数据不断地到达,Spark 引擎会以一种增量的方式来执行这些操作,并且持续更新结算结果。可以使用 Scala、Java、Python 或 R 中的 DataSet/DataFrame API 来表示流聚合、事件时间窗口、流到批连接等。此外，Structured Streaming 会通过 checkpoint 和预写日志（WAL）等机制来实现 Exactly-Once 语义。

简单来说，就是开发人员根本不用去考虑是流式计算，还是批处理，只要使用同样的方式来编写计算操作即可。Structured Streaming 提供了快速、可扩展、容错、端到端的一次性流处理，而用户无须考虑更多细节。

7.1.2 Spark Streaming 和 Structured Streaming 的区别

Spark 在 2.0 之前，主要使用 Spark Streaming 来支持流计算，其数据结构模型为离散流 DStream，其实就是一个个小批次数据构成的 RDD 队列。

目前，Spark 主要推荐的流计算模块是 Structured Streaming 结构化流，其数据结构模型是 Unbounded DataFrame，即没有边界的数据表。

相比于 Spark Streaming 建立在 RDD 数据结构上面，Structured Streaming 是建立在 SparkSQL 基础上，DataFrame 的绝大部分 API 也能够用在流计算上，实现了流计算和批处理的一体化，并且由于 SparkSQL 的优化，因此其具有更好的性能和容错性。Spark Streaming 和 Structured Streaming 区别如表 7-1 所示。

表 7-1 Spark Streaming 和 Structured Streaming 区别

类别	Spark Streaming	Structured Streaming
数据源	DStream，本质上是 RDD	DataFrame 数据框
处理数据	只能处理静态数据	能够处理数据流
实时性	秒级响应	毫秒级响应

7.1.3 微批处理与连续处理

1.微批处理

默认情况下，结构化流式查询使用微批处理引擎进行处理，该引擎将数据流作为一系列小批处理作业进行处理，从而实现端到端的延迟，最短可达 100 毫秒，并且完全可以保证一次容错。

在微批处理之前，将待处理数据的偏移量写入预写日志中；防止故障宕机等造成数据的丢失，无法恢复；定期检查流数据源，对上一批次结束后到达的新数据进行批量查询；由于需要写日志，会造成延迟。

2.连续处理

自 Spark 2.3 以来，引入了一种新的低延迟处理模式，称为连续处理，它可以在至少一次保证的情况下实现低至 1 毫秒的端到端延迟。也就是类似于 Flink 那样的实时流，而不是小批量处理。实际开发可以根据应用程序要求选择处理模式，但是连续处理在使用的时候仍然有很多限制，目前大部分情况还是应该采用小批量模式。

连续处理的特点是可以达到毫秒级响应；不再根据触发器来周期性启动任务；启动一系列的连续的读取、处理等长时间运行的任务，异步写日志，不需要等待等。

7.1.4 Structured Streaming 主要优势

1.简洁的模型

Structured Streaming 的模型很简洁，易于理解，用户可以直接把一个流想象成是无限增长的表（无限表）。

2.一致的 API

由于 Structured Streaming 和 Spark SQL 共用大部分 API，因此对 Spaprk SQL 熟悉的用户很容易上手，代码也十分简洁，同时批处理和流处理程序还可以共用代码，不需要开发两套不同的代码，显著提高了开发效率。

3.卓越的性能

Structured Streaming 在与 Spark SQL 共用 API 的同时，也直接使用了 Spark SQL 的 Catalyst 优化器，数据处理性能十分出色。此外，Structured Streaming 还可以直接从未来 Spark SQL 的各种性能优化中受益。

4.多语言支持

Structured Streaming 支持目前 Spark SQL 支持的语言，包括 Scala、Java、Python、R 和 SQL。用户可以选择自己喜欢的语言进行开发。

7.2 编程模型

1.编程模型简介

一个流的数据源从逻辑上来说就是一个不断增长的动态表格，随着时间的推移，新数据被持续不断地添加到表格的末尾。

对动态数据源进行实时查询，就是对当前的表格内容执行一次 SQL 查询。对于数据查询，用户通过触发器（Trigger）设定时间（毫秒级），也可以设定执行周期。

一个流的输出有多种模式，既可以是基于整个输入执行查询后的完整结果（Complete），也可以选择只输出与上次查询相比的差异（Update），或者就是简单地追加最新的结果（Append）。

这个模型对于熟悉 SQL 的用户来说很容易掌握，对流的查询与查询一个表格几乎完全一样，十分简洁，易于理解。

Structured Streaming 核心的思想就是将实时到达的数据不断追加到 unbound table 无限表，到达流的每个数据项（RDD）就像是表中的一个新行被附加到无边界的表中，这样用户就可以用静态结构化数据的批处理查询方式进行流计算，如可以使用 SQL 对到来的每一行数据进行实时查询处理。

无限表的数据流如图 7-1 所示。

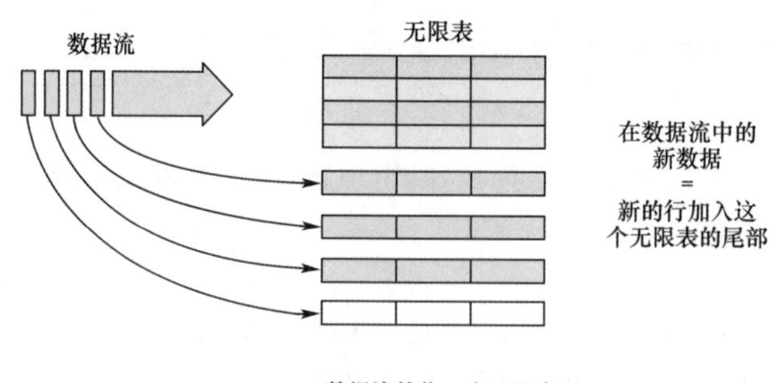

图 7-1 无限表的数据流

Structured Streaming 将数据源映射为类似于关系数据库中的表，然后将经过计算得到的结果映射为另一张表，完全以结构化的方式去操作流式数据，这种编程模型非常有利于处理分析结构化的实时数据。

2.编程模型 WordCount 词频统计案例图解

以 WordCount 词频统计为例，说明编程模型的处理流程，如图 7-2 所示。

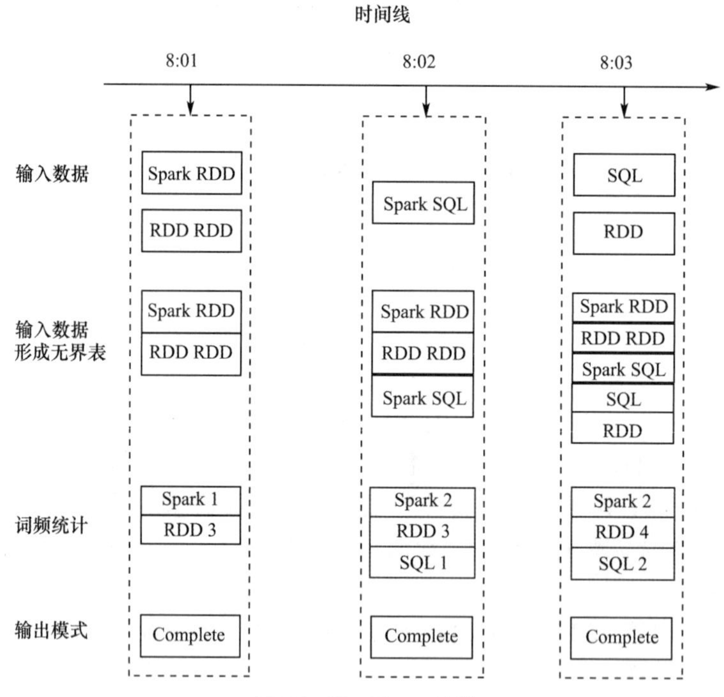

图 7-2 WordCount 示例

(1)第一行表示从 socket 不断接收数据；

(2)第二行可以看成是之前提到的“unbound table(无限表)”；

(3)第三行为最终的 wordCounts 结果集；

(4)第四行是输出模式。

当有新的数据到达时，Spark 会执行“增量”查询，并更新结果集。

该示例设置为 Complete Mode(输出所有数据)，因此每次都将所有数据输出到控制台。具体说明如下：

(1)在第 1 秒时,此时到达的数据为“Spark RDD”和“RDD RDD”,因此我们可以得到第 1 秒时的结果集 Spark=1 RDD=3,并输出到控制台。

(2)当第 2 秒时,到达的数据为“Spark SQL”,此时“unbound table”增加了一行数据“Spark SQL”,执行 word count 查询并更新结果集,可得第 2 秒时的结果集为 Spark=2 RDD=3 SQL=1,并输出到控制台。

(3)当第 3 秒时,到达的数据为“RDD”和“SQL”,此时“unbound table”增加两行数据“RDD”和“SQL”,执行 word count 查询并更新结果集,可得第 3 秒时的结果集为 Spark=2 RDD=4 SQL=2。

(4)这种模型跟其他很多流式计算引擎都不同,大多数流式计算引擎都需要开发人员自己来维护新数据与历史数据的整合并进行聚合操作。然后我们就需要自己去考虑和实现容错机制、数据一致性的语义等。然而在 structured streaming 的这种模式下,Spark 会负责将新到达的数据与历史数据进行整合,并完成正确的计算操作,同时更新 result table,不需要我们去考虑这些事情。

7.3 输入源与输出操作

输入源 source 即流数据从何而来。在 Spark Structured Streaming 中,主要可以从以下方式接入流数据。

(1)Kafka Source

当消息生产者发送的消息到达某个 topic 的消息队列时,将触发计算。这是 structured Streaming 最常用的流数据来源。

(2)File Source

当路径下有文件被更新时,将触发计算。这种方式通常要求文件到达路径是原子性(瞬间到达,不是慢慢写入)的,以确保读取到数据的完整性。在大部分文件系统中,可以通过 move 操作实现这个特性。

(3)Socket Source

需要制定 host 地址和 port 端口号。这种方式一般只用来测试代码。linux 环境下可以用 nc 命令来开启网络通信端口发送消息测试。

输出接收器 sink 即流数据被处理后从何而去。在 Spark Structured Streaming 中,主要可以用以下方式输出流数据计算结果。

(1)Kafka Sink

将处理后的流数据输出到 kafka 某个或某些主题 topic 中。

(2)File Sink

将处理后的流数据写入文件系统。

(3)ForeachBatch Sink

对于每一个 micro-batch 的流数据处理后的结果,用户可以编写函数实现自定义处理逻辑。例如写入多个文件,或者写入文件并打印。

(4)Foreach Sink

一般在 Continuous 触发模式下使用,用户编写函数实现每一行的处理。

(5)Console Sink

打印到 Driver 端控制台,如果日志量大,谨慎使用,一般供调试使用。

(6)Memory Sink

输出到内存中,供调试使用。

这些是流数据输出到 sink 中的方式,叫作 output mode,分为以下三种类型:

(1)append mode 是默认方式,将新流过来的数据的计算结果添加到 sink 中。

(2)complete mode 一般适用于有 aggregation 查询的情况。流计算启动开始到目前为止接收到的全部数据的计算结果添加到 sink 中。

(3)update mode 只有本次结果中和之前结果不一样的记录才会添加到 sink 中。

7.4 容错处理

因为分布式系统天生具有跨网络、多节点、高并发、高可用等特性,难免会出现节点异常、线程死亡、网络传输失败、并发阻塞等非可控情况,从而导致数据丢失、重复发送、多次处理等异常接踵而至。如何保持系统高效运行且数据仅被精确处理一次是很大的挑战。

Spark 结构化流通过 Checkpoint(检查点本地状态数据的远程备份)和 Write Ahead Log(WAL 写日志)记录每一次批处理的数据源的消费偏移量(区间),可以保证在处理失败时重复的读取数据源中数据。其次 Spark 结构化流还提供了 Sink 的幂等写支持。因此 Spark 结构化流实现了端到端(end-to -end) exactly once 精确一次处理语义的故障处理。

分布式系统中常用以下几种语义(semantics)来描述系统在经历了故障恢复后,内部各个组件之间状态的一致性。严格程度从高到低为:exactly once(准确一次), at least once(至少一次)、at most once(最多一次)。

这是分布式流计算系统在某些机器发生故障时,对结果一致性的保证水平,即无论机器是否发生故障,结果都一样。反映了分布式流计算系统的容错能力。

at-most once(最多一次)。每个数据或事件最多被程序中的所有算子处理一次。这本质上是一种尽力而为的方法,只要机器发生故障,就会丢弃一些数据。这是比较低水平的一致性保证。

at-least once(至少一次)。每个数据或事件至少被程序中的所有算子处理一次。这意味着当机器发生故障时,数据会从某个位置开始重传。但有些数据可能在发生故障前被所有算子处理了一次,在发生故障后重传时又被所有算子处理了一次,甚至重传时又有机器发生了故障,然后再次重传,然后又被所有算子处理了一次。因此是至少被处理一次,这是一种中间水平的一致性保证。

exactly once(准确一次)。从计算结果看,每个数据或事件都恰好被程序中的所有算子处理一次。这是一种最高水平的一致性保证。

实时场景下,Spark 在整个流式处理中如何保证 exactly-once 一致性是重中之重。这需要整个系统的各环节均保持强一致性,包括可靠的数据源端(数据可重复读取、不丢失)、可靠的消费端(Spark 内部精确一次消费)、可靠的输出端(幂等性、事务)。

spark structured streaming 在 micro-batch 触发器类型下、sink 是 File 情况下,可以保证为 exactly once 的一致性水平。

7.5 创建 Streaming DataFrame

可以从 Kafka Source、File Source 以及 Socket Source 中创建 Streaming DataFrame。

1.从 Kafka Source 创建

需要安装 kafka,并加载其 jar 包到依赖中。示例代码如下,运行需要配置相关 kafka 环境。

```
df = spark \
.read \
.format("kafka") \
.option("kafka.bootstrap.servers", "host1:port1,host2:port2") \
.option("subscribe", "topic1") \
.load()
```

2.从 File Source 创建

支持读取 parquet 文件、csv 文件、json 文件、txt 文件目录,需要指定 schema,示例代码如下:

```
schema = T.StructType().add("name","string").add("age","integer").add("score","double")
dfstudents = spark.readStream.schema(schema).json("./data/students_json")
dfstudents.printSchema()

query = dfstudents.writeStream \
    .outputMode("append")\
    .format("parquet") \
    .option("checkpointLocation", "./data/checkpoint/") \
    .option("path", "./data/students_parquet/") \
    .start()

#query.awaitTermination()
```

3.从 Socket Source 创建

在 bash 中输入 nc -lk 9999 ,开启 socket 网络通信端口,然后在其中输入一些句子,示例代码如下:

```
hello world
hello China
hello guangzhou
Hello seig
```

```
dflines = spark \
    .readStream \
    .format("socket") \
    .option("host", "localhost") \
    .option("port", 9999) \
    .load()
```

7.6 输出 Structured Streaming 的结果

1.输出到 Kafka Sink

注意:df 应当具备以下列:topic、key 和 value,示例代码如下

```
query = df.selectExpr("topic", "CAST(key AS STRING)", "CAST(value AS STRING)") \
    .writeStream()\
    .format("kafka")\
    .option("kafka.bootstrap.servers", "host1:port1,host2:port2")\
    .start()
```

2.输出到 File Sink

示例代码如下:

```
schema = T.StructType().add("name","string").add("age","integer").add("score","double")
dfstudents = spark.readStream.schema(schema).json("./data/students_json")

query = dfstudents \
    .writeStream\
    .format("csv") \
    .option("checkpointLocation", "./data/checkpoint") \
    .option("path", "./data/students_csv") \
    .start()

time.sleep(5)
query.stop()
```

3.输出到 ForeachBatch Sink

对于每一个 Batch,可以当作一个 Static DataFrame 进行处理。示例代码如下:

```
schema = T.StructType().add("name","string").add("age","integer").add("score","double")
dfstudents = spark.readStream.schema(schema).json("./data/students_json")

def foreach_batch_function(df, epoch_id):
    print("epoch_id = ",epoch_id)
    df.show()
```

```
    print("rows = ",df.count())

query = dfstudents.writeStream.foreachBatch(foreach_batch_function).start()

time.sleep(3)
query.stop()
epoch_id = 0
+--------+---+-----+
| name|age|score|
+--------+---+-----+
| Xiaoming| 15| 85.5|
| Xiaoli| 18| 95.0|
| Lily| 15| 68.0|
|Michael| 20| 70.5|
| Andy| 17| 80.0|
| Justin| 19| 87.0|
+--------+---+-----+

rows = 6
```

4.输出到 Console Sink

将结果输出到终端，对于 jupyter 环境调试，可能需要在 jupyter 的 log 日志中去查看。示例代码如下：

```
schema = T.StructType().add("name","string").add("age","integer").add("score","double")
dfstudents = spark.readStream.schema(schema).json("./data/students_json")

dfstudents.writeStream \
    .format("console") \
    .trigger(processingTime='2 seconds') \
    .start()

-------------------------------------------
Batch: 0
-------------------------------------------
+--------+---+-----+
|name|age|score|
+--------+---+-----+
| Xiaoming| 15| 85.5|
| Xiaoli| 18| 95.0|
| Lily| 15| 68.0|
| Michael| 20| 70.5|
| Andy| 17| 80.0|
| Justin| 19| 87.0|
+--------+---+-----+
```

5.输出到 Memory Sink

示例代码如下：

```
schema = T.StructType().add("name","string").add("age","integer").add("score","double")
dfstudents = spark.readStream.schema(schema).json("./data/students_json")

 #设置的 queryName 将成为需要查询的表的名称
query = dfstudents \
    .writeStream \
    .queryName("dfstudents") \
    .outputMode("append") \
    .format("memory") \
    .start()

time.sleep(3)
query.stop()

dfstudents_static = spark.sql("select * from dfstudents")
dfstudents_static.show()

+--------+---+-----+
| name|age|score|
+--------+---+-----+
| Xiaoming| 15| 85.5|
| Xiaoli| 18| 95.0|
| Lily| 15| 68.0|
| Michael| 20| 70.5|
| Andy| 17| 80.0|
| Justin| 19| 87.0|
+--------+---+-----+
```

7.7 实践任务1：词频统计 Word Count 基本案例

7.7.1 案例目的

我们将用 Python 代码在一个目录下不断生成一些简单句子组成的文件，然后用 PySpark 读取文件流，并使用 Structured Streaming 进行词频统计，并将结果打印。

7.7.2 案例流程设计

本案例主要使用 Python 生成文件流，然后通过 PySpark 去读取并利用 Structured Streaming 进行实时统计，如图 7-3 所示。

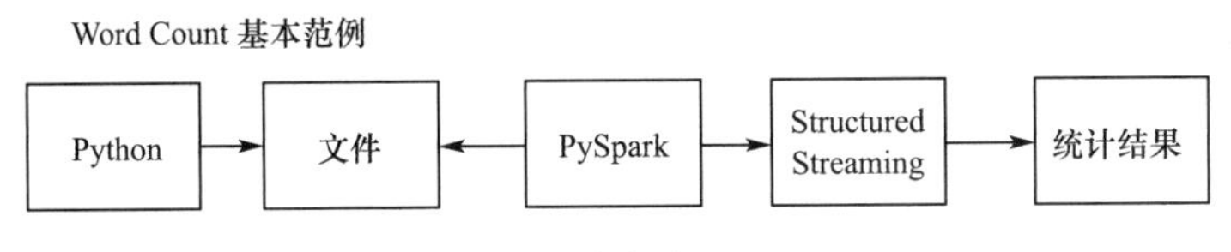

图 7-3 案例流程(1)

7.7.3 实验环境(表 7-2)

表 7-2 实验软件环境

软件版本	说明
Spark-3.1.2	提供一系列的 Spark 生态圈组件技术
Python-3.8.8	生成文件流
Hadoop-3.3.1	HDFS 文件存储

7.7.4 案例实现

1.生成文件流

在/home/hadoop 目录下新建 structuredStreaming 文件夹并进入,命令和操作示例如下所示。

```
mkdir structuredStreaming
cd structuredStreaming/
hadoop@bigdataVM:~$ mkdir structuredStreaming
hadoop@bigdataVM:~$ cd structuredStreaming/
hadoop@bigdataVM:~/structuredStreaming$
```

在/home/hadoop/structuredStreaming 目录下创建 make_streamming_data.py 文件,代码如下:

```
gedit make_streamming_data.py
```

然后复制下面的生成文件流的代码,并通过 subprocess.Popen 调用它异步执行,保存退出 gedit 编辑器,代码示例如下所示。

```
import random
import os
import time
import shutil
sentences = ["learning hadoop in 30 days","learning spark in 20 days","learning AI in 25 days"]
data_path = "/home/hadoop/structuredStreaming/streamming_data"

if os.path.exists(data_path):
    shutil.rmtree(data_path)

os.makedirs(data_path)

for i in range(20):
    line = random.choice(sentences)
```

```
        tmp_file = str(i)+".txt"
        with open(tmp_file,"w") as f:
            f.write(line)
            f.flush()
        shutil.move(tmp_file,os.path.join(data_path,tmp_file))
        time.sleep(1)
```

```
打开(O)  make_streamming_data.py  ~/structuredStreaming  保存(S)
1 import random
2 import os
3 import time
4 import shutil
5 sentences = ["learning hadoop in 30 days","learning spark in 20 days","learning AI in 25 days"]
6 data_path = "/home/hadoop/structuredStreaming/streamming_data"
7
8 if os.path.exists(data_path):
9         shutil.rmtree(data_path)
10
11 os.makedirs(data_path)
12
13 for i in range(20):
14         line = random.choice(sentences)
15         tmp_file = str(i)+".txt"
16         with open(tmp_file,"w") as f:
17                 f.write(line)
18                 f.flush()
19         shutil.move(tmp_file,os.path.join(data_path,tmp_file))
20         time.sleep(1)
21
```

2.编写异步执行文件

继续在/home/hadoop/structuredStreaming 的目录下创建 sub_Popen.py 文件，代码如下：

```
gedit sub_Popen.py
```

然后复制以下异步执行文件代码，并保存退出 gedit 编辑器，代码示例如下所示。

```
import subprocess
cmd = ["python", "make_streamming_data.py"]
process = subprocess.Popen(cmd, stdout=subprocess.PIPE, stderr=subprocess.PIPE)

#process.wait() #等待结束
```

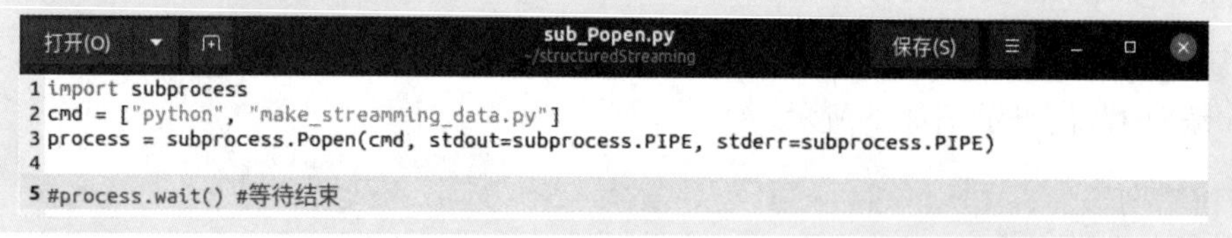

3.编写 Structured Streaming 程序

在/home/hadoop/structuredStreaming 的目录下创建 streaming.py 文件，代码如下：

```
gedit streaming.py
```

将以下 PySpark 代码复制进去，Structured Streaming 程序代码示例如下所示。

```
import findspark
findspark.init()
from pyspark.sql import SparkSession
from pyspark.sql import types as T
from pyspark.sql import functions as F
spark = SparkSession.builder.master('local').appName("streaming").getOrCreate()
spark.sparkContext.setLogLevel('WARN')
```

```
schema = T.StructType().add("value", "string")
data_path = "file:///home/hadoop/structuredStreaming/streamming_data"
dflines = spark \
    .readStream \
    .option("sep", ".") \
    .schema(schema) \
    .csv(data_path)

#实施 operator 转换
dfwords = dflines.select(F.explode(F.split(dflines.value, " ")).alias("word"))
dfwordCounts = dfwords.groupBy("word").count()

#执行 query，注意是异步方式执行，相当于是开启了后台进程
def foreach_batch_function(df, epoch_id):
    print("Batch: ",epoch_id)
    df.show()

query = dfwordCounts \
    .writeStream \
    .outputMode("complete")\
    .foreachBatch(foreach_batch_function) \
    .start()

query.awaitTermination() #阻塞当前进程直到 query 发生异常或者被 stop
```

打开(O) streaming.py ~/structuredStreaming 保存(S)

```
1 import findspark
2 findspark.init()
3 from pyspark.sql import SparkSession
4 from pyspark.sql import types as T
5 from pyspark.sql import functions as F
6 spark = SparkSession.builder.master('local').appName("streaming").getOrCreate()
7 spark.sparkContext.setLogLevel('WARN')
8
9 schema = T.StructType().add("value", "string")
10 data_path = "file:///home/hadoop/structuredStreaming/streamming_data"
11
12 dflines = spark \
13     .readStream \
14     .option("sep", ".") \
15     .schema(schema) \
16     .csv(data_path)
17
18 #实施operator转换
19 dfwords = dflines.select(F.explode(F.split(dflines.value, " ")).alias("word"))
20 dfwordCounts = dfwords.groupBy("word").count()
21
22 #执行query，注意是异步方式执行，相当于是开启了后台进程
23 def foreach_batch_function(df, epoch_id):
24     print("Batch: ",epoch_id)
25     df.show()
26
27 query = dfwordCounts \
28     .writeStream \
29     .outputMode("complete")\
30     .foreachBatch(foreach_batch_function) \
31     .start()
32
33 query.awaitTermination() #阻塞当前进程直到query发生异常或者被stop
```

7.7.5 运行并查看结果

新建一个终端，执行以下命令启动 Hadoop 和运行 sub_Popen.py，若不启动 Hadoop 会报连接不了 9000 端口错误，如图 7-4 所示。

```
cd /home/hadoop/structuredStreaming/
python sub_Popen.py
start-all.sh
```

```
py4j.protocol.Py4JJavaError: An error occurred while calling o51.start.
: java.net.ConnectException: Call From bigdataVM/127.0.1.1 to localhost:9000 failed on connection exc
eption: java.net.ConnectException: 拒绝连接; For more details see:  http://wiki.apache.org/hadoop/Con
nectionRefused
        at java.base/jdk.internal.reflect.NativeConstructorAccessorImpl.newInstance0(Native Method)
        at java.base/jdk.internal.reflect.NativeConstructorAccessorImpl.newInstance(NativeConstructor
AccessorImpl.java:62)
        at java.base/jdk.internal.reflect.DelegatingConstructorAccessorImpl.newInstance(DelegatingCon
structorAccessorImpl.java:45)
        at java.base/java.lang.reflect.Constructor.newInstance(Constructor.java:490)
        at org.apache.hadoop.net.NetUtils.wrapWithMessage(NetUtils.java:913)
        at org.apache.hadoop.net.NetUtils.wrapException(NetUtils.java:828)
        at org.apache.hadoop.ipc.Client.getRpcResponse(Client.java:1577)
        at org.apache.hadoop.ipc.Client.call(Client.java:1519)
        at org.apache.hadoop.ipc.Client.call(Client.java:1416)
        at org.apache.hadoop.ipc.ProtobufRpcEngine2$Invoker.invoke(ProtobufRpcEngine2.java:242)
        at org.apache.hadoop.ipc.ProtobufRpcEngine2$Invoker.invoke(ProtobufRpcEngine2.java:129)
        at com.sun.proxy.$Proxy24.mkdirs(Unknown Source)
        at org.apache.hadoop.hdfs.protocolPB.ClientNamenodeProtocolTranslatorPB.mkdirs(ClientNamenode
ProtocolTranslatorPB.java:674)
```

图 7-4 报错显示

然后提交 PySpark 到 Spark，运行 streaming.py，命令如下，统计结果如图 7-5 所示。

```
cd /opt/spark/
./bin/spark-submit /home/hadoop/structuredStreaming/streaming.py
```

```
hadoop@bigdataVM:/opt/spark$ ./bin/spark-submit /home/hadoop/structuredStreaming/streaming.py
WARNING: An illegal reflective access operation has occurred
WARNING: Illegal reflective access by org.apache.spark.unsafe.Platform (file:/opt/spark/jars/spark-un
safe_2.12-3.1.2.jar) to constructor java.nio.DirectByteBuffer(long,int)
WARNING: Please consider reporting this to the maintainers of org.apache.spark.unsafe.Platform
WARNING: Use --illegal-access=warn to enable warnings of further illegal reflective access operations
WARNING: All illegal access operations will be denied in a future release
22/02/05 00:57:43 WARN StreamingQueryManager: Temporary checkpoint location created which is deleted
normally when the query didn't fail: /tmp/temporary-7d3be321-747e-4cbe-bd28-a5f45a31fb21. If it's req
uired to delete it under any circumstances, please set spark.sql.streaming.forceDeleteTempCheckpointL
ocation to true. Important to know deleting temp checkpoint folder is best effort.
Batch:  0
+--------+-----+
|    word|count|
+--------+-----+
|      30|    6|
|      in|   20|
|    days|   20|
|learning|   20|
|      AI|    6|
|      25|    6|
|   spark|    8|
```

图 7-5 统计结果

7.8 实践任务 2:基于 Spark 的广告点击流实时统计

7.8.1 案例背景

电商网站通常会存在一些广告位,当用户浏览网站时,投放的广告内容会在对应广告位显示。此时,有些用户可能会点击广告跳转到对应界面去查看详情,从而提升用户在网站的浏览深度和购买概率。针对这种用户广告点击行为的实时数据进行实时计算和统计,可以帮助公司实时地掌握各种广告的投放效果,以便于后续能够及时地对广告投放相关的策略进行调整和优化,以期望通过广告的投放获取更高的收益。

7.8.2 案例目的

本案例主要通过用户广告点击流数据实现广告点击流实时统计。首先,我们对数据集进行分析,了解广告点击流的数据结构。其次,通过实现思路分析,了解广告点击流实时统计的实现流程。再次,通过 Jupyter Notebook 开发工具实现广告点击流实时统计程序并将统计结果实时存储到 Redis 数据库,掌握运用 Python 语言编写 Structured Streaming、Redis 和 Kafka 程序的能力。最后在 Jupyter Notebook 开发工具运行用户广告点击流实时统计程序,了解 Jupyter Notebook 开发工具运行程序的方法。

7.8.3 案例流程

本案例先通过 Pandas 读取原数据,然后通过 Pykafka 发送数据到 Kafka,再使用 Structured Streaming 读取 Kafka 的数据进行实时统计,最后将统计的结果存放到 Redis 数据库中,如图 7-6 所示。

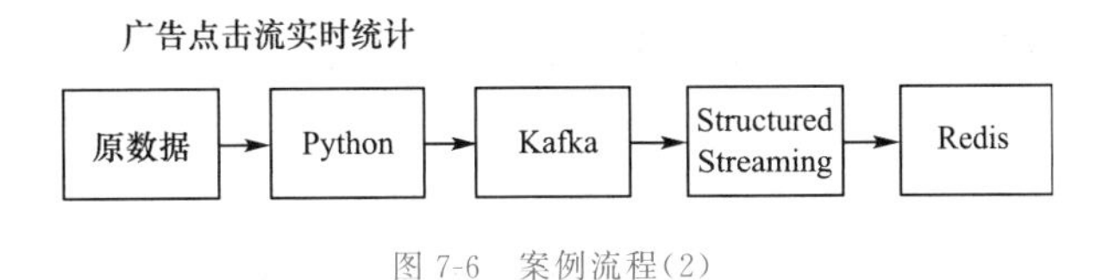

图 7-6 案例流程(2)

7.8.4 实验环境(表 7-2)

表 7-3 实验软件环境

软件版本	说明
Spark-3.1.2	提供一系列的 Spark 生态圈组件技术
Redis-6.2.6	存储 Key-Value 数据
Python-3.8.8	读取数据并发送数据到 Kafka
Kafka-3.0.0	高吞吐量的分布式发布订阅消息系统

7.8.5 Kafka 的发送与订阅

1.安装相关 Kafka 库

要使用 Python 与 Kafka 进行交互,先安装相关的 Kafka 库,命令与操作如下所示。

```
pip install kafka
pip install kafka-python
pip install pykafka
```

```
hadoop@bigdataVM:/opt/kafka-3.0.0$ pip install kafka
Collecting kafka
  Downloading kafka-1.3.5-py2.py3-none-any.whl (207 kB)
     |████████████████████████████████| 207 kB 997 kB/s
Installing collected packages: kafka
Successfully installed kafka-1.3.5

hadoop@bigdataVM:/opt/kafka-3.0.0$ pip install pykafka
Collecting pykafka
  Downloading pykafka-2.8.0.tar.gz (141 kB)
     |████████████████████████████████| 141 kB 991 kB/s
Collecting kazoo==2.5.0
  Downloading kazoo-2.5.0-py2.py3-none-any.whl (129 kB)
     |████████████████████████████████| 129 kB 3.7 MB/s
Requirement already satisfied: six>=1.5 in /usr/lib/python3/dist-packages (from pykafka) (1.14.0)
Collecting tabulate
  Downloading tabulate-0.8.9-py3-none-any.whl (25 kB)
Building wheels for collected packages: pykafka
  Building wheel for pykafka (setup.py) ... done
  Created wheel for pykafka: filename=pykafka-2.8.0-py2.py3-none-any.whl size=171512 sha256=74600d
db63f072651f65ae674755e937a614c1755ad040c45f54d81b5e67142
  Stored in directory: /home/hadoop/.cache/pip/wheels/eb/ae/45/73c8008af696cbc0bc132aefddd03f43138
22f5a157b54132
Successfully built pykafka
Installing collected packages: kazoo, tabulate, pykafka
Successfully installed kazoo-2.5.0 pykafka-2.8.0 tabulate-0.8.9

hadoop@bigdataVM:/opt/kafka-3.0.0$ pip install kafka-python
Collecting kafka-python
  Downloading kafka_python-2.0.2-py2.py3-none-any.whl (246 kB)
     |████████████████████████████████| 246 kB 40 kB/s
Installing collected packages: kafka-python
Successfully installed kafka-python-2.0.2
```

2.启动服务并创建主题

使用 Kafka 首先启动 Kafka 内置的 Zookeeper,新建一个终端并输入命令如下:

```
cd /opt/kafka-3.0.0/
bin/zookeeper-server-start.sh config/zookeeper.properties
```

其次再新建一个终端启动 Kafka 服务,输入以下命令:

```
cd /opt/kafka-3.0.0/
./bin/kafka-server-start.sh config/server.properties
```

新建一个终端进入/opt/kafka-3.0.0/目录创建一个主题为 streaming,命令与操作如下所示。

```
./bin/kafka-topics.sh --create --bootstrap-server localhost:9092 -replication-factor 1 --partitions 1 --
topic streaming
```

```
hadoop@bigdataVM:/opt/kafka-3.0.0$ ./bin/kafka-topics.sh --create --bootstrap-server localhost:9092
 -replication-factor 1 --partitions 1 --topic streaming
Created topic streaming.
```

查看主题是否已经成功创建,命令与操作如下所示。

```
./bin/kafka-topics.sh --list --bootstrap-server localhost:9092
```

```
hadoop@bigdataVM:/opt/kafka-3.0.0$ ./bin/kafka-topics.sh --list --bootstrap-server localhost:9092
__consumer_offsets
streaming
test1
```

3.字段分析

将数据集放到/home/hadoop/jupyternotebook 目录下并查看前 10 行数据，如图 7-7 所示。

```
hadoop@bigdataVM:~/jupyternotebook$ head -10 user_advertising.csv
actionTime,user_id,item_id,province
2020/4/21 10:11,43630,453375,天津
2020/3/5 11:44,384699,592221,广东
2018/9/10 18:17,327422,804613,安徽
2020/3/31 10:52,259659,322547,黑龙江
2020/3/31 10:52,100578,1024950,重庆
2020/3/31 10:52,65882,258182,陕西
2020/3/31 10:52,38773,144532,山东
2020/3/31 10:52,247741,476160,宁夏
2020/3/13 11:15,332026,751637,贵州
```

图 7-7　查看数据(1)

由图 7-7 可知数据集有四个字段组成，具体字段描述如表 7-4 所示。

表 7-4　字段描述

字段名	描述
actionTime	时间戳
user_id	用户 ID
item_id	广告 ID
province	省份

4.发送数据

使用 Pandas 读取数据，如图 7-8 所示。

```
In [1]: import pandas as pd
        data = pd.read_csv('user_advertising.csv')
        data.head()
Out[1]:
```

	actionTime	user_id	item_id	province
0	2020/4/21 10:11	43630.0	453375.0	天津
1	2020/3/5 11:44	384699.0	592221.0	广东
2	2018/9/10 18:17	327422.0	804613.0	安徽
3	2020/3/31 10:52	259659.0	322547.0	黑龙江
4	2020/3/31 10:52	100578.0	1024950.0	重庆

图 7-8　读取数据(1)

向 kafka 主题 streaming 发送数据，如图 7-9 所示。准备好代码，先不要运行。

```
In [6]: import time
        from pykafka import KafkaClient
        host = 'localhost:9092'
        client = KafkaClient(hosts = host)
        topic = client.topics["streaming".encode()]
        with topic.get_sync_producer() as producer:
            for i in range(len(data)):
                producer.produce((str(data['item_id'][i])).encode())
```

图 7-9　发送数据(1)

7.8.6 Structured Streaming 实时统计实现

1.准备工作

把 Jar 包拷贝到 spark 的 jars 目录下，如图 7-10 所示。

```
commons-pool2-2.11.1.jar
kafka-clients-3.0.0.jar
spark-sql-kafka-0-10_2.12-3.1.2.jar
spark-token-provider-kafka-0-10_2.12-3.1.2.jar
```

图 7-10 配置 Jar 包(1)

安装 Redis 库，命令和操作如下所示。

```
pip install redis
```

```
hadoop@bigdataVM:~$ pip install redis
Collecting redis
  Downloading redis-4.1.1-py3-none-any.whl (173 kB)
     |████████████████████████████████| 173 kB 866 kB/s
Collecting deprecated>=1.2.3
  Downloading Deprecated-1.2.13-py2.py3-none-any.whl (9.6 kB)
Requirement already satisfied: packaging>=20.4 in ./.local/lib/python3.8/site-packages (from redis) (21.3)
Collecting wrapt<2,>=1.10
  Downloading wrapt-1.13.3-cp38-cp38-manylinux_2_5_x86_64.manylinux1_x86_64.manylinux_2_12_x86_64.manylinux2010_x86_64.whl (84 kB)
     |████████████████████████████████| 84 kB 4.5 MB/s
Requirement already satisfied: pyparsing!=3.0.5,>=2.0.2 in ./.local/lib/python3.8/site-packages (from packaging>=20.4->redis) (3.0.6)
Installing collected packages: wrapt, deprecated, redis
Successfully installed deprecated-1.2.13 redis-4.1.1 wrapt-1.13.3
```

输入以下命令启动 Hadoop 服务和 Redis 服务：

```
start-all.sh
cd /opt/redis-6.2.6/src/
./redis-server
```

在/home/hadoop 目录下创建一个 count_item.py 文件，命令如下：

```
gedit count_item.py
```

将把以下内容复制到文件中并保存退出：

```
import redis
r1 = redis.Redis()
def save_data(df,epoch_id):
    num = df.select('count').rdd.flatMap(lambda x:x).collect()
    item = df.select('item_id').rdd.flatMap(lambda x:x).collect()
    for i in range(len(item)):
        r1.set(item[i],num[i])
    pass

import findspark
findspark.init()
from pyspark.sql import SparkSession
spark = SparkSession.builder.master('local').appName("streaming").getOrCreate()
spark.sparkContext.setLogLevel('WARN')

df = spark \
```

```
        .readStream \
        .format("kafka") \
        .option("kafka.bootstrap.servers", "localhost:9092") \
        .option("subscribe", "streaming") \
        .load()

df = df.selectExpr("cast(value as String) item_id")
df = df.groupBy("item_id").count()

query = df \
        .writeStream \
        .outputMode('update') \
        .foreachBatch(save_data) \
        .start()

query.awaitTermination()
```

2.运行代码

新建一个终端,进入/opt/spark/jars 目录下输入以下命令进行实时统计,如图 7-11 所示。

```
../bin/spark-submit --jars spark-sql-kafka-0-10_2.12-3.1.2.jar,kafka-clients-3.0.0.jar,spark-token-provider-kafka-0-10_2.12-3.1.2.jar,commons-pool2-2.11.1.jar /home/hadoop/count_item.py
```

```
hadoop@bigdataVM:/opt/spark/jars$  ../bin/spark-submit --jars spark-sql-kafka-0-10_2.12-3.1.2.jar,kafka-clients-3.0.0.jar,spark-token-pr
ovider-kafka-0-10_2.12-3.1.2.jar,commons-pool2-2.11.1.jar /home/hadoop/count_item.py
WARNING: An illegal reflective access operation has occurred
WARNING: Illegal reflective access by org.apache.spark.unsafe.Platform (file:/opt/spark/jars/spark-unsafe_2.12-3.1.2.jar) to constructor
 java.nio.DirectByteBuffer(long,int)
WARNING: Please consider reporting this to the maintainers of org.apache.spark.unsafe.Platform
WARNING: Use --illegal-access=warn to enable warnings of further illegal reflective access operations
WARNING: All illegal access operations will be denied in a future release
22/01/26 14:48:59 WARN StreamingQueryManager: Temporary checkpoint location created which is deleted normally when the query didn't fail
: /tmp/temporary-e498b1cf-eb50-428f-a393-867835452a35. If it's required to delete it under any circumstances, please set spark.sql.strea
ming.forceDeleteTempCheckpointLocation to true. Important to know deleting temp checkpoint folder is best effort.
```

图 7-11 实时统计(1)

看到图 7-11 的显示后就可以回到图 7-9 运行代码发送数据到 Kafka。

7.8.7 数据查看

新建一个终端进入/opt/redis-6.2.6/src/目录,并输入以下命令:

```
cd /opt/redis-6.2.6/src/
./redis-cli
```

查看实时统计的数据是否已经存到 Redis 中,如图 7-12 所示。

```
127.0.0.1:6379> keys *
 1) "gss"
 2) "592221.0"
 3) "144532.0"
 4) "804613.0"
 5) "476160.0"
 6) "258182.0"
 7) "322547.0"
 8) "1024950.0"
 9) "864234.0"
10) "751637.0"
11) "453375.0"
```

图 7-12 查看数据(2)

7.9 实践任务3:基于Spark的电商成交额实时统计

7.9.1 案例背景

双十一是每年11月11日的电商促销活动,2018年最终24小时总成交额为2135亿元。现场庆典中,成交额在大屏幕中实时刷新展示,这就用到了数据可视化技术,数据可视化是借助图形化手段,将数据库中的每条数据以图像形式展示在前端页面,清晰有效地传达交易信息。

7.9.2 案例目的

本案例通过Structured Streaming技术开发商品实时交易数据统计模块案例,该系统主要功能是在前端页面以动态报表展示后端不断增长的数据,这也是所谓的看板平台。通过学习并开发看板平台,从而理解大数据实时计算架构的开发流程,并能够掌握Spark实时计算框架Structured Streaming在实际应用中的使用方法。

7.9.3 案例流程设计

本案例首先通过Pandas读取原数据,然后通过Pykafka发送数据到Kafka,其次使用Structured Streaming读取Kafka的数据进行实时统计,最后将统计的结果存放到Redis数据库中并使用PyEcharts进行数据可视化,如图7-13所示。

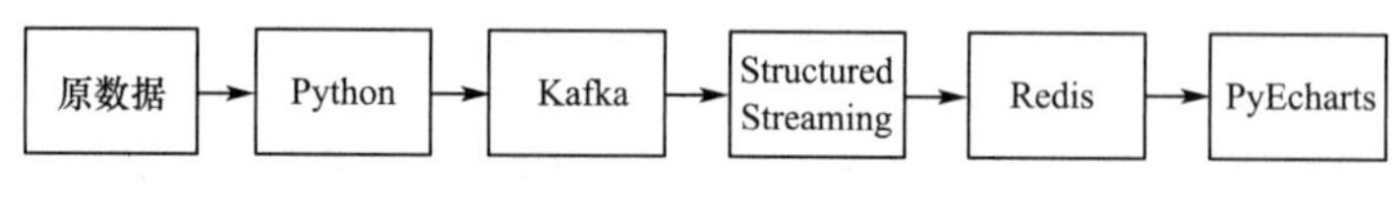

图7-13 案例流程(3)

7.9.4 实验环境(表7-5)

表7-5 技术描述

技术	作用
Spark-3.1.2	提供一系列的Spark生态圈组件技术
Redis-6.2.6	存储Key-Value数据
Python-3.8.8	读取数据并发送数据到Kafka
Kafka-3.0.0	高吞吐量的分布式发布订阅消息系统
PyEcharts-1.9.1	提供直观、生动、可交互、可个性化定制的数据可视化

7.9.5 Kafka的发送与订阅

1.安装相关Kafka库

要使用Python与Kafka进行交互,先安装相关的Kafka库,命令与操作如下所示。

```
pip install kafka
pip install kafka-python
pip install pykafka
```

```
hadoop@bigdataVM:/opt/kafka-3.0.0$ pip install kafka
Collecting kafka
  Downloading kafka-1.3.5-py2.py3-none-any.whl (207 kB)
     |████████████████████████████████| 207 kB 997 kB/s
Installing collected packages: kafka
Successfully installed kafka-1.3.5
```

```
hadoop@bigdataVM:/opt/kafka-3.0.0$ pip install pykafka
Collecting pykafka
  Downloading pykafka-2.8.0.tar.gz (141 kB)
     |████████████████████████████████| 141 kB 991 kB/s
Collecting kazoo==2.5.0
  Downloading kazoo-2.5.0-py2.py3-none-any.whl (129 kB)
     |████████████████████████████████| 129 kB 3.7 MB/s
Requirement already satisfied: six>=1.5 in /usr/lib/python3/dist-packages (from pykafka) (1.14.0)
Collecting tabulate
  Downloading tabulate-0.8.9-py3-none-any.whl (25 kB)
Building wheels for collected packages: pykafka
  Building wheel for pykafka (setup.py) ... done
  Created wheel for pykafka: filename=pykafka-2.8.0-py2.py3-none-any.whl size=171512 sha256=74600d
db63f072651f65ae674755e937a614c1755ad040c45f54d81b5e67142
  Stored in directory: /home/hadoop/.cache/pip/wheels/eb/ae/45/73c8008af696cbc0bc132aefddd03f43138
22f5a157b54132
Successfully built pykafka
Installing collected packages: kazoo, tabulate, pykafka
Successfully installed kazoo-2.5.0 pykafka-2.8.0 tabulate-0.8.9
```

```
hadoop@bigdataVM:/opt/kafka-3.0.0$ pip install kafka-python
Collecting kafka-python
  Downloading kafka_python-2.0.2-py2.py3-none-any.whl (246 kB)
     |████████████████████████████████| 246 kB 40 kB/s
Installing collected packages: kafka-python
Successfully installed kafka-python-2.0.2
```

2.启动服务并创建主题

使用 Kafka 先启动 Kafka 内置的 Zookeeper，新建一个终端并输入命令如下：

```
cd /opt/kafka-3.0.0/
bin/zookeeper-server-start.sh config/zookeeper.properties
```

然后新建一个终端启动 Kafka 服务，输入以下命令：

```
cd /opt/kafka-3.0.0/
./bin/kafka-server-start.sh config/server.properties
```

再新建一个终端进入/opt/kafka-3.0.0/目录下创建一个主题为 streaming，命令与操作如下所示。

```
./bin/kafka-topics.sh --create --bootstrap-server localhost:9092 -replication-factor 1 --partitions 1 --
topic streaming
```

```
hadoop@bigdataVM:/opt/kafka-3.0.0$ ./bin/kafka-topics.sh --create --bootstrap-server localhost:9092
 -replication-factor 1 --partitions 1 --topic streaming
Created topic streaming.
```

查看主题是否已经成功创建，命令与操作如下所示。

```
./bin/kafka-topics.sh --list --bootstrap-server localhost:9092
```

```
hadoop@bigdataVM:/opt/kafka-3.0.0$ ./bin/kafka-topics.sh --list --bootstrap-server localhost:9092
__consumer_offsets
streaming
test1
```

3.字段分析

把数据集放到/home/hadoop/jupyternotebook 目录下并查看前 10 行数据，如图 7-14 所示。

```
hadoop@bigdataVM:~/jupyternotebook$ head -10 data_money.csv
orderId,courseId,price
oqkc5JuRSl,106,319
R92ewuByaG,136,364
Vh1URtBIpf,205,491
Q6Evd1MNVF,26,319
7ZQeFEozkN,34,299
HZ0estBlCm,22,199
8Q0mZuE1sx,17,299
hiPklCgDyv,31,12149
OSkpU8TX4M,4,369
```

图 7-14　查看数据(3)

由图 7-14 可得数据集有三个字段组成，具体字段描述如表 7-6 所示。

表 7-6　字段描述

字段名	含义
orderId	订单 ID
courseId	商品 ID
price	金额

4.发送数据

使用 Pandas 读取数据，如图 7-15 所示。

```
In [1]: import pandas as pd
        data = pd.read_csv('data_money.csv')
        data.head()
```

Out[1]:

	orderId	courseId	price
0	oqkc5JuRSl	106	319
1	R92ewuByaG	136	364
2	Vh1URtBIpf	205	491
3	Q6Evd1MNVF	26	319
4	7ZQeFEozkN	34	299

图 7-15　读取数据(2)

向 kafka 主题为 streaming 的发送数据，如图 7-16 所示。准备好代码，先不要运行。

```
In [18]: import time
         from pykafka import KafkaClient
         host = 'localhost:9092'
         client = KafkaClient(hosts = host)
         topic = client.topics["streaming".encode()]
         with topic.get_sync_producer() as producer:
             for i in range(len(data)):
                 producer.produce((str(data['price'][i])).encode(),partition_key = bytes(str(data['courseId'][i]),encoding='utf-8'))
```

图 7-16　发送数据(2)

7.9.6 Structured Streaming 实时统计

1.准备工作

把 Jar 包拷贝到 spark 的 jars 目录下，如图 7-17 所示。

```
commons-pool2-2.11.1.jar
kafka-clients-3.0.0.jar
spark-sql-kafka-0-10_2.12-3.1.2.jar
spark-token-provider-kafka-0-10_2.12-3.1.2.jar
```

图 7-17　配置 Jar 包(2)

安装 Redis 库，命令与操作如下所示。

```
pip install redis
```

```
hadoop@bigdataVM:~$ pip install redis
Collecting redis
  Downloading redis-4.1.1-py3-none-any.whl (173 kB)
     |████████████████████████████████| 173 kB 866 kB/s
Collecting deprecated>=1.2.3
  Downloading Deprecated-1.2.13-py2.py3-none-any.whl (9.6 kB)
Requirement already satisfied: packaging>=20.4 in ./.local/lib/python3.8/site-packages (from redis) (21.3)
Collecting wrapt<2,>=1.10
  Downloading wrapt-1.13.3-cp38-cp38-manylinux_2_5_x86_64.manylinux1_x86_64.manylinux_2_12_x86_64.manylinux2010_x86_64.whl (84 kB)
     |████████████████████████████████| 84 kB 4.5 MB/s
Requirement already satisfied: pyparsing!=3.0.5,>=2.0.2 in ./.local/lib/python3.8/site-packages (from packaging>=20.4->redis) (3.0.6)
Installing collected packages: wrapt, deprecated, redis
Successfully installed deprecated-1.2.13 redis-4.1.1 wrapt-1.13.3
```

输入以下命令启动 Hadoop 服务和 Redis 服务。

```
start-all.sh
cd /opt/redis-6.2.6/src/
./redis-server
```

在/home/hadoop 目录下创建一个 count_item.py 文件，命令如下：

```
gedit sum_money.py
```

然后把以下内容复制到文件中保存并退出。

```
import redis
r1 = redis.Redis()
def save_data(df,epoch_id):
    money = df.select('money').rdd.flatMap(lambda x:x).collect()
    item = df.select('itemId').rdd.flatMap(lambda x:x).collect()
    for i in range(len(item)):
        r1.set(item[i],money[i])
    pass

import findspark
findspark.init()
from pyspark.sql import SparkSession
spark = SparkSession.builder.master('local').appName("streaming").getOrCreate()
spark.sparkContext.setLogLevel('WARN')

df = spark \
    .readStream \
    .format("kafka") \
    .option("kafka.bootstrap.servers", "localhost:9092") \
    .option("subscribe", "streaming") \
    .load()

df = df.selectExpr("cast(key as String) key","cast(value as String) value")
df.createOrReplaceTempView('order')
sum_money = spark.sql('select key as itemId,sum(value) as money from order group by key')
```

```
query = sum_money \
    .writeStream \
    .outputMode('update') \
    .foreachBatch(save_data) \
    .start()

query.awaitTermination()
```

2.运行代码

新建一个终端进入/opt/spark/jars目录输入以下命令进行实时统计，如图7-18所示。

```
../bin/spark-submit --jars spark-sql-kafka-0-10_2.12-3.1.2.jar,kafka-clients-3.0.0.jar,spark-token-provider-kafka-0-10_2.12-3.1.2.jar,commons-pool2-2.11.1.jar /home/hadoop/sum_money.py
```

```
hadoop@bigdataVM:/opt/spark/jars$  ../bin/spark-submit --jars spark-sql-kafka-0-10_2.12-3.1.2.jar,
kafka-clients-3.0.0.jar,spark-token-provider-kafka-0-10_2.12-3.1.2.jar,commons-pool2-2.11.1.jar /h
ome/hadoop/sum_money.py
WARNING: An illegal reflective access operation has occurred
WARNING: Illegal reflective access by org.apache.spark.unsafe.Platform (file:/opt/spark/jars/spark
-unsafe_2.12-3.1.2.jar) to constructor java.nio.DirectByteBuffer(long,int)
WARNING: Please consider reporting this to the maintainers of org.apache.spark.unsafe.Platform
WARNING: Use --illegal-access=warn to enable warnings of further illegal reflective access operati
ons
WARNING: All illegal access operations will be denied in a future release
22/01/27 22:07:39 WARN StreamingQueryManager: Temporary checkpoint location created which is delet
ed normally when the query didn't fail: /tmp/temporary-bbc41792-7b06-494b-aba3-474097a2b56b. If it
's required to delete it under any circumstances, please set spark.sql.streaming.forceDeleteTempCh
eckpointLocation to true. Important to know deleting temp checkpoint folder is best effort.
```

图7-18 实时统计(2)

看到图7-18的显示后就可以回到图7-16运行代码发送数据到Kafka。

7.9.7 Redis数据查看

新建一个终端进入/opt/redis-6.2.6/src/目录，并输入以下命令：

```
cd /opt/redis-6.2.6/src/
./redis-cli
```

再查看实时统计的数据是否已经存到Redis中，如图7-19所示。

```
127.0.0.1:6379> keys *
 1) "34"
 2) "26"
 3) "17"
 4) "132"
 5) "31"
 6) "86"
 7) "106"
 8) "136"
 9) "7"
10) "51"
```

图7-19 查看数据(4)

7.9.8 数据可视化

1.折线图

使用 Python 读取 Redis 中的数据，然后对数据用折线图进行数据可视化，如图 7-20 和图 7-21 所示。

```
In  [35]: import redis
          r1 = redis.Redis(host='localhost', port=6379, db=0, decode_responses=True)
          key = r1.keys()
          values = []
          for i in range(len(key)):
              values.append(r1.get(key[i]))

          from pyecharts.charts import Line
          import pyecharts.options as opts
          line=(Line(init_opts=opts.InitOpts(height='400px'))
              .add_xaxis(key)
              .add_yaxis('成交额', values)
              .set_global_opts(xaxis_opts=opts.AxisOpts(name='商品ID', name_location='middle', name_gap=30),
                              title_opts=opts.TitleOpts(title='电商成交额')))
          line.render_notebook()
```

图 7-20　可视化代码(1)

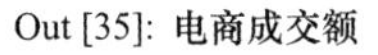
Out [35]: 电商成交额

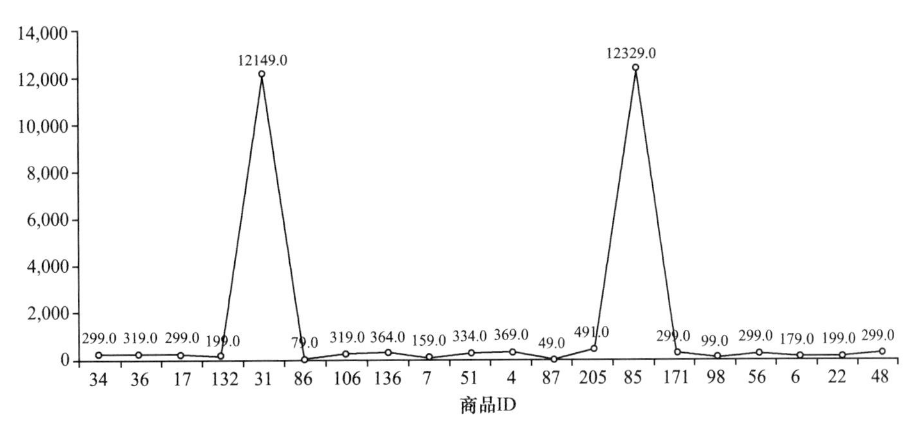

图 7-21　可视化结果(1)

2.柱状图

使用 Python 读取 Redis 中的数据，然后对数据用柱状图进行数据可视化，如图 7-22 和图 7-23 所示。

```
In  [36]: from pyecharts import options as opts
          from pyecharts.charts import Bar
          bar = (Bar(init_opts=opts.InitOpts(width='900px',height='400px'))
                .add_xaxis(key).add_yaxis('成交额', values)
               .set_global_opts(xaxis_opts=opts.AxisOpts(name='商品ID', name_location='middle', name_gap=30),
                              title_opts=opts.TitleOpts(title='电商成交额')))
          bar.render_notebook()
```

图 7-22　可视化代码(2)

Out [36]:

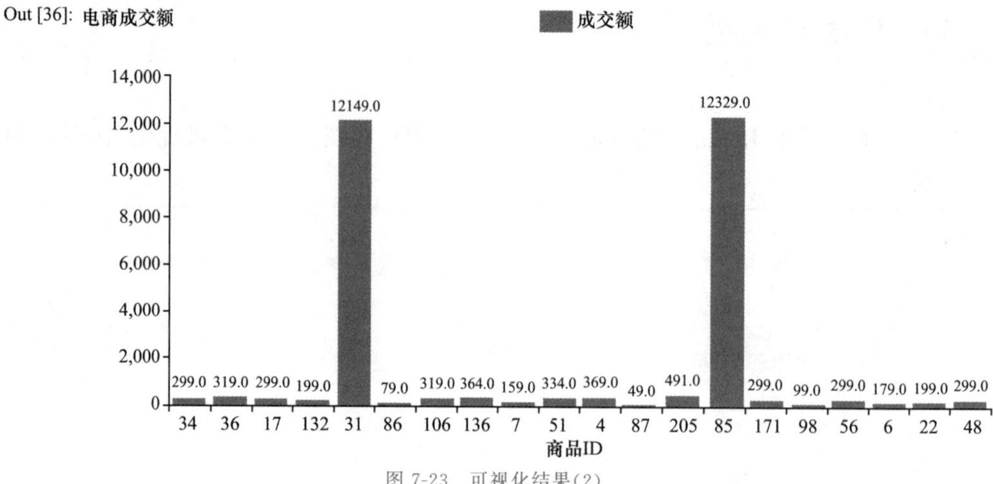

图 7-23　可视化结果(2)

7.10 小　结

本章首先对 Structured Streaming 进行了简介,并比较了 Spark Streaming 和 Spark Structured Streaming 之间的区别;其次说明了微批处理和连续处理的原理,并总结了 Structured Streaming 的主要优势;再次介绍了编程模型、输入源与输出操作、容错处理,并给出了创建和输出 Structured Streaming 的示例代码;最后通过词频统计基本案例、基于 Spark 的广告流点击实时统计、基于 Spark 的电商成交额实时统计 3 个实践任务巩固所学知识,达到学以致用的目的。

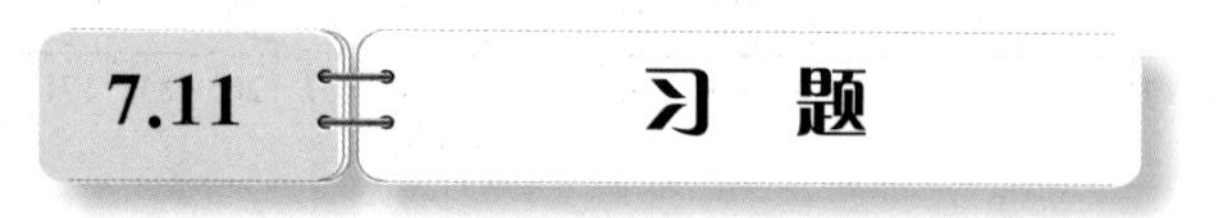

7.11 习　题

1.简述 Structured Streaming。

2.简述 Spark Streaming 和 Spark Structured Streaming 的区别。

3.简述微批处理和连续处理的区别。

4.简述 Structured Streaming 的主要优势。

第8章 Spark MLlib 机器学习库

学习目标

1.了解机器学习的概念
2.理解机器学习的分类和应用
3.掌握 MLlib 机器学习库
4.理解 Spark 机器学习工作流程
5.理解基于 Spark 的基本统计和分类
6.掌握基于 Spark 的推荐模型应用

思政元素

第一部分:基础理论

8.1 机器学习概述

8.1.1 机器学习简介

机器学习是一门多领域交叉学科,涉及概率论、统计学、逼近论、算法复杂度理论等多门学科,专门研究计算机如何模拟或实现人类的学习行为,以获取新的知识或技能,重新组织已有的知识结构使之不断改善自身的性能。

机器学习可以看作是一门人工智能的科学,该领域的主要研究对象是人工智能。机器学习利用数据或以往的经验，以此优化计算机程序的性能标准。机器学习强调三个关键词：算法、经验、性能。

机器学习是一种能够赋予机器进行自主学习，不依靠人工进行自主判断的技术，它和人类对历史经验归纳的过程有着相似之处。机器学习和人类经验流程比较如图 8-1 所示。

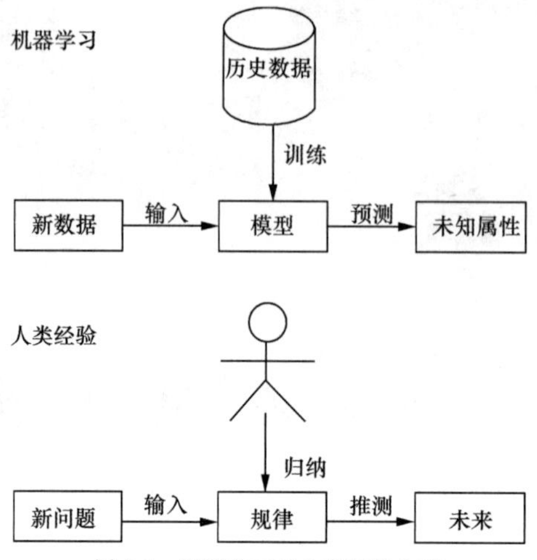

图 8-1　机器学习和人类经验比较

8.1.2 机器学习分类

在机器学习领域中，按照学习方式分类，可以让研究人员在建模和算法选择的时候，考虑根据输入数据来选择合适的算法从而得到更好的效果。通常机器学习可以分为有监督学习、无监督学习和强化学习三种。

1.有监督学习

从样本中学习，通过已有的训练样本(已知数据以及其对应的输出)训练得到一个最优模型，再利用这个模型将所有的输入映射为相应的输出，对输出进行简单的判断从而实现分类的目的。例如，分类、回归和推荐算法都属于有监督学习。有监督学习的应用包括手写体识别、光学字符识别(OCR)、计算机视觉中的物体识别、垃圾邮件检测、语音识别等。

2.无监督学习

类似于自学，根据类别未知(没有被标记)的训练样本，而需要直接对数据进行建模，我们无法知道要预测的答案。例如，聚类、降维和文本处理的某些特征提取都属于无监督学习。

3.强化学习

强化学习会根据环境的反馈信息调优，类似于人通过试错进行学习，其在环境中行动并且获得这些行动的回报，根据反馈调整自己的行为使得回报最大化。强化学习分为基于模型与无模型、主动式与被动式。强化学习的典型应用包括机器人导航、计算机游戏(国际象棋、围棋)等。

8.1.3 机器学习应用

1.电子商务

机器学习在电商领域的应用主要涉及搜索、广告、推荐三个方面。在机器学习的参与

下，搜索引擎能够更好的理解语义，对用户搜索的关键词进行匹配，同时它可以对点击率与转化率进行深度分析，从而利于用户选择更加符合自己需求的商品。

2.医疗

普通医疗体系并不能永远保持精准且快速的诊断，在目前研究阶段中，技术人员利用机器学习对上百万个病例数据库的医学影像进行图像识别分析数据，并训练模型，帮助医生做出更精准高效的诊断。

3.金融

机器学习正在对金融行业产生重大的影响，例如在金融领域最常见的应用是过程自动化，该技术可以替代体力劳动，从而提高生产力。例如摩根大通推出了利用自然语言处理技术的智能合同的解决方案，该解决方案可以从文件合同中提取重要数据，大大节省了人工体力劳动成本。机器学习还可以应用于风控领域，银行通过大数据技术，监控账户的交易参数，分析持卡人的用户行为，从而判断该持卡人信用级别。

8.2 Spark 机器学习库 MLlib 简介

Spark机器学习库MLlib简介

8.2.1 MLlib 简介

MLlib 是 Spark 提供的可扩展的机器学习库，其中封装了一些通用机器学习算法和工具类，包括分类、回归、聚类、降维等，开发人员在开发过程中只需要关注数据、传递参数和调试参数，而不需要关注算法本身。可以让开发者轻松的通过调用相应的 API 来实现基于海量数据的机器学习过程。

Spark 是基于内存计算的，天然适应于数据挖掘的迭代式计算，但是对于普通开发者来说，实现分布式的数据挖掘算法仍然具有极大的挑战性。因此，Spark 提供了一个基于海量数据的机器学习库 MLlib，它提供了常用数据挖掘算法的分布式实现功能。

开发者只需要有 Spark 基础并且了解数据挖掘算法的原理，以及算法参数的含义，就可以通过调用相应的算法的 API 来实现基于海量数据的挖掘过程。

MLlib 由 4 部分组成：数据类型、数学统计计算库、算法评测和机器学习算法，如表 8-1 所示。

表 8-1　　MLlib 四部分组成

序号	名称	说明
1	数据类型	向量、带类别的向量、矩阵等
2	数学统计计算库	基本统计量、相关分析、随机数产生器、假设检验等
3	算法评测	AUC、准确率、召回率、F-Measure 等
4	机器学习算法	分类算法、回归算法、聚类算法、协同过滤等

具体来讲，分类算法和回归算法包括逻辑回归、SVM、朴素贝叶斯、决策树和随机森林等算法。聚类算法包括 k-means 和 LDA 算法。协同过滤算法包括交替最小二乘法(ALS)

算法。

MLlib 包括的算法库如图 8-2 所示。

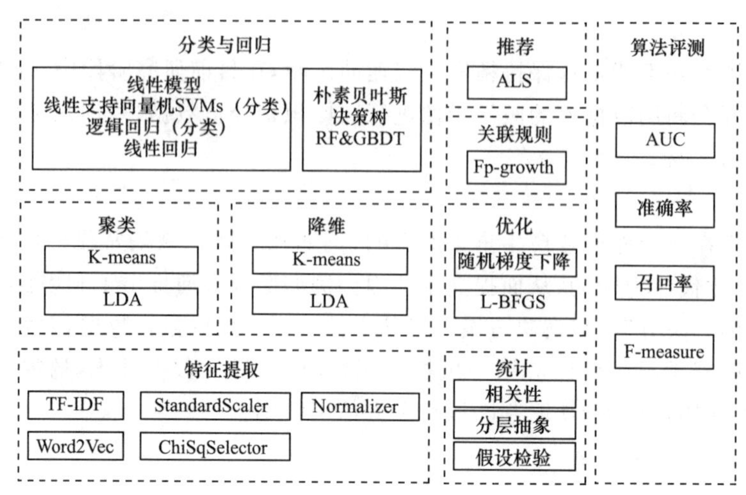

图 8-2　MLlib 算法库

8.2.2 Spark 机器学习工作流程

Spark 中的机器学习流程大致分为三个阶段，即数据准备阶段、模型训练评估阶段和部署预测阶段。

1.数据准备阶段

在数据准备阶段，将数据收集系统采集的原始数据进行预处理，清洗后的数据便于提取特征字段与标签字段，从而生产机器学习所需的数据格式，然后将数据随机分为 3 个部分，即训练数据模块、验证数据模块和测试数据模块。如图 8-3 所示。

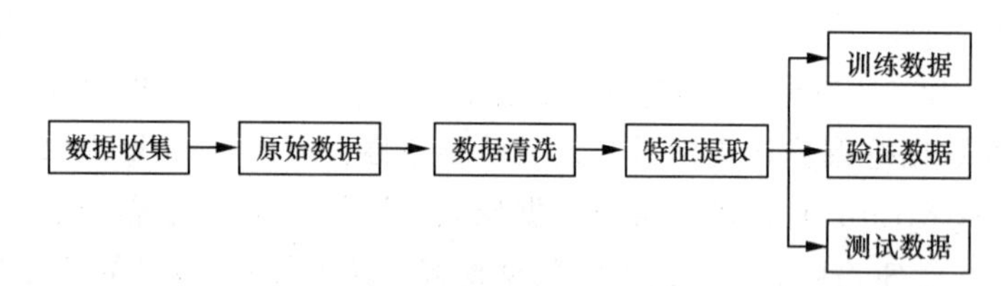

图 8-3　数据准备（预处理）流程

2.模型训练评估阶段

通过 Spark MLlib 库中的函数将训练数据转换为一种适合机器学习模型的表现形式，然后使用验证数据集对模型进行测试来判断准确率，这个过程需要重复许多次，才能得出最佳模型，最后使用测试数据集再次检验最佳模型，以避免过渡拟合的问题。模型训练评估流程如图 8-4 所示。

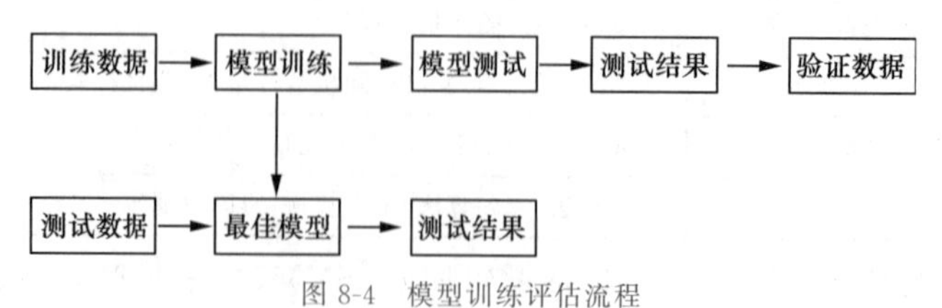

图 8-4　模型训练评估流程

3.部署预测阶段

通过多次训练测试得到最佳模型后，就可以部署到生产系统中，在该阶段的生产系统数据，经过特征提取产生数据特征，使用最佳模型进行预测，最终得到预测结果。这个过程也是重复检验最佳模型的阶段，可以使生产系统环境下的预测更加准确。部署预测流程如图 8-5 所示。

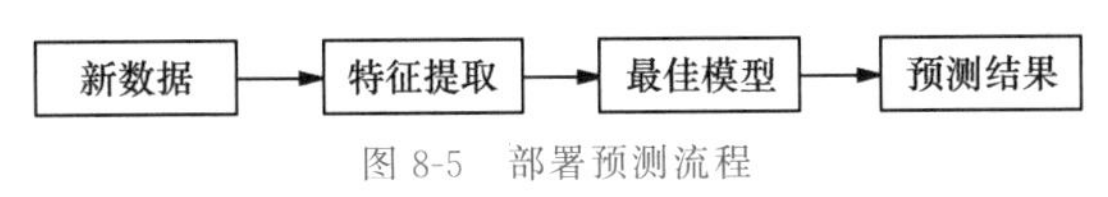

图 8-5　部署预测流程

8.3 机器学习工作流

8.3.1 机器学习工作流概念

在介绍工作流之前，先来了解几个重要概念：

1.DataFrame

使用 Spark SQL 中的 DataFrame 作为数据集，它可以容纳各种数据类型。相比 RDD，DataFrame 更与传统数据库中的二维表格类似。

它被 ML Pipeline 用来存储源数据。例如，DataFrame 中的列可以是存储的文本、特征向量、真实标签和预测的标签等。

2.Transformer

翻译成转换器，SparkML 中有很多直接对 DF(DataFrame)进行变换的类，如 TF-IDF、PCA 等，它们统称 Transformer，是一种可以将一个 DF 转换为另一个 DF 的算法。Transformer 实现了一个方法 transform()，它通过附加一个或多个列将一个 DF 转换为另一个 DF。比如一个模型就是一个 Transformer，转换流程如图 8-6 所示。

$$DF \rightarrow Transformer.transform() \rightarrow DF$$

图 8-6　Transformer 转换流程

3.Estimator

翻译成估计器或评估器，它是学习算法或在训练数据上的训练方法的概念抽象。还有很多需要训练后才能对 DF 进行变换的类，如 LR、GBDT 以及 NaiveBayes，它们统称 Estimator，训练后产出 Model。Model 也是一种 Transformer，因为它也能直接对 DF 进行变换。Estimator 实现了一个方法 fit()，它接受一个 DataFrame 并产生一个转换器。比如，一个随机森林算法就是一个 Estimator，它可以调用 fit()，通过训练特征数据而得到一个随机森林模型。评估流程如图 8-7 所示。

$$DF \rightarrow Estimator.fit() \rightarrow Model(Transformer)$$
$$DF \rightarrow Model.transform() \rightarrow DF$$

图 8-7　Estimator 评估流程

4.PipeLine

翻译为流水线或者管道。因为 Transformer 对 DF 变换后仍产出 DF，于是串联多个 Transformer 可以对 DF 进行流式处理。Pipeline 就是专门处理流式 DF 的类。它可以串联多个 Estimator 和 Transformer，经过训练后，产出 PipelineModel，就是一连串 Model 和 Transformer。因此，Pipeline 继承自 Estimator，PipelineModel 继承自 Model。如图 8-8 所示。

$$p = Pipline(stages = [Estimators|Transformers])$$
$$DF \rightarrow p.fit() \rightarrow PiplineModel(Model)$$
$$DF \rightarrow PiplineModel.transform() \rightarrow DF$$

图 8-8　PipeLine 处理流程

5.Param

模型 Model 或者 Transformer 和 Estimator 都有一些参数可供调整，如输入列名、输出列名、PCA 的主成分数量、LR 的迭代次数等。SparkML 中的 Param 只是变量的一种名字，包含了变量名称、说明和转换方式，不包含具体变量的内容。

6.Params

Params 是变量的容器，一堆参数才是所有模型的共性。因此，Transformer 和 Estimator 都继承自 Param。

8.3.2 工作流工作过程

构建一个 Pipeline 工作流，首先需要定义 Pipeline 中的各个工作流阶段 PipelineStage（包括转换器和评估器），比如指标提取和转换模型训练等。有了这些处理特定问题的转换器和评估器，就可以按照具体的处理逻辑有序地组织 PipelineStages 并创建一个 Pipeline。示例代码如下：

```
>>> pipeline = Pipeline(stages=[stage1,stage2,stage3])
```

可以把训练数据集作为输入参数，调用 Pipeline 实例的 fit 方法来开始以流的方式来处理源训练数据。这个调用会返回一个 PipelineModel 类实例，进而被用来预测测试数据的标签。

8.3.3 构建一个机器学习工作流

以逻辑斯蒂回归为例，构建一个典型的机器学习过程，来具体介绍一下工作流是如何应用的。任务描述如下：

查找出所有包含“spark”的句子，即将包含“spark”的句子，标签设为 1，没有“spark”的句子，标签设为 0。

需要使用 SparkSession 对象，Spark2.0 以上版本的 pyspark 在启动时会自动创建一个名为 spark 的 SparkSession 对象，当需要手工创建时，SparkSession 可以由其伴生对象的 builder()方法创建出来，示例代码如下：

```
from pyspark.sql import SparkSession
spark = SparkSession.builder.master("local").appName("Word Count").getOrCreate()
```

pyspark.ml 依赖 numpy 包，Ubuntu 自带 python3 是没有 numpy 的，执行如下命令安装：

```
sudo pip3 install numpy
```

1.引入要包含的包并构建训练数据集，示例代码如下：

```
from pyspark.ml import Pipeline
from pyspark.ml.classification import LogisticRegression
from pyspark.ml.feature import HashingTF, Tokenizer

# Prepare training documents from a list of (id, text, label) tuples.
training = spark.createDataFrame([
    (0, "a b c d e spark", 1.0),
    (1, "b d", 0.0),
    (2, "spark f g h", 1.0),
    (3, "hadoop mapreduce", 0.0)
], ["id", "text", "label"])
```

2.定义 Pipeline 中的各个工作流阶段 PipelineStage，包括转换器和评估器，具体地，包含 tokenizer、hashingTF 和 lr。示例代码如下：

```
tokenizer = Tokenizer(inputCol="text", outputCol="words")
hashingTF = HashingTF(inputCol=tokenizer.getOutputCol(), outputCol="features")
lr = LogisticRegression(maxIter=10, regParam=0.001)
```

3.按照具体的处理逻辑有序地组织 PipelineStages，并创建一个 Pipeline。示例代码如下：

```
pipeline = Pipeline(stages=[tokenizer, hashingTF, lr])
```

现在构建的 Pipeline 本质上是一个 Estimator，在它的 fit()方法运行之后，它将产生一个 PipelineModel，它是一个 Transformer。

```
model = pipeline.fit(training)
```

可以看到，model 的类型是一个 PipelineModel，这个工作流模型将在测试数据的时候使用。

4.构建测试数据，示例代码如下：

```
test = spark.createDataFrame([
    (4, "spark i j k"),
    (5, "l m n"),
    (6, "spark hadoop spark"),
    (7, "apache hadoop")
], ["id", "text"])
```

5.调用之前训练好的 PipelineModel 的 transform()方法，让测试数据按顺序通过拟合的工作流，生成预测结果。示例代码如下：

```
prediction = model.transform(test)
selected = prediction.select("id", "text", "probability", "prediction")
for row in selected.collect():
    rid, text, prob, prediction = row
    print("(%d, %s) --> prob=%s, prediction=%f" % (rid, text, str(prob), prediction))

(4, spark i j k) --> prob=[0.155543713844,0.844456286156], prediction=1.000000
(5, l m n) --> prob=[0.830707735211,0.169292264789], prediction=0.000000
(6, spark hadoop spark) --> prob=[0.0696218406195,0.93037815938], prediction=1.000000
(7, apache hadoop) --> prob=[0.981518350351,0.018481649649], prediction=0.000000
```

8.4 Spark MLlib 基本统计

MLlib 提供了很多统计方法，包含摘要统计、相关统计、分层抽样、假设检验、随机数生成等统计方法，利用这些统计方法可帮助用户更好地对结果数据进行处理和分析。统计量的计算用到 Statistics 类，摘要统计主要方法如表 8-2 所示。

表 8-2　摘要统计主要方法

方法名称	相关说明	方法名称	相关说明
count	列的大小	max	每列的最大值
mean	每列的均值	min	每列的最小值
variance	每列的方差	numNonzeros	每列非零向量的个数

相关统计中的相关系数是反映两个变量之间相关关系密切程度的统计指标，这也是统计学中常用的统计方式，MLlib 提供了计算多个序列之间相关统计的方法，目前 MLlib 默认采用皮尔森相关系数计算方法。皮尔森相关系数也称皮尔森积矩相关系数，它是一种线性相关系数，公式如图 8-9 所示。

$$r=\frac{1}{n-1}\sum_{i=1}^{n}\left(\frac{X_i-\overline{X}}{\sigma_X}\right)\left(\frac{Y_i-\overline{Y}}{\sigma_Y}\right)$$

图 8-9　皮尔森相关系数

分层抽样法也叫类型抽样法，将总体按某种特征分为若干层级，再从每一层内进行独立取样，组成一个样本的统计学计算方法。

例如某手机厂家估算当地潜在用户，可以将当地居民消费水平作为分层基础，减少样本中的误差，如果不采取分层抽样，仅在消费水平较高的用户中做调查，是不能准确地估算出潜在的用户。

8.5 分 类

分类是指将事物分成不同类别，在分类模型中，可根据一组特征来判断类别，这些特征代表了物体、事物或上下文的相关属性。分类算法又被称为分类器，它是数据挖掘和机器学习领域中的一个重要分支。

MLlib 支持多种分类分析方法，例如二元分类、多元分类，表 8-3 中列出了不同种类的问题可采用不同的分类算法。

表 8-3 分类算法

分析方法	相关算法
二元分类	线性支持向量机、逻辑回归、决策树、随机森林、梯度提升树、朴素贝叶斯
多元分类	逻辑回归、决策树、随机森林、朴素贝叶斯

1.线性支持向量机

即学习模型，用来进行模式识别、分类以及回归分析。使用 MLlib 提供的线性支持向量机算法训练模型，需要导入线性支持向量机所需包。

2.逻辑回归

逻辑回归又称为逻辑回归分析，是一个概率模型的分类算法，用于数据挖掘、疾病自动诊断及经济预测等领域。例如，在流行病学研究中，探索引发某一疾病的危险因素，根据模型预测在不同自变量情况下，推测发生某一疾病。

8.6 推荐模型

推荐系统的研究已相当广泛，也是为大众所知的一种机器学习模型，目前最为流行的推荐系统所应用的算法是协同过滤。协同过滤用于推荐系统，这项技术是为填补关联矩阵的缺失项而实现推荐效果。简单的说，协同过滤是利用大量已有的用户偏好，来估计用户对其未接触过的物品的喜好程度。

在协同过滤算法中有两个分支：基于用户的协同过滤（UserCF）和基于物品的协同过滤（ItemCF）。

1.基于用户的协同过滤（UserCF）

基于用户的协同过滤，可用“志趣相投”一词所表示，通常是对用户历史行为数据分析，如购买、收藏商品或搜索内容，通过某种算法将用户喜好物品进行打分。根据不同用户对相同物品或内容数据的态度和偏好程度计算用户间关系程度，在相同喜好用户间进行商品推荐。

2.基于物品的协同过滤（ItemCF）

基于物品的协同过滤是利用现有用户对物品的偏好或评级情况，计算物品之间的某种相似度，以用户接触过的物品来表示这个用户，再寻找出和这些物品相似的物品，并将这些物品推荐给用户。

第二部分：实践任务

8.7 实践任务：基于 Spark 的电影推荐系统

8.7.1 推荐方案需求分析与设计

1.案例背景

在电影推荐系统中，通常分为针对用户推荐电影和针对电影推荐用户两种方式。若采用基于用户的推荐模型，则会利用相似用户的评级来计算对某个用户的推荐。若采用基于物品的推荐模型，则会依靠用户接触过的物品与候选物品之间的相似度来获得推荐。

Spark MLlib 实现了交替最小二乘(ALS)算法，它是机器学习的协同过滤式推荐算法。机器学习的协同过滤式推荐算法是通过观察所有用户给产品的评分来推断每个用户的喜好，并向用户推荐合适的产品。

2.数据集字段分析

将数据集 user_movie.csv 放到/home/hadoop/jupyternotebook 目录下，并查看前 10 行的数据，如图 8-10 所示。

```
hadoop@bigdataVM:~/jupyternotebook$ head -10 user_movie.csv
userId,movieId,rating,timestamp
1,1,4.0,964982703
1,3,4.0,964981247
1,6,4.0,964982224
1,47,5.0,964983815
1,50,5.0,964982931
1,70,3.0,964982400
1,101,5.0,964980868
1,110,4.0,964982176
1,151,5.0,964984041
```

图 8-10 查看数据集

根据图 8-10 的第一行可得数据集的字段名称，如表 8-4 所示。

表 8-4 字段描述

字段名	描述
userId	用户 ID
movieId	电影 ID
rating	评分
timestamp	时间戳

3.推荐流程设计

本案例主要是通过 PySpark 本地加载数据集,然后使用 Spark ALS 协同过滤推荐算法来建模进行推荐,最后对推荐结果使用 Matplotlib 进行数据可视化,如图 8-11 所示。

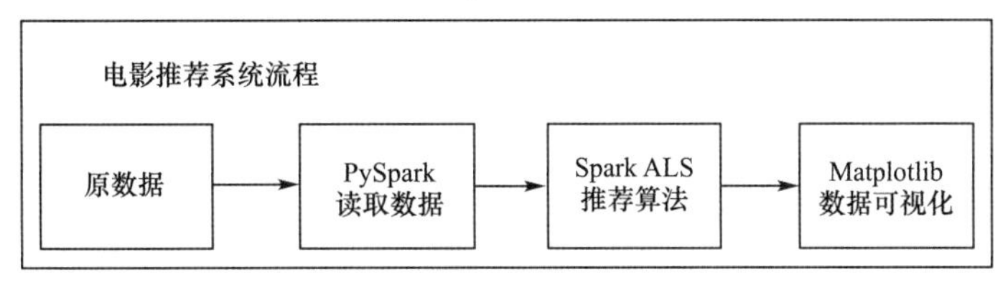

图 8-11　推荐流程

8.7.2 推荐模型构建

1.加载数据

使用 spark.read.format().load()对数据集进行本地加载并显示前 10 行数据,如图 8-12 所示。

```
In [1]: import findspark
        #初始化Spark环境
        findspark.init()
        from pyspark.sql import SparkSession
        #构建Spark属性
        spark = SparkSession.builder.master('local').appName('recommend').getOrCreate()
        #读取本地数据集
        data = spark.read.format('csv').load("file:///home/hadoop/jupyternotebook/user_movie.csv",header=True)
        #展示前十行数据
        data.show(10)

+------+-------+------+---------+
|userId|movieId|rating|timestamp|
+------+-------+------+---------+
|     1|      1|   4.0|964982703|
|     1|      3|   4.0|964981247|
|     1|      6|   4.0|964982224|
|     1|     47|   5.0|964983815|
|     1|     50|   5.0|964982931|
|     1|     70|   3.0|964982400|
|     1|    101|   5.0|964980868|
|     1|    110|   4.0|964982176|
|     1|    151|   5.0|964984041|
|     1|    157|   5.0|964984100|
+------+-------+------+---------+
only showing top 10 rows
```

图 8-12　加载数据

2.构建推荐模型

使用 Spark MLlib 机器学习的 ALS 库来构建推荐模型,如图 8-13 所示。

```
In [3]: from pyspark.ml.recommendation import ALS
        #字段类型转换, 因为ALS模型只支持int或float
        data_als = data.selectExpr("cast(userId as int) userId", "cast(movieId as int) movieId", "cast(rating as float) rating")
        #拆分数据集
        training,test = data_als.randomSplit([0.8,0.2])
        #构建ALS模型,将冷启动策略设置为"下降"(coldStartStrategy="drop"), 以确保我们不会获得NaN评估指标
        als = ALS(maxIter=5,regParam=0.01,userCol='userId',itemCol='movieId',ratingCol='rating',coldStartStrategy="drop")
        #训练模型
        model = als.fit(training)
```

图 8-13　构建推荐模型

3.评估推荐模型

使用 RegressionEvaluator 进行评估,均方根误差越小,模型越准确,如图 8-14 所示。

```
In  [4]: from pyspark.ml.evaluation import RegressionEvaluator
         #对构建好的推荐模型进行预测
         predictions = model.transform(test)
         #评估推荐模型
         evaluator = RegressionEvaluator(metricName="rmse", labelCol="rating",predictionCol="prediction")
         rmse = evaluator.evaluate(predictions)
         print("均方根误差=" + str(rmse))

         [Stage 53:==================================================>   (192 + 1) / 200]

         均方根误差=1.090717600750819
```

图 8-14　评估推荐模型

8.7.3 使用模型进行推荐

1.基于用户推荐

使用 recommendForAllUsers 为每位用户推荐十大电影并显示结果，如图 8-15 所示。

```
In  [5]: #为每位用户生成十大电影推荐
         userRecs = model.recommendForAllUsers(10)
         #显示推荐结果
         userRecs.collect()

Out[5]: [Row(userId=471, recommendations=[Row(movieId=158783, rating=7.798950672149658), Row(movieId=2867, rating=7.766779899597168), Row(movieId=79
        242, rating=7.397845268249512), Row(movieId=105844, rating=7.132284641265869), Row(movieId=6620, rating=7.122169494628906), Row(movieId=501
        5, rating=7.1169586181640625), Row(movieId=91658, rating=7.068235397338867), Row(movieId=118900, rating=7.066771984100342), Row(movieId=313
        4, rating=7.046937465667725), Row(movieId=1237, rating=6.971556663513184)]),
         Row(userId=463, recommendations=[Row(movieId=86377, rating=7.278388977050781), Row(movieId=54256, rating=6.791827201843262), Row(movieId=41
        67, rating=6.722350120544434), Row(movieId=2517, rating=6.5987114906311035), Row(movieId=3087, rating=6.586935520172119), Row(movieId=5303,
        rating=6.554820060729980 5), Row(movieId=171011, rating=6.523322105407715), Row(movieId=2112, rating=6.455142974853516), Row(movieId=103984,
        rating=6.448550224304199), Row(movieId=1131, rating=6.4407548904418945)]),
         Row(userId=496, recommendations=[Row(movieId=70946, rating=7.842200756072998), Row(movieId=125, rating=7.166790008544922), Row(movieId=1682
        50, rating=7.109399795532227), Row(movieId=1260, rating=6.9840898513793945), Row(movieId=6385, rating=6.956894874572754), Row(movieId=1594,
        rating=6.8793816566467285), Row(movieId=213, rating=6.868034839630127), Row(movieId=70994, rating=6.659151077270508), Row(movieId=4794, rati
        ng=6.581209182739258), Row(movieId=7982, rating=6.501009941101074)]),
```

图 8-15　基于用户推荐

2.基于电影推荐

使用 recommendForAllItems 为每个电影推荐十大用户并显示结果，如图 8-16 所示。

```
In  [6]: #为每个电影生成十大用户推荐
         movieRecs = model.recommendForAllItems(10)
         #显示推荐结果
         movieRecs.collect()

Out[6]: [Row(movieId=1580, recommendations=[Row(userId=413, rating=5.381385803222656), Row(userId=35, rating=5.361724376678467), Row(userId=106, rat
        ing=5.3250732421875), Row(userId=543, rating=5.191415309906006), Row(userId=518, rating=5.106654167175293), Row(userId=276, rating=4.9959411
        62109375), Row(userId=8, rating=4.979704856872559), Row(userId=30, rating=4.854680061340332), Row(userId=452, rating=4.816692352294922), Row
        (userId=523, rating=4.792414665222168)]),
         Row(movieId=4900, recommendations=[Row(userId=508, rating=7.649016380310059), Row(userId=255, rating=7.511910438537598), Row(userId=542, ra
        ting=7.464831352233887), Row(userId=467, rating=7.244743347167969), Row(userId=267, rating=7.2209625244140625), Row(userId=539, rating=6.901
        979923248291), Row(userId=71, rating=6.570427894592285), Row(userId=344, rating=6.57002067565918), Row(userId=426, rating=6.51904630661010
        7), Row(userId=461, rating=6.400635719299316)]),
         Row(movieId=5300, recommendations=[Row(userId=518, rating=6.741421699523926), Row(userId=406, rating=6.146488189697266), Row(userId=77, rat
        ing=5.898611545562744), Row(userId=544, rating=5.848573207855225), Row(userId=548, rating=5.520168304443359), Row(userId=289, rating=5.51054
        2869567871), Row(userId=579, rating=5.476127624511719), Row(userId=364, rating=5.446532726287842), Row(userId=512, rating=5.3110718727111 8
        2), Row(userId=303, rating=5.2623395919799805)]),
         Row(movieId=6620, recommendations=[Row(userId=257, rating=8.873702049255371), Row(userId=461, rating=8.353190422058105), Row(userId=259, ra
        ting=7.520401954650879), Row(userId=67, rating=7.441654682159424), Row(userId=193, rating=7.273882865905762), Row(userId=518, rating=7.22711
        3246917725), Row(userId=471, rating=7.122169494628906), Row(userId=506, rating=7.085195541381836), Row(userId=358, rating=6.99257993698120
        1), Row(userId=494, rating=6.956016540527344)]),
```

图 8-16　基于电影推荐

8.7.4 数据可视化

1.折线图

随机对用户 ID 为 471 的进行数据可视化，将推荐结果用折线图展示，如图 8-17 和图 8-18 所示。

```
In [6]: import matplotlib.pyplot as plt
        #对用户ID为471的进行可视化
        user_plt = userRecs.filter(userRecs['userId']==471).collect()
        #构建DataFrame
        user_plt = spark.createDataFrame(user_plt[0][1])
        #DataFrame字段值转List
        movieid = user_plt.select('movieId').rdd.flatMap(lambda x:x).collect()
        rating = user_plt.select('rating').rdd.flatMap(lambda x:x).collect()
        #整型数组转字符串
        movieid = list(map(str,movieid))
        #设置中文
        plt.rcParams['font.sans-serif']=['AR PL UKai CN']
        #创建画布
        plt.figure(figsize=(6,4),dpi=100)
        #构建折线图
        plt.xlabel('电影ID')
        plt.ylabel('推荐指数')
        plt.plot(movieid,rating)
        plt.show()
```

图 8-17　可视化代码(1)

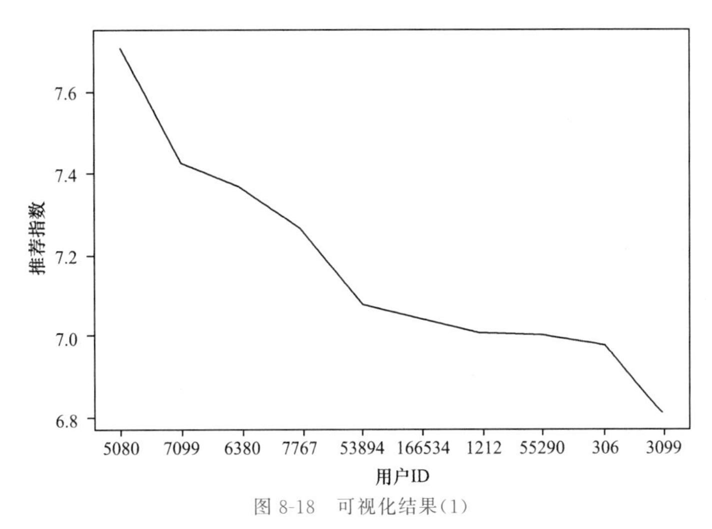

图 8-18　可视化结果(1)

2.柱状图

随机对电影 ID 为 4900 的进行数据可视化,将推荐结果用柱状图展示,如图 8-19 和图 8-20 所示。

```
In [7]: import matplotlib.pyplot as plt
        #对电影ID为4900的进行可视化
        movie_plt = movieRecs.filter(movieRecs['movieId']==4900).collect()
        #构建DataFrame
        movie_plt = spark.createDataFrame(movie_plt[0][1])
        #DataFrame字段值转List
        userid = movie_plt.select('userId').rdd.flatMap(lambda x:x).collect()
        rating = movie_plt.select('rating').rdd.flatMap(lambda x:x).collect()
        #整型数组转字符串
        userid = list(map(str,userid))
        #设置中文
        plt.rcParams['font.sans-serif']=['AR PL UKai CN']
        #创建画布
        plt.figure(figsize=(6,4),dpi=100)
        #构建柱状图
        plt.xlabel('用户ID')
        plt.ylabel('推荐指数')
        plt.bar(userid,rating)
        plt.show()
```

图 8-19　可视化代码(2)

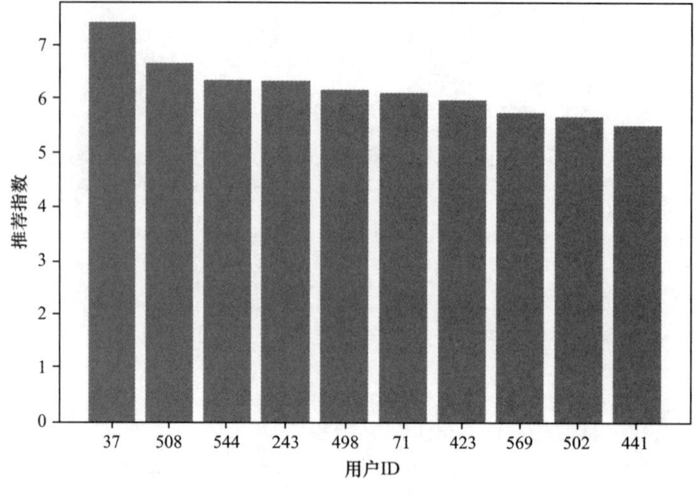

图 8-20　可视化结果(2)

8.8 小　结

本章首先介绍了机器学习的概念、分类和应用，介绍了 MLlib 库以及基于 Spark 的机器学习工作流程；其次，介绍了机器学习工作流的概念以及如何构建一个机器学习工作流，并简要介绍了基于 Spark 的基本统计和分类；再次，通过一个案例介绍了基于 Spark 推荐模型的应用；最后通过逻辑回归分类和基于 Spark 的推荐系统综合案例进一步巩固本章知识，达到综合应用的目的。

8.9 习　题

1.简述机器学习的分类和应用。

2.简述基于 Spark 机器学习的工作流程。

3.简述推荐模型。

第9章 基于 Spark 的电商网站用户行为统计分析

学习目标

1.熟悉 Linux、Hadoop、Spark、MySQL、PyEcharts 等系统和软件的安装和使用
2.熟悉基于 Spark 平台的大数据处理基本流程
3.掌握数据预处理方法
4.掌握 Spark ALS 推荐模型的应用
5.掌握不同类系统之间数据的导入导出
6.掌握 PyEcharts 进行可视化分析

9.1 用户行为统计分析与设计

本案例针对网站用户购物行为数据集 2000 万条记录进行统计分析，并对结果进行可视化。数据集参考本书配套资料。

9.1.1 用户数据字段分析

将数据集 small_user.csv 放到/home/hadoop/jupyternotebook 目录下，并查看，如图 9-1 所示。

```
hadoop@bigdataVM:~/jupyternotebook$ ls
 第4章-RDD弹性分布式数据集.ipynb                    用户行为统计分析.ipynb
'第5章-Spark SQL .ipynb'                          CountWords.ipynb
'第6章-Spark Streaming实时计算框架.ipynb'           small_user.csv
```

图 9-1　存放数据集

再查看数据集 small_user.csv 前十行数据，如图 9-2 所示。

```
hadoop@bigdataVM:~/jupyternotebook$ head -10 small_user.csv
user_id,item_id,behavior_type,user_geohash,item_category,time
10001082,285259775,1,97lk14c,4076,2014-12-08 18
10001082,4368907,1,,5503,2014-12-12 12
10001082,4368907,1,,5503,2014-12-12 12
10001082,53616768,1,,9762,2014-12-02 15
10001082,151466952,1,,5232,2014-12-12 11
10001082,53616768,4,,9762,2014-12-02 15
10001082,290088061,1,,5503,2014-12-12 12
10001082,298397524,1,,10894,2014-12-12 12
10001082,32104252,1,,6513,2014-12-12 12
```

图 9-2　查看数据集 small_user.csv

根据图 9-2 的第一行得出字段描述，如表 9-1 所示。

表 9-1　字段描述

字段名	描述
user_id	用户 id
item_id	商品 id
behaviour_type	包括浏览、收藏、加购物车、购买，对应取值分别是 1、2、3、4
user_geohash	用户地理位置哈希值
item_category	商品分类
time	该记录产生时间

9.1.2 分析流程设计

整个用户行为统计分析案例流程设计如图 9-3 所示。

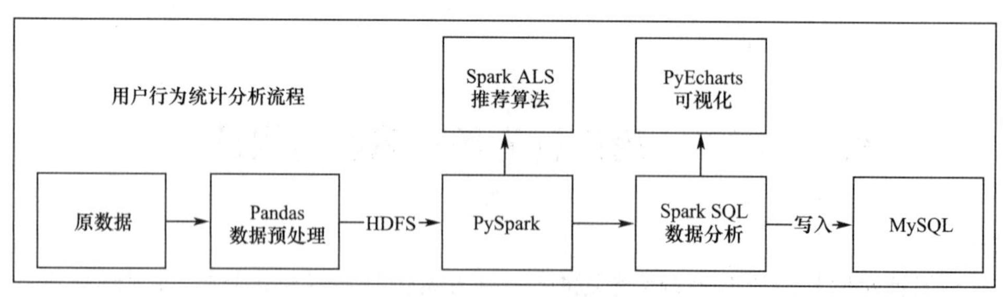

图 9-3　案例分析流程

图 9-3 案例分析流程含义为对原始数据先进行数据预处理，利用 pandas 删除空白值较多的用户地理位置哈希值(user_geohash)字段并增加省份(province)字段，然后把处理好的数据集上传到 HDFS，再通过 PySpark 读取 HDFS 的数据，使用 Spark ALS 协同过滤推荐算法进行推荐，使用 Spark SQL 进行数据分析，将数据分析的结果写入 MySQL 数据库中，最后使用 PyEcharts 进行数据可视化。

9.2 数据预处理

9.2.1 原始数据集异常数据处理

1.利用 pandas 读取到数据集 small_user.csv，如图 9-4 所示。

```
In [1]: #导入pandas库
        import pandas as pd
        #读取数据集
        data = pd.read_csv('small_user.csv')
        data
Out[1]:
```

	user_id	item_id	behavior_type	user_geohash	item_category	time
0	10001082	285259775	1	97lk14c	4076	2014-12-08 18
1	10001082	4368907	1	NaN	5503	2014-12-12 12
2	10001082	4368907	1	NaN	5503	2014-12-12 12
3	10001082	53616768	1	NaN	9762	2014-12-02 15
4	10001082	151466952	1	NaN	5232	2014-12-12 11
...	...	...	...	...	...	...
299995	104078656	292988484	1	NaN	5993	2014-12-06 23
299996	104078656	230845153	1	NaN	9280	2014-11-23 11
299997	104078656	144203850	1	NaN	3673	2014-11-27 22
299998	104078656	27569009	1	9r60luh	2993	2014-12-08 20
299999	104078656	144203850	3	NaN	3673	2014-11-27 22

300000 rows × 6 columns

图 9-4 Pandas 读取数据集

由图 9-2 可粗略得到用户地理位置哈希值(user_geohash)字段空白值较多，再使用函数 isnull()和 sum()做进一步详细了解，如图 9-5 所示。

```
In [12]: #统计各字段空白值个数
         data.isnull().sum()

Out[12]: user_id              0
         item_id              0
         behavior_type        0
         user_geohash    201819
         item_category        0
         time                 0
         dtype: int64
```

图 9-5 各字段空白值统计

图 9-2 各字段空白值统计可得到用户地理位置哈希值(user_geohash)字段空白值个数为 201819，需后续做处理删除，其余字段都为 0，不需要做处理。

2.利用 pandas 内置函数 drop()删除用户地理位置哈希值(user_geohash)字段。

由于用户地理位置哈希值(user_geohash)字段空白值较多，所以进行删除，如图 9-6 所示。

```
In [2]: #把空白值较多的user_geohash列删除
        data = data.drop('user_geohash',axis=1)
        data
```

Out[2]:

	user_id	item_id	behavior_type	item_category	time
0	10001082	285259775	1	4076	2014-12-08 18
1	10001082	4368907	1	5503	2014-12-12 12
2	10001082	4368907	1	5503	2014-12-12 12
3	10001082	53616768	1	9762	2014-12-02 15
4	10001082	151466952	1	5232	2014-12-12 11
...	...	...	...	...	...
299995	104078656	292988484	1	5993	2014-12-06 23
299996	104078656	230845153	1	9280	2014-11-23 11
299997	104078656	144203850	1	3673	2014-11-27 22
299998	104078656	27569009	1	2993	2014-12-08 20
299999	104078656	144203850	3	3673	2014-11-27 22

300000 rows × 5 columns

图 9-6 删除用户地理位置哈希值(user_geohash)字段

9.2.2 原始数据集变换处理

1.增加字段

对删除用户地理位置哈希值(user_geohash)字段的数据集增加一列省份(province)字段,为后续数据分析做铺垫,如图 9-7 所示,输出结果如图 9-8 所示。

```
In [8]: #导入random库
        import random
        #创建省份字典
        province_dict = {1:"河北", 2:"山西", 3:"辽宁", 4:"吉林", 5:"黑龙江", 6:"江苏",
                         7:"浙江", 8:"安徽", 9:"福建", 10:"江西", 11:"山东", 12:"河南", 13:"湖北",
                         14:"湖南", 15:"广东", 16:"海南", 17:"四川", 18:"贵州", 19:"云南", 20:"陕西",
                         21:"甘肃", 22:"青海", 23:"台湾", 24:"内蒙古", 25:"广西", 26:"西藏", 27:"宁夏",
                         28:"新疆", 29:"北京", 30:"天津", 31:"上海", 32:"重庆", 33:"香港", 34:"澳门"}
        #提前创建一个空的province列表
        province = []
        #写一个for循环利用random.randint()函数生成对应的key
        for x in range(len(data)):
            province.append(province_dict[random.randint(1,34)])
        #增加一个province(省份)列,并赋值
        data['province'] = province
        data
```

图 9-7 增加省份(province)字段代码

Out[8]:

	user_id	item_id	behavior_type	item_category	time	province
0	10001082	285259775	1	4076	2014-12-08 18	河北
1	10001082	4368907	1	5503	2014-12-12 12	青海
2	10001082	4368907	1	5503	2014-12-12 12	西藏
3	10001082	53616768	1	9762	2014-12-02 15	湖南
4	10001082	151466952	1	5232	2014-12-12 11	上海
...	...	...	...	...	...	...
299995	104078656	292988484	1	5993	2014-12-06 23	新疆
299996	104078656	230845153	1	9280	2014-11-23 11	内蒙古
299997	104078656	144203850	1	3673	2014-11-27 22	湖北
299998	104078656	27569009	1	2993	2014-12-08 20	台湾
299999	104078656	144203850	3	3673	2014-11-27 22	辽宁

300000 rows × 6 columns

图 9-8 增加省份(province)字段结果

2.保存数据集

将处理好的数据集保存为 user.csv，如图 9-9 所示。

```
In [18]: #保存数据集为user.csv
         data.to_csv('user.csv',index=False)
```

图 9-9　保存数据集 user.csv

9.3 Spark 读取数据集

9.3.1 数据集上传 HDFS

1.在 HDFS 上创建一个 user_data 文件夹，如图 9-10 所示。

```
hadoop@bigdataVM:~$ hdfs dfs -mkdir /user_data
```

图 9-10　创建 user_data 文件夹

2.将数据集 user.csv 上传到 HDFS 上的 user_data 文件夹，如图 9-11 所示。

```
hadoop@bigdataVM:~$ hdfs dfs -put /home/hadoop/jupyternotebook/user
.csv /user_data/
```

图 9-11　数据集上传到 HDFS

3.查看数据集是否已经成功上传，显示数据集前 5 行数据，如图 9-12 所示。

```
hadoop@bigdataVM:~$ hdfs dfs -cat /user_data/user.csv | head -5
user_id,item_id,behavior_type,item_category,time,province
10001082,285259775,1,4076,2014-12-08 18,浙江
10001082,4368907,1,5503,2014-12-12 12,福建
10001082,4368907,1,5503,2014-12-12 12,海南
10001082,53616768,1,9762,2014-12-02 15,青海
cat: Unable to write to output stream.
```

图 9-12　查看数据集

9.3.2 Spark 读取 HDFS 上的数据集

在 jupyter notebook 编写 pyspark 代码读取 HDFS 上数据，如图 9-13 所示，输出结果如图 9-14 所示。

```
In [1]: #导入相关的Spark库
        import findspark
        findspark.init()
        from pyspark import SparkContext,SparkConf
        from pyspark.sql import SparkSession

        #初始化并创建spark对象
        conf = SparkConf().setMaster('local').setAppName('user')
        spark = SparkSession(SparkContext(conf=conf))

        #读取HDFS上的数据，参数header=True为使用第一行作为列的名称
        data = spark.read.format('csv').load("/user_data/user.csv",header=True)

        data.show()
```

图 9-13　PySpark 代码

```
+--------+---------+-------------+-------------+-------------+--------+
| user_id|  item_id|behavior_type|item_category|         time|province|
+--------+---------+-------------+-------------+-------------+--------+
|10001082|285259775|            1|         4076|2014-12-08 18|      浙江|
|10001082|  4368907|            1|         5503|2014-12-12 12|      福建|
|10001082|  4368907|            1|         5503|2014-12-12 12|      海南|
|10001082| 53616768|            1|         9762|2014-12-02 15|      青海|
|10001082|151466952|            1|         5232|2014-12-12 11|      广西|
|10001082| 53616768|            4|         9762|2014-12-02 15|      辽宁|
|10001082|290088061|            1|         5503|2014-12-12 12|      浙江|
|10001082|298397524|            1|        10894|2014-12-12 12|      北京|
|10001082| 32104252|            1|         6513|2014-12-12 12|      浙江|
|10001082|323339743|            1|        10894|2014-12-12 12|      江西|
|10001082|396795886|            1|         2825|2014-12-12 12|      山西|
|10001082|  9947871|            1|         2825|2014-11-28 20|      陕西|
|10001082|150720867|            1|         3200|2014-12-15 08|      福建|
|10001082|275221686|            1|        10576|2014-12-03 01|      浙江|
|10001082| 97441652|            1|        10576|2014-11-20 21|      广东|
|10001082|275221686|            1|        10576|2014-12-13 14|      香港|
|10001082|275221686|            1|        10576|2014-12-08 07|      山东|
|10001082|220586551|            1|         7079|2014-12-14 03|      江苏|
|10001082|296378545|            1|         6669|2014-12-02 12|      河北|
|10001082|266563343|            1|         5232|2014-12-12 11|      河北|
+--------+---------+-------------+-------------+-------------+--------+
only showing top 20 rows
```

图 9-14　代码运行结果

9.4 使用 Spark SQL 进行数据分析

9.4.1 对用户行为(behavior_type)字段进行统计

实现代码如图 9-15 所示。

```
In [7]: #创建临时表user
        data.createOrReplaceTempView('user')

        #province字段（用户行为）统计
        behavior_stat = spark.sql('select behavior_type,count(behavior_type) as num from user group by behavior_type')

        behavior_stat.show()

        +-------------+------+
        |behavior_type|   num|
        +-------------+------+
        |            3|  8560|
        |            1|283516|
        |            4|  3210|
        |            2|  4714|
        +-------------+------+
```

图 9-15　用户行为统计

图 9-15 用户行为统计可得出，浏览(behavior_type:1)值最大，次数高达 283516 次。

9.4.2 对省份(province)字段进行统计

对省份(province)字段进行统计，如图 9-16 所示。

由图 9-16 省份字段统计可初步得到各省份数据还是比较平均，相差不大。

注：由于 Spark SQL 和 SQL 语句基本一致，不演示太多例子，可根据自己需要再做分析统计。

```
In [9]: #对province字段（省份）统计
        province_stat = spark.sql('select province,count(province) as num from user group by province')

        province_stat.show(10)

        +--------+----+
        |province| num|
        +--------+----+
        |    广东|8795|
        |    云南|8797|
        |  内蒙古|8703|
        |    湖北|8838|
        |    新疆|8707|
        |    海南|8921|
        |    西藏|8560|
        |    陕西|8920|
        |    香港|8847|
        |    天津|8902|
        +--------+----+
        only showing top 10 rows
```

图 9-16　省份字段统计

9.5 使用 Spark ALS 进行商品推荐

9.5.1 ALS 模型初步准备

读取 HDFS 数据并做字段结构处理，如图 9-17 所示，输出结果如图 9-18 所示。

```
In [1]: #导入相关的库并创建spark对象
        import findspark
        findspark.init()
        from pyspark.sql import SparkSession
        from pyspark.ml.evaluation import RegressionEvaluator
        from pyspark.ml.recommendation import ALS
        spark = SparkSession.builder.master('local').appName('user').getOrCreate()

        #读取HDFS数据
        data = spark.read.format('csv').load("/user_data/user.csv",header=True)

        #修改字段结构类型
        data = data.selectExpr("cast(user_id as int) user_id",
                               "cast(item_id as int) item_id",
                               "cast(behavior_type as float) behavior")


        data.show(10)
```

图 9-17　读取 HDFS 代码

```
+--------+---------+--------+
| user_id|  item_id|behavior|
+--------+---------+--------+
|10001082|285259775|     1.0|
|10001082|  4368907|     1.0|
|10001082|  4368907|     1.0|
|10001082| 53616768|     1.0|
|10001082|151466952|     1.0|
|10001082| 53616768|     4.0|
|10001082|290088061|     1.0|
|10001082|298397524|     1.0|
|10001082| 32104252|     1.0|
|10001082|323339743|     1.0|
+--------+---------+--------+
only showing top 10 rows
```

图 9-18　数据结果显示

9.5.2 数据集拆分与ALS模型的使用

1.对数据集进行二八比例拆分,并构建和训练ALS模型,如图9-19所示。

```
In [8]: #拆分数据集
        training,test = data.randomSplit([0.8,0.2])

        #构建ALS模型,将冷启动策略设置为"drop",以确保我们无法获得NaN评估指标
        als = ALS(maxIter=5,regParam=0.01,userCol='user_id',itemCol='item_id',ratingCol='behavior',coldStartStrategy="drop")

        #训练模型
        model = als.fit(training)
```

图9-19　数据集拆分和模型使用

2.评估ALS模型,均方根误差越小,模型越准确,如图9-20所示。

```
In [5]: #评估模型
        predictions = model.transform(test)
        evaluator = RegressionEvaluator(metricName="rmse", labelCol="behavior",predictionCol="prediction")
        rmse = evaluator.evaluate(predictions)
        print("均方根误差=" + str(rmse))

        [Stage 159:=====================================================>(197 + 1) / 200]

        均方根误差=0.5579711436986975
```

图9-20　模型评估

图9-20模型评估可得RMSE值约为0.56,可以认为模型训练较好。

9.5.3 基于用户的推荐

为每个用户推荐十大商品,如图9-21所示,输出结果如图9-22所示。

```
In [9]: #为每个用户生成十大商品推荐
        userRecs = model.recommendForAllUsers(10)
        userRecs.show()
```

图9-21　用户推荐代码

```
+---------+--------------------+
|  user_id|     recommendations|
+---------+--------------------+
|101444554|[{328650427, 2.97...|
|102309547|[{357515485, 2.47...|
|102337681|[{324630571, 2.30...|
|100167622|[{7901694, 3.9635...|
|103685659|[{21869863, 2.476...|
|102422770|[{358814136, 2.72...|
|102877426|[{155292668, 2.95...|
|100498063|[{219690249, 2.90...|
|103036324|[{7689526, 2.5714...|
|103193989|[{385391402, 3.20...|
|103048774|[{334143079, 2.61...|
|102451465|[{122549592, 2.85...|
|103179805|[{279584192, 2.18...|
|102616570|[{127833328, 3.97...|
|100029775|[{225393672, 2.61...|
|103779820|[{287872579, 2.92...|
|102590956|[{13733288, 2.976...|
| 10289583|[{94753403, 3.136...|
|104064154|[{67379896, 3.972...|
|100226515|[{324301031, 3.97...|
+---------+--------------------+
only showing top 20 rows
```

图9-22　用户推荐结果

9.5.4 基于商品的推荐

为每个商品推荐十大用户,推荐代码如图9-23所示,输出结果如图9-24所示。

```
In [10]: #为每个商品生成10大用户推荐
         itemRecs = model.recommendForAllItems(10)
         itemRecs.show()
```

图 9-23 商品推荐代码

```
+--------+--------------------+
| item_id|     recommendations|
+--------+--------------------+
|  889385|[{101970481, 0.99...|
| 1322818|[{100890, 0.99249...|
| 1666501|[{101982646, 0.99...|
| 2353842|[{101575870, 0.99...|
| 3185709|[{102422371, 0.99...|
| 3785564|[{102187372, 0.99...|
| 4220486|[{101847145, 0.99...|
| 6326838|[{103619011, 0.99...|
| 6886080|[{10095384, 0.993...|
| 8063745|[{103582477, 0.99...|
| 8507164|[{102466261, 0.99...|
| 9217950|[{100226515, 0.99...|
|10160101|[{101982646, 0.99...|
|10619633|[{102616570, 0.99...|
|11628166|[{102443404, 0.99...|
|12312478|[{103954435, 1.43...|
|13801335|[{102122962, 0.99...|
|13985530|[{101752537, 0.99...|
|14234378|[{101756527, 0.99...|
|14615941|[{101612200, 0.99...|
+--------+--------------------+
only showing top 20 rows
```

图 9-24 物品推荐结果

9.5.5 协同过滤推荐算法拓展

拓展 1.如何为指定的一组用户生成 10 个商品推荐?

拓展 2.如何为指定的一组商品生成 10 大用户推荐?

9.6 使用 Spark 将数据写入 MySQL

1.使用 Spark SQL 将统计后的结果数据写入 MySQL,不需要先在 MySQL 定义表和结构,因为它会自动创建表,如图 9-25 所示。

```
In [10]: #定义数据库相关参数
         prop = {}
         prop['user'] = 'root'
         prop['password'] = 'root'
         prop['driver'] = 'com.mysql.cj.jdbc.Driver'

         #将用户行为统计数据写入数据库
         behavior_stat.write.jdbc('jdbc:mysql://localhost:3306/spark','behavior','overwrite',prop)

         #将省份统计数据写入数据库
         province_stat.write.jdbc('jdbc:mysql://localhost:3306/spark','province','overwrite',prop)
```

图 9-25 数据写入数据库

2.在 MySQL 数据库中查看,如图 9-26 所示,输出结果如图 9-27 所示。

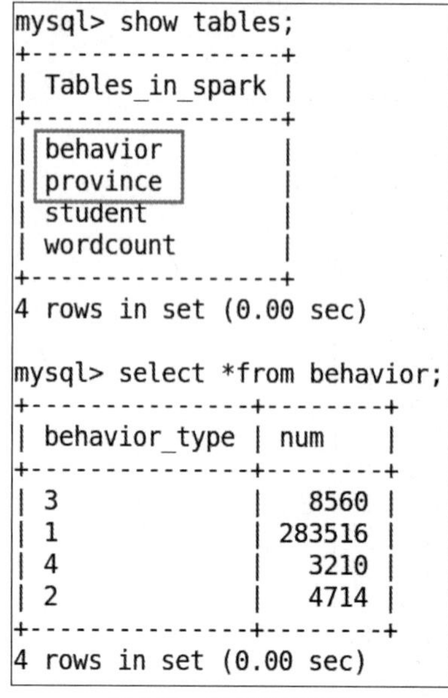

```
mysql> show tables;
+------------------+
| Tables_in_spark |
+------------------+
| behavior         |
| province         |
| student          |
| wordcount        |
+------------------+
4 rows in set (0.00 sec)

mysql> select *from behavior;
+---------------+--------+
| behavior_type | num    |
+---------------+--------+
| 3             |   8560 |
| 1             | 283516 |
| 4             |   3210 |
| 2             |   4714 |
+---------------+--------+
4 rows in set (0.00 sec)
```

图 9-26 查看表与数据

```
mysql> select *from province limit 5;
+-----------+------+
| province  | num  |
+-----------+------+
| 广东      | 8795 |
| 云南      | 8797 |
| 内蒙古    | 8703 |
| 湖北      | 8838 |
| 新疆      | 8707 |
+-----------+------+
5 rows in set (0.00 sec)
```

图 9-27 输出结果

9.7 利用 PyEcharts 进行数据可视化

9.7.1 对用户行为统计分析进行可视化

1.对用户行为统计使用饼图的方式进行可视化，如图 9-28 所示，输出结果如图 9-29 所示。

```
In [79]: #导入相关pyecharts库
         from pyecharts import options as opts
         from pyecharts.charts import Pie

         #将字段转为list
         bh = {1:'浏览',2:'收藏',3:'购物车',4:'购买'}
         num = []
         behavior = []
         for i in range(behavior_stat.count()):
             num.append(behavior_stat.collect()[i].num)
             behavior.append(bh[eval(behavior_stat.collect()[i].behavior_type)])

         #画出用户行为统计分析饼图
         pie = (Pie().add("",[list(z) for z in zip(behavior,num)],radius=["30%", "60%"])
                .set_global_opts(title_opts=opts.TitleOpts(title='用户行为统计')))
         pie.render_notebook()
```

图 9-28 饼图代码

Out[79]: 用户行为统计

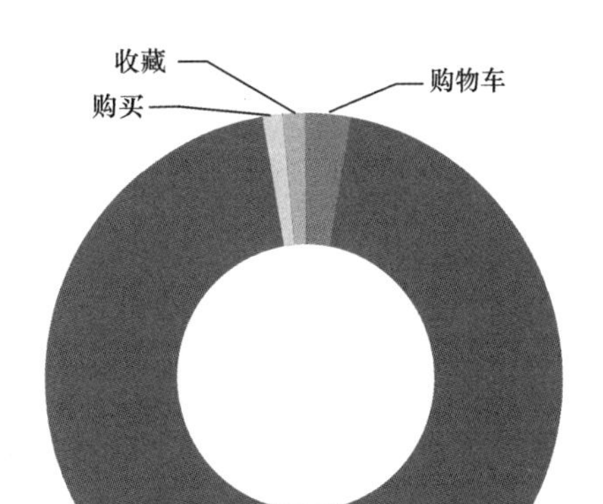

图 9-29 用户行为统计分析饼图展示

2.对用户行为统计使用柱状图的方式进行可视化，实现代码如图 9-30 所示，输出结果如图 9-31 所示。

```
In [86]: #导入相关pyecharts库柱状图
         from pyecharts import options as opts
         from pyecharts.charts import Bar

         #将字段转为list
         bh = {1:'浏览',2:'收藏',3:'购物车',4:'购买'}
         num = []
         behavior = []
         for i in range(behavior_stat.count()):
             num.append(behavior_stat.collect()[i].num)
             behavior.append(bh[eval(behavior_stat.collect()[i].behavior_type)])

         #画出用户行为统计分析柱状图
         bar = (Bar().add_xaxis(behavior)
                .add_yaxis('用户行为统计',num)
                .set_global_opts(title_opts=opts.TitleOpts(title='用户行为统计')))
         bar.render_notebook()
```

图 9-30 柱状图代码(1)

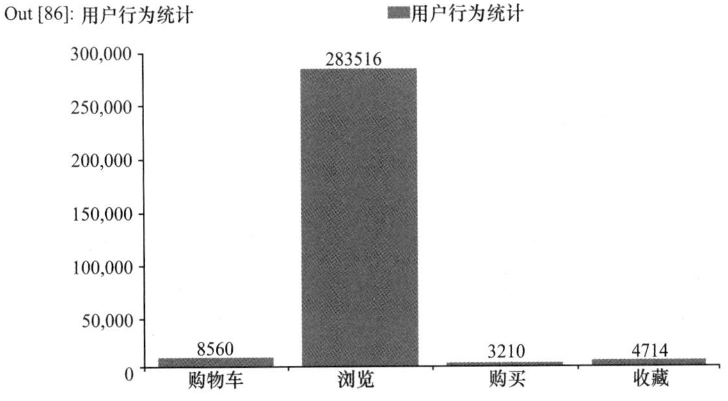

图 9-31 用户行为统计分析柱状图展示

由图 9-30 和图 9-31 可得，大部分用户都只是浏览商品比较多，真正购买的次数很少。

9.7.2 对省份统计分析进行可视化

对省份统计分析进行可视化，实现代码如图 9-32 所示，输出结果如图 9-33 所示。

```
In  [5]:  #导入相关pyecharts库柱状图
          from pyecharts import options as opts
          from pyecharts.charts import Bar

          #将字段转为list
          num = []
          province = []
          for i in range(province_stat.count()):
              num.append(province_stat.collect()[i].num)
              province.append(province_stat.collect()[i].province)

          #画出各省份统计分析柱状图
          bar = (Bar().add_xaxis(province)
                 .add_yaxis('省份',num)
                 .set_global_opts(title_opts=opts.TitleOpts(title='各省份统计')))
          bar.render_notebook()
```

图 9-32　柱状图代码(2)

Out[5]:　各省份统计

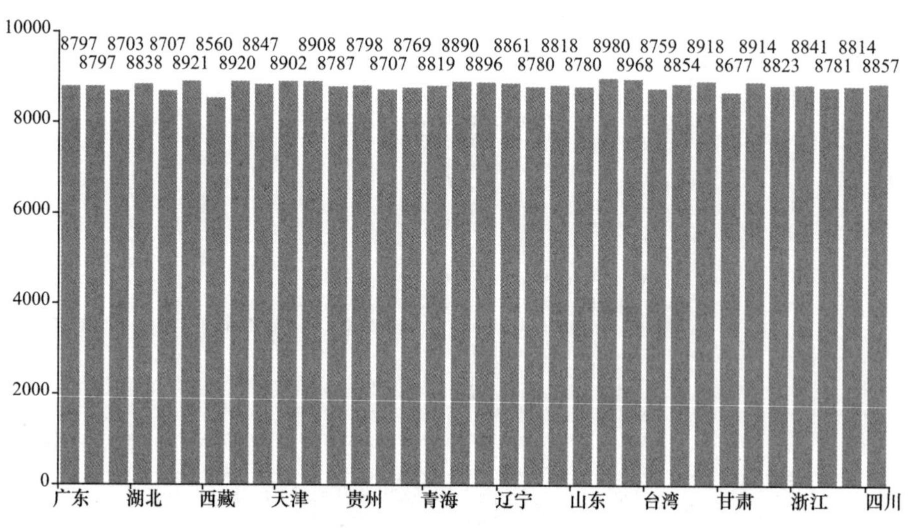

图 9-33　省份字段统计分析展示

9.8 小结

本案例完整介绍了基于 Spark 平台的电商网站用户行为统计分析与设计。主要包括数据集的预处理，使用 Spark SQL 进行数据分析，以及使用 Spark ALS 进行推荐，最后使用 PyEcharts 进行数据可视化，各个处理流程均有相关的参考代码，方便读者进行实操，让读者能够理解基于 Spark 的统计分析的全流程，达到综合应用的目的。同时，通过案例结果可知大部分用户都是只有浏览行为，购买商品的用户很少，所以需要使用 Spark ALS 协同过滤推荐算法针对用户和商品进行不同的个性化推荐，提高用户的兴趣，从而提升营业额。

第 10 章 基于 Spark 的餐饮平台菜品智能分析推荐系统

学习目标

1.了解常用的推荐算法
2.理解推荐系统的工作流程
3.掌握用 PySpark 编程实现协同过滤的推荐模型
4.掌握推荐模型的评估
5.掌握应用常用推荐模型进行推荐
6.掌握用 Spark SQL 进行数据分析
7.掌握用 PyEcharts 进行数据可视化

10.1 案例背景

都市生活紧张忙碌，不少上班族已经习惯于在餐饮外卖平台上订餐，外卖平台的菜品种类丰富，提供各式风味的美食。但是即便如此，由于个体的口味偏好及菜品质量的差异，上班族常常有不知道今天午餐应该吃什么的烦恼。

餐饮外卖平台向广大用户提供网上订餐服务，其市场占有量在近年不断增加。当用户在平台订餐完成后，平台会引导用户对于品尝过的菜品进行评价打分，最高为 5 分，低为 1 分。但近期运营方发现老用户的下单率呈现下降态势，来自市场调研部门的报告表明，此平台的老用户在经过一段时间的订餐后，对一些热门菜品及偏爱菜品不再产生新鲜感与满足感，因此减少了下单消费。因此，市场部门建议，希望针对老用户进行个性化的菜品推荐，包括用户的偏爱菜品及新菜品。

要对用户进行个性化的推荐，那么就要考虑怎样来建立一个推荐系统。与搜索引擎不同，推荐系统并不需要用户提供明确的需求，而是通过分析用户的历史行为，主动为用户推荐能够满足他们兴趣和需求的信息。为了能够更好地满足用户需求，需要依据其网站的海量数据，研究用户的兴趣偏好，分析用户的需求和行为，发现用户的兴趣点，从而引导用户发现自己的信息需求，尤其是将长尾产品(指餐饮外卖平台中热销菜品以外的菜品，它们总体数量大，但单位销量少)准确地推荐给所需要的用户，使用推荐引擎来为用户提供个性化的专业服务。

菜品智能推荐系统，作为原来的餐饮外卖平台系统的扩展与补充，主要负责对用户的历史评分数据进行处理工作。在经过初步讨论与评估后，餐饮平台的技术部门决定根据近期用户对菜品的评分历史数据，建立菜品推荐模型，设计出基础的推荐系统流程向用户们提供菜品推荐。

10.2 智能推荐方案需求分析与设计

10.2.1 数据集字段分析

将数据集 user_meal_rating.csv 放到/home/hadoop/jupyternotebook 目录下，并用 ls 查看，如图 10-1 所示。

```
hadoop@bigdataVM:~/jupyternotebook$ ls
 餐饮平台菜品智能推荐.ipynb                          CD-19.xlsx
 第4章-RDD弹性分布式数据集.ipynb                     CountWords.ipynb
'第6章-Spark Streaming实时计算框架.ipynb'           small_user.csv
 新冠疫情统计分析.ipynb                              spark-warehouse
 用户行为统计分析.ipynb                              user.csv
 CD-19.csv                                           user_meal_rating.csv
```

图 10-1 存放数据集

再查看数据集的前十行数据，如图 10-2 所示。

```
hadoop@bigdataVM:~/jupyternotebook$ head -10 user_meal_rating.csv
MealID,Rating,Review,ReviewTime,UserID
B0040HNZTW,5.0,风味独特，真的不错！,1496177056,A2WOH395IHGS0T
B006Z48TZS,3.0,有特色，也比较卫生,1496177108,A32KHS0VN0N0HB
B00CDBTQCW,5.0,家常美味，推荐！,1496177276,A1YQ4Z5U9NIGP
B00751IYQ4,4.0,好吃,1496179256,A3E5V5TSTAY3R9
B00C0OLT6S,5.0,不得不赞,1496180009,A1V50CTTDJ73ZM
B006WC63X8,5.0,每周必点的一道菜,1496180056,A3GD8QRS50A60B
B0099JKR6U,5.0,同事们都很喜欢,1496180098,AK6G2ZYJVQ42D
B0087YNHNI,5.0,性价比高,1496182040,A2FPYIU94BNC73
B002A493NY,5.0,有惊喜,1496183065,A2WOH395IHGS0T
```

图 10-2 查看数据集

根据图 10-2 的第一行可得数据集的字段名称，如表 10-1 所示。

表 10-1　字段描述

字段名	描述
MealID	菜品 ID
Rating	评分
Review	评语
ReviewTime	评分的时间戳
UserID	用户 ID

10.2.2 分析推荐流程设计

整个餐饮平台菜品智能推荐案例流程设计如图 10-3 所示。

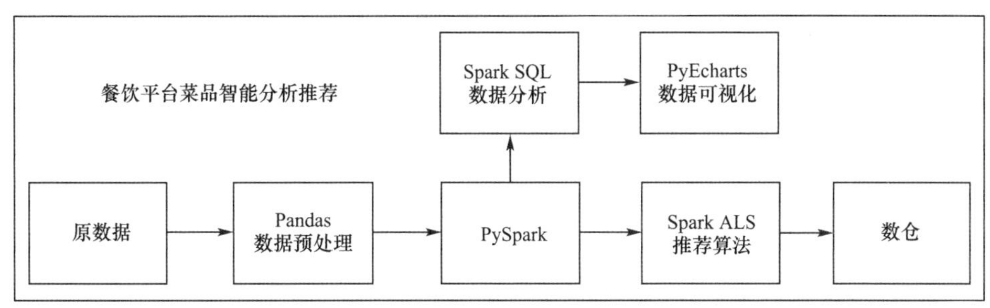

图 10-3　案例流程设计

图 10-3 案例分析流程含义为对原始数据先进行数据预处理，利用 pandas 查看缺失值和重复值，然后把处理好的数据集保存到本地，再通过 PySpark 读取本地数据，使用 Spark ALS 协同过滤推荐算法分别进行基于用户推荐和基于菜品推荐，把推荐出来的结果存到数据仓库；然后再使用 Spark SQL 进行数据分析，最后利用 PyEcharts 把分析的结果进行数据可视化。

10.2.3 常用推荐算法

推荐算法是整个推荐系统中最核心、最关键的部分，很大程度上决定了推荐系统性能的优劣。目前，主要的推荐算法包括基于内容推荐、协同过滤推荐、基于关联规则推荐、基于效用推荐、基于知识推荐等。

1.基于内容推荐

基于内容推荐(Content-based Recommendation)是信息过滤技术的延续与发展，它是建立在项目的内容信息上做出推荐的，而不需要依据用户对项目的评价意见，更多地需要用机器学习的方法从关于内容的特征描述的事例中得到用户的兴趣资料。在基于内容的推荐系统中，项目或对象通过相关特征的属性来定义，系统基于用户评价对象的特征学习用户的兴趣，考察用户资料与待预测项目的相匹配程度。用户的资料模型取决于所用学习方法，常用的有决策树、神经网络和基于向量的表示方法等。基于内容的用户资料需要有用户的历史数据支撑，用户资料模型可能随着用户的偏好改变而发生变化。

基于内容推荐方法的优点有以下几点：

(1)不需要其他用户的数据，没有冷启动问题和稀疏问题。

(2)能为具有特殊兴趣爱好的用户(小众用户)进行推荐。

(3)能推荐新的或不是很流行的项目,没有新项目问题。

(4)通过列出推荐项目的内容特征,可以解释为什么推荐那些项目。

(5)已有比较好的技术,如关于分类学习方面的技术已相当成熟。

它的缺点是要求内容能容易抽取成有意义的特征,要求特征内容有良好的结构性,并且用户的口味必须能够用内容特征形式来表达,不能显式地得到其他用户的判断情况。

2.协同过滤推荐

协同过滤推荐(Collaborative Filtering Recommendation)技术是推荐系统中应用最早和最为成功的技术之一。它一般采用最近邻技术,利用用户的历史喜好信息计算用户之间的距离,然后利用目标用户的最近邻居用户对商品评价的加权评价值来预测目标用户对特定商品的喜好程度,系统从而根据这一喜好程度来对目标用户进行推荐。协同过滤推荐的最大优点是对推荐对象没有特殊的要求,能处理非结构化的复杂对象,如音乐、电影。

协同过滤推荐基于这样的假设:为一个用户找到真正感兴趣的内容的好方法是首先找到与此用户有相似兴趣的其他用户,然后将他们感兴趣的内容整合推荐给此用户。其基本思想非常易于理解,在日常生活中,我们往往会利用好朋友的推荐来进行一些选择。协同过滤推荐正是把这一思想运用到电子商务推荐系统中来,基于其他用户对某一内容的评价来向目标用户进行推荐。

基于协同过滤的推荐系统可以说是从用户的角度来进行相应推荐的,而且是自动的,即用户获得的推荐是系统从购买模式或浏览行为等隐式获得的,不需要用户努力地找到适合自己兴趣的推荐信息,如填写一些调查表格等。

和基于内容的推荐算法相比,协同过滤具有如下的优点:

(1)能够过滤难以进行机器自动内容分析的信息,如艺术品、音乐等。

(2)共享其他人的经验,避免了内容分析的不完全和不精确,并且能够基于一些复杂的难以表述的概念(如信息质量、个人品位)进行过滤。

(3)有推荐新信息的能力。可以发现内容上完全不相似的信息,用户对推荐信息的内容事先是预料不到的。这也是协同过滤和基于内容过滤的一个较大的差别,基于内容过滤的推荐很多都是用户本来就熟悉的内容,而协同过滤可以发现用户潜在的但自己尚未发现的兴趣偏好。

(4)能够有效地使用其他相似用户的反馈信息、较少用户的反馈量,加快个性化学习的速度。

虽然协同过滤推荐作为一种典型的推荐技术有其相当广泛的应用,但协同过滤推荐仍有许多的问题需要解决。最典型的问题有稀疏问题(Sparsity)和可扩展问题(Scalability)。

3.基于关联规则推荐

基于关联规则的推荐(Association Rule-based Recommendation)以关联规则为基础,把已购商品作为规则头,推荐对象作为规则体。关联规则挖掘可以发现不同商品在销售过程中的相关性,在零售业中已经得到了成功的应用。关联规则就是在一个交易数据库中统计购买了商品集 X 的交易中有多大比例的交易同时购买了商品集 Y,其直观的意义就是用户在购买某些商品的时候有多大倾向去购买另外一些商品。比如购买牛奶的很多人会同时购买面包。算法的第一步关联规则的发现最关键且最耗时，是算法的瓶颈，但可以离线进行。其次，商品名称的同义性问题也是关联规则的一个难点。

4.基于效用推荐

基于效用的推荐（Utility-based Recommendation）是建立在对用户使用项目的效用情况上计算的，其核心问题是怎样为每一个用户创建一个效用函数，因此，用户资料模型很大程度上是由系统所采用的效用函数决定的。基于效用推荐的好处是它能把非产品的属性，如提供商的可靠性（Vendor Reliability）和产品的可得性（Product Availability）等考虑到效用计算中。

5.基于知识推荐

基于知识的推荐（Knowledge-based Recommendation）在某种程度上可以看成是一种推理（Inference）技术，它不是建立在用户需要和偏好基础上推荐的。基于知识的推荐方法因系统所用的功能知识不同而有明显区别。效用知识（Functional Knowledge）是一种关于一个物品如何满足某一特定用户的知识，因此能解释需要和推荐的关系，所以用户资料可以是任何能支持推理的知识架构。它可以是用户已经规范化的查询，也可以是一个更详细的用户需要的表示。

10.2.4 主要的推荐方法对比

各种推荐方法都有其各自的优点和缺点，如表 10-2 所示。

表 10-2 推荐方法对比

推荐方法	优点	缺点
基于内容推荐	推荐结果直观，容易观察 不需要领域知识	稀疏问题 新用户问题 复杂熟悉不好处理 要有足够数据构造分类器
协同过滤推荐	新异兴趣发现，不需要领域知识 随着时间推移，推荐效果提高 推荐个性化、自动化程度高 能处理复杂的非结构化对象	稀疏问题 可扩展性问题 新用户问题 质量取决于历史数据集 系统开始时推荐质量差
基于关联规则推荐	能发现新兴趣点 不要领域知识	规则抽取难、耗时 产品名同义性问题 个性化程度低
基于效用推荐	无冷启动和稀疏问题 对用户偏好变化敏感 能考虑非产品特性	用户必须输入效用函数 推荐是静态的，灵活性差 属性重叠问题
基于知识推荐	能把用户需求映射到产品上 能考虑非产品属性	知识难获得 推荐是静态的

10.3 数据预处理

10.3.1 原始数据集分析

1.利用 pandas 读取到数据集 user_meal_rating.csv,如图 10-4 所示。

```
In [1]: #导入pandas库
        import pandas as pd
        #读取数据
        data = pd.read_csv('user_meal_rating.csv')
        data

Out[1]:
```

	MealID	Rating	Review	ReviewTime	UserID
0	B0040HNZTW	5.0	风味独特，真的不错！	1496177056	A2WOH395IHGS0T
1	B006Z48TZS	3.0	有特色，也比较卫生	1496177108	A32KHS0VN0N0HB
2	B00CDBTQCW	5.0	家常美味，推荐！	1496177276	A1YQ4Z5U9NIGP
3	B00751IYQ4	4.0	好吃	1496179256	A3E5V5TSTAY3R9
4	B00C0OLT6S	5.0	不得不赞	1496180009	A1V50CTTDJ73ZM
...	...	...	...	...	...
38378	B000JO9JHW	5.0	好吃又划算	1498760000	A3UDYY6L2NH3JS
38379	B002C4Y3DC	5.0	家常味道	1498760000	A3A4WQL80WOTMH
38380	B000JO9JHW	5.0	同事们都很喜欢	1498760000	A1VF5LN6SHFVFJ
38381	B00FDWGMIE	4.0	美味，推荐！	1498761601	AIETV2MBRE5E2
38382	B007UXSDT0	4.0	真得不错！	1498761812	AGODHOIFUGSLS

38383 rows × 5 columns

图 10-4　读取数据集(1)

2.查看数据集是否存在缺失值,如图 10-5 所示。

```
In [2]: #查看缺失值
        data.isnull().sum()

Out[2]: MealID        0
        Rating        0
        Review        0
        ReviewTime    0
        UserID        0
        dtype: int64
```

图 10-5　查看缺失值

由图 10-5 可得数据集不存在缺失值,所以不需要做插值处理。

3.查看数据集的用户是否存在重复评分,如图 10-6 所示。

```
In [3]: #查看重复值
        data.duplicated(subset=['MealID','Rating','UserID']).sum()

Out[3]: 139
```

图 10-6　查看重复值(1)

由图 10-6 可得有 139 条数据是用户重复评分的,需要做去重处理,保留最新的时间戳。

10.3.2 异常数据处理

1.利用 sort_values()函数使时间戳(ReviewTime)字段按升序排列,如图 10-7 所示。

```
In [4]: #把时间戳按升序排好
        data = data.sort_values(by=['ReviewTime'])
        data
```

Out[4]:

	MealID	Rating	Review	ReviewTime	UserID
11844	B000W4WD40	4.0	非常非常好吃	1493576000	A2A6NH6DPE0VXR
11847	B002BLCNHY	5.0	太美味了,强烈推荐!	1493576000	A1MNDBR7DF0EU9
11846	B001SE07JG	5.0	简直太赞了	1493576000	AT1BYQVGK7U71
11845	B001PN63PC	3.0	味道很正	1493576000	A328S9RN3U5M68
6121	B000WT7R6O	5.0	太美味了,强烈推荐!	1493576000	A16H208JVRTMU4
...	...	...	...	...	...
24850	B001TNVEKC	4.0	很美味,推荐品尝	1498811200	AV6QDP8Q0ONK4
24851	B0071UYJFE	4.0	很美味,推荐品尝	1498811200	A3IRBCCB3I5PPD
24844	B005DD7LR4	5.0	太美味了,强烈推荐!	1498811200	A1KIQ4P4ZW3ALF
24840	B004PFF6EQ	3.0	有特色,卫生	1498811200	A2D37EP9KT2E3D
24870	B000JO9JHW	4.0	简直太赞了	1498832000	A18758S1PUYIDT

38383 rows × 5 columns

图 10-7 排序时间戳(ReviewTime)字段

2.删除用户重复评分的数据,仅保留最新的时间戳,如图 10-8 所示。

```
In [5]: #删除重复项,除了最后一次出现(因为之前已经把时间戳按升序排好,所以设置keep='last')
        data = data.drop_duplicates(subset=['MealID','Rating','UserID'],keep='last')
        data
```

Out[5]:

	MealID	Rating	Review	ReviewTime	UserID
11844	B000W4WD40	4.0	非常非常好吃	1493576000	A2A6NH6DPE0VXR
11847	B002BLCNHY	5.0	太美味了,强烈推荐!	1493576000	A1MNDBR7DF0EU9
11846	B001SE07JG	5.0	简直太赞了	1493576000	AT1BYQVGK7U71
11845	B001PN63PC	3.0	味道很正	1493576000	A328S9RN3U5M68
6121	B000WT7R6O	5.0	太美味了,强烈推荐!	1493576000	A16H208JVRTMU4
...	...	...	...	...	...
24850	B001TNVEKC	4.0	很美味,推荐品尝	1498811200	AV6QDP8Q0ONK4
24851	B0071UYJFE	4.0	很美味,推荐品尝	1498811200	A3IRBCCB3I5PPD
24844	B005DD7LR4	5.0	太美味了,强烈推荐!	1498811200	A1KIQ4P4ZW3ALF
24840	B004PFF6EQ	3.0	有特色,卫生	1498811200	A2D37EP9KT2E3D
24870	B000JO9JHW	4.0	简直太赞了	1498832000	A18758S1PUYIDT

38244 rows × 5 columns

图 10-8 数据集去重处理

3.再次查看重复值，确保去重成功，如图 10-9 所示。

```
In [6]: #再次查看重复值
        data.duplicated(subset=['MealID','Rating','UserID']).sum()

Out[6]: 0
```

图 10-9 查看重复值(2)

由图 10-9 可得重复值为 0，证明图 10-8 去重成功。

10.3.3 数据集保存

保存数据集并重命名为 user_meal.csv，如图 10-10 所示。

```
In [7]: #保存处理好的数据集
        data.Review.to_csv('user_meal.csv',index=False)
```

图 10-10 保存处理好的数据集

10.4 推荐模型构建

10.4.1 特征转换

1.数据读取，使用 spark.read.format().load()本地读取数据集，如图 10-11 所示。

```
In [1]: #导入相关的PySpark库
        import findspark
        findspark.init()
        from pyspark.sql import SparkSession

        #初始化并创建spark对象
        spark = SparkSession.builder.master('local').appName('user_meal').getOrCreate()

        #读取本地数据，参数header=True为使用第一行作为列的名称
        data = spark.read.format('csv').load("file:///home/hadoop/jupyternotebook/user_meal.csv",header=True)

        #推荐模型参数只需MealID、Rating、UserID
        data = data.select('MealID','Rating','UserID').show(10)
```

图 10-11 读取数据集(2)

2.使用 StringIndexer 进行特征转换提高算法效率，如图 10-12 所示。

```
In [5]: #特征转换
        from pyspark.ml.feature import StringIndexer
        indexer = StringIndexer(inputCols=["MealID","UserID"],outputCols=["MealID_Index","UserID_Index"])
        data_index = indexer.fit(data).transform(data)
        data_index.show(10)

        +----------+------+--------------+-----------+------------+
        |    MealID|Rating|        UserID|MealID_Index|UserID_Index|
        +----------+------+--------------+-----------+------------+
        |B000W4WD40|   4.0|A2A6NH6DPE0VXR|      303.0|       295.0|
        |B002BLCNHY|   5.0|A1MNDBR7DF0EU9|      488.0|      1122.0|
        |B001SE07JG|   5.0| AT1BYQVGK7U71|      162.0|      3251.0|
        |B001PN63PC|   3.0|A328S9RN3U5M68|      408.0|         6.0|
        |B000WT7R60|   5.0|A16H208JVRTMU4|      273.0|      3401.0|
        |B000NHRTAO|   2.0| ATDNMB4EB7ZY4|      940.0|       556.0|
        |B005GT575S|   3.0| A3VNYHAEKTHVPY|      107.0|      3018.0|
        |B008X0SGDC|   5.0|A13MM7UES60AAU|       48.0|      3372.0|
        |B008QTTGGG|   5.0|A3TNYNA2360NPA|       14.0|      1357.0|
        |B00802QERY|   5.0|A206S2JFUZ5WT1|      892.0|      1649.0|
        +----------+------+--------------+-----------+------------+
        only showing top 10 rows
```

图 10-12 特征转换

10.4.2 基于 Spark ALS 的协同过滤算法建模

基于 Spark ALS 的协同过滤算法建模，如图 10-13 所示。

```
In [12]: from pyspark.ml.recommendation import ALS
         #字段类型转换，因为ALS模型只支持int或float
         data_als = data_index.selectExpr("cast(MealID_Index as int) MealID_Index",
                                          "cast(UserID_Index as int) UserID_Index",
                                          "cast(Rating as float) Rating")

         #拆分数据集
         training,test = data_als.randomSplit([0.8,0.2])

         #构建ALS模型，将冷启动策略设置为"下降"(coldStartStrategy="drop")，以确保我们不会获得NaN评估指标
         als = ALS(maxIter=5,regParam=0.01,userCol='UserID_Index',\
                   itemCol='MealID_Index',ratingCol='Rating',coldStartStrategy="drop")

         #训练模型
         model = als.fit(training)
```

图 10-13 构建 ALS 模型

10.4.3 评估 ALS 模型

使用 RegressionEvaluator 进行评估，均方根误差越小，模型越准确，如图 10-14 所示。

```
In [15]: from pyspark.ml.evaluation import RegressionEvaluator
         #评估模型
         predictions = model.transform(test)
         evaluator = RegressionEvaluator(metricName="rmse", labelCol="Rating",predictionCol="prediction")
         rmse = evaluator.evaluate(predictions)
         print("均方根误差=" + str(rmse))

         [Stage 313:==================================================>    (187 + 1) / 200]

         均方根误差=5.590283130532897
```

图 10-14 评估 ALS 模型

由图 10-14 可得 RMSE 值约为 5.6，误差还是比较小的，模型可靠度较高。

10.5 使用模型进行推荐

10.5.1 基于用户推荐

为每个用户生成十大菜品推荐，如图 10-15 所示。

```
In [85]: #为每个用户生成十大菜品推荐
         userRecs = model.recommendForAllUsers(10)
         #结果转换
         flatUserRecs = userRecs.rdd.flatMapValues(lambda p: p)
         #转换后的结果放在DataFrame中
         userRecs_res = spark.createDataFrame(flatUserRecs)
         #字段名称重命名
         userRecs_res = userRecs_res.selectExpr("cast(_1 as int) UserID_Index","cast(_2 as String) recommend")
         userRecs_res.show()

+------------+--------------------+
|UserID_Index|           recommend|
+------------+--------------------+
|        1580|{581, 10.82995414...|
|        1580|{235, 9.793778419...|
|        1580|{1101, 9.51807785...|
|        1580|{1104, 9.16263866...|
|        1580|{464, 9.081982612...|
|        1580|{819, 8.866555213...|
|        1580|{468, 8.826812744...|
|        1580|{1196, 8.53118991...|
|        1580|{1022, 8.52908229...|
|        1580|{318, 8.320871353...|
|        4900|{496, 31.12733078...|
|        4900|{353, 27.33928489...|
|        4900|{588, 27.22892951...|
|        4900|{716, 25.39604568...|
|        4900|{774, 24.78073120...|
|        4900|{705, 24.73243331...|
|        4900|{899, 24.47491264...|
|        4900|{1377, 23.9000549...|
|        4900|{250, 23.69104385...|
|        4900|{814, 22.97487831...|
+------------+--------------------+
only showing top 20 rows
```

图 10-15 基于用户推荐

10.5.2 基于菜品推荐

为每个菜品生成十大用户推荐，如图 10-16 所示。

```
In [86]: #为每个菜品生成10大用户推荐
         mealRecs = model.recommendForAllItems(10)
         #结果转换
         flatMealRecs = mealRecs.rdd.flatMapValues(lambda p: p)
         #转换后的结果放在DataFrame中
         mealRecs_res = spark.createDataFrame(flatMealRecs)
         #字段名称重命名
         mealRecs_res = mealRecs_res.selectExpr("cast(_1 as int) MealID_Index","cast(_2 as String) recommend")
         mealRecs_res.show()

+------------+--------------------+
|MealID_Index|           recommend|
+------------+--------------------+
|        1580|{138, 14.26409816...|
|        1580|{4589, 11.8664884...|
|        1580|{311, 11.48808574...|
|        1580|{802, 11.17280483...|
|        1580|{527, 10.98576831...|
|        1580|{1201, 10.8239088...|
|        1580|{2039, 10.5277318...|
|        1580|{2908, 10.4867353...|
|        1580|{593, 10.34004878...|
|        1580|{3168, 10.3259353...|
|         471|{3168, 42.2272071...|
|         471|{160, 36.53701400...|
|         471|{650, 34.59590530...|
|         471|{639, 33.39934158...|
|         471|{690, 33.35684204...|
|         471|{1201, 33.3345527...|
|         471|{113, 33.32994461...|
|         471|{422, 32.44325256...|
|         471|{763, 32.24938583...|
|         471|{453, 31.90849304...|
+------------+--------------------+
only showing top 20 rows
```

图 10-16 基于菜品推荐

10.5.3 推荐结果存到数据仓库

问：如何把推荐出来的结果存放到数据仓库中？（如 MySQL、Redis、MongoDB 等）

例：存放到 MySQL 代码如下：

```
#定义数据库相关参数
prop = {}
prop['user'] = 'root'    #数据库用户名
prop['password'] = 'root'    #数据库密码
prop['driver'] = 'com.mysql.cj.jdbc.Driver'    #数据库驱动，版本 5.7 以下改为 com.mysql.jdbc.Driver
#将数据写入数据库
DataFrame.write.jdbc('jdbc:mysql://地址:端口/数据库','表','overwrite(覆写)',prop)
```

10.6 数据分析

10.6.1 创建临时表

创建一个临时表 user，以便后续使用 Spark SQL 进行数据分析，如图 10-17 所示。

```
In [1]: #导入相关的PySpark库
        import findspark
        findspark.init()
        from pyspark.sql import SparkSession

        #初始化并创建spark对象
        spark = SparkSession.builder.master('local').appName('user_meal').getOrCreate()

        #读取本地数据，参数header=True为使用第一行作为列的名称
        data = spark.read.format('csv').load("file:///home/hadoop/jupyternotebook/user_meal.csv",header=True)

        #创建临时表user
        data.createOrReplaceTempView('user')
```

图 10-17　创建临时表

10.6.2 分析统计评分(Rating)

分析统计评分(Rating)字段数量，如图 10-18 所示。

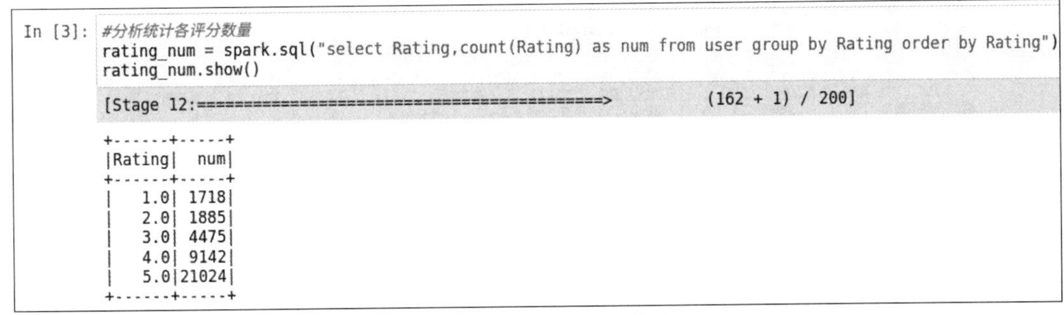

```
In [3]: #分析统计各评分数量
        rating_num = spark.sql("select Rating,count(Rating) as num from user group by Rating order by Rating")
        rating_num.show()

        [Stage 12:============================================>          (162 + 1) / 200]

        +------+-----+
        |Rating|  num|
        +------+-----+
        |   1.0| 1718|
        |   2.0| 1885|
        |   3.0| 4475|
        |   4.0| 9142|
        |   5.0|21024|
        +------+-----+
```

图 10-18　统计评分字段数量

10.6.3 分析统计各菜品累积获得评分

分析统计各菜品累积获得评分，如图 10-19 所示。

```
In [5]: #分析统计各菜品累积评分
        meal_sum = spark.sql("select MealID,sum(Rating) as num from user group by MealID order by num desc")
        meal_sum.show(10)

        [Stage 16:=====================================================>   (190 + 1) / 200]

        +----------+------+
        |    MealID|   num|
        +----------+------+
        |B00I3MPDP4|1973.0|
        |B00APE00H4|1858.0|
        |B00DAHSVYC|1760.0|
        |B00I3MMN4I|1541.0|
        |B00CDBTQCW|1494.0|
        |B00B8P809K|1423.0|
        |B00I3MNGCG|1401.0|
        |B009FZFONO|1308.0|
        |B006Z48TZS|1275.0|
        |B00I3MNVBW|1245.0|
        +----------+------+
        only showing top 10 rows
```

图 10-19 菜品累积评分

10.6.4 词频统计

1.使用 Spark SQL 实现词频统计，如图 10-20 所示。

```
In [5]: #词频统计
        Review_sum = spark.sql("select Review,count(*) as num from user group by Review order by num desc")
        Review_sum.show(10)

        [Stage 7:================================================>          (168 + 2) / 200]

        +--------------------+-----+
        |              Review|  num|
        +--------------------+-----+
        |太美味了，强烈推荐！ |12381|
        |           简直太赞了| 6234|
        |         非常非常好吃| 3752|
        |     很美味，推荐品尝| 3721|
        |     此味只应天上有！ | 2955|
        |             味道很正| 1911|
        |         有特色，卫生| 1841|
        |   尝过之后，不得不赞| 1257|
        |         有特色，好吃|  835|
        |               基本OK|  786|
        +--------------------+-----+
        only showing top 10 rows
```

图 10-20 Spark SQL 实现词频统计

2.拓展：如何使用 RDD 转换操作实现词频统计？

参考如图 10-21 所示。

```
In [18]: #词频统计
         Review = data.select('Review')
         result = Review.rdd.flatMap(lambda x: x).countByValue()
         result.items()

Out[18]: dict_items([('非常非常好吃', 3752), ('太美味了，强烈推荐！ ', 12381), ('简直太赞了', 6234), ('味道很正', 1911), ('有特色，好吃
         ', 835), ('很美味，推荐品尝', 3721), ('有特色，卫生', 1841), ('一般般吧', 700), ('基本OK', 786), ('还算不错', 753), ('尝过之
         后，不得不赞', 1257), ('此味只应天上有！ ', 2955), ('味道还行', 264), ('不会再试了', 265), ('家常菜，还不错', 567), ('风味独特，
         真的不错！ ', 1), ('有特色，也比较卫生', 2), ('家常美味，推荐！ ', 1), ('好吃', 2), ('不得不赞', 2), ('每周必点的一道菜', 2), ('同
         事们都很喜欢', 2), ('性价比高', 2), ('有惊喜', 1), ('味道一般', 1), ('很值', 1), ('可以尝尝', 1), ('好吃又划算', 1), ('家常味道
         ', 1), ('美味，推荐！ ', 1), ('真得不错！ ', 1)])
```

图 10-21 RDD 实现词频统计

10.7 数据可视化

10.7.1 饼图

对各评分数量进行数据可视化。如图 10-22 和图 10-23 所示。

```
In [22]: #导入相关pyecharts库饼图
         from pyecharts import options as opts
         from pyecharts.charts import Pie

         #将字段转为list
         star_level = {1:'一星',2:'二星',3:'三星',4:'四星',5:'五星'}
         num = []
         star = []
         for i in range(rating_num.count()):
             num.append(rating_num.collect()[i].num)
             star.append(star_level[eval(rating_num.collect()[i].Rating)])

         #画出用户行为统计分析饼图
         pie = (Pie().add("",[list(z) for z in zip(star,num)],radius=["30%", "60%"])
                .set_global_opts(title_opts=opts.TitleOpts(title='各评分占比图')))
         pie.render_notebook()
```

图 10-22 饼图可视化代码

Out[22]:

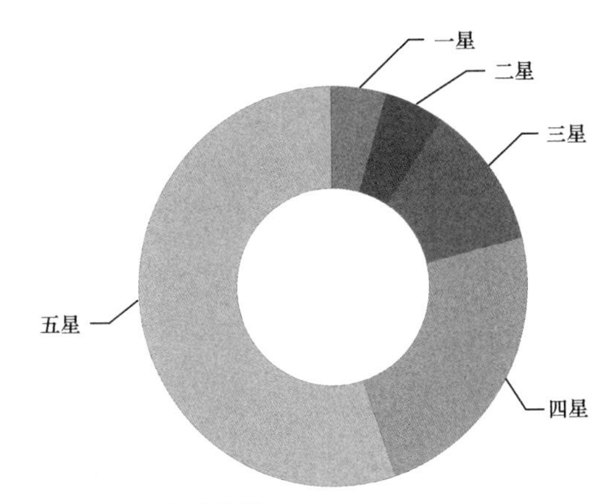

图 10-23 饼图可视化结果

由图 10-23 可得大部分菜品都获得五星好评，总体还是让用户非常满意的。

10.7.2 漏斗图

对累积评分前五的菜品作数据可视化，如图 10-24 和图 10-25 所示。

```
In [7]: #导入相关pyecharts库漏斗图
        from pyecharts.charts import Funnel

        #字段转list
        label = []
        data = []
        for i in range(5):
            label.append(meal_sum.collect()[i].MealID)
            data.append(meal_sum.collect()[i].num)

        #画出漏斗图
        wf = (Funnel().add("",[list(z) for z in zip(label,data)]))
        wf.render_notebook()
```

图 10-24 漏斗图可视化代码

Out[7]:

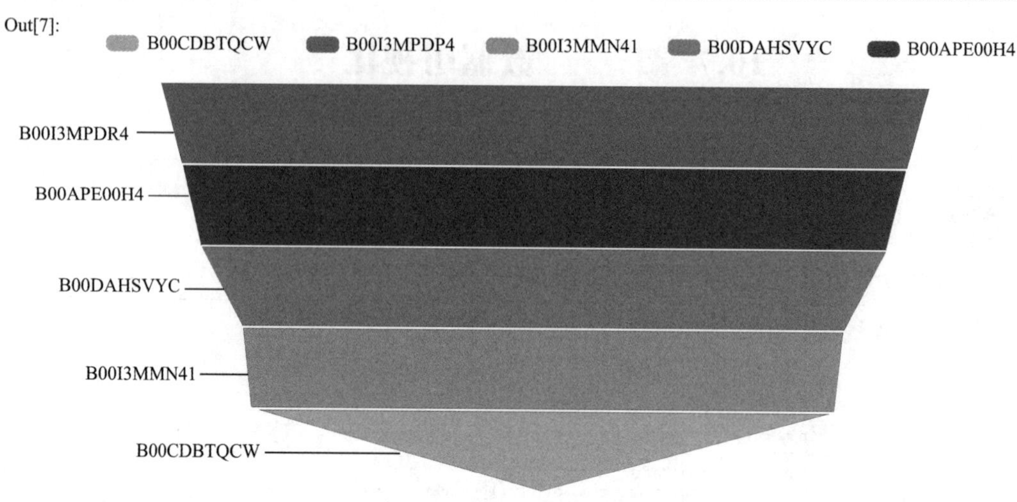

图 10-25 漏斗图可视化结果

10.7.3 词云

对词频统计进行数据可视化，如图 10-26 和图 10-27 所示。

```
In [15]: #导入相关pyecharts库词云
         from pyecharts import options as opts
         from pyecharts.charts import WordCloud

         #画出词云图，result.items()是词频统计的结果
         words = result.items()
         c = (WordCloud()
             .add("", words, word_size_range=[20, 80],shape='star')
             .set_global_opts(title_opts=opts.TitleOpts(title="菜品评价图")))
         c.render_notebook()
```

图 10-26 词云可视化代码

Out[15]: **菜品评价图**

同事们都很喜欢
家常菜，还不错
尝过之后，不得不赞
家常美味，推荐！ 此味只应天上有！ 美味，推荐！
有特色，好吃 非常非常好吃 性价比高 不会再试了
基本OK 很值
味道一般 好吃
好吃又划算 简直太赞了 味道还行
有惊喜
不得不赞 很美味，推荐品尝
有特色，卫生 味道很正
一般般吧 家常味道 真得不错！ 还算不错
每周必点的一道菜 有特色，也比较卫生
可以尝尝 风味独特，真的不错！

图 10-27 词云可视化结果

10.8 小结

本案例展示了一个在餐饮服务行业中实现的大数据智能推荐系统案例，从案例背景、实现目标、系统整体架构及流程设计等展开，分步骤较完整地实现系统。同时，针对系统实现的各个过程，包括前期的方案设计、数据预处理，到后期的建模、模型评价及推荐和数据分析等，都提供了相关的分析思路与参考代码，以便于读者实际操作，期望通过项目中每个环节的实现过程，让读者真切领会 Spark 在真实工作环境中发挥的作用。

相信通过本案例的学习，读者可以更加熟悉 Spark 相关的各种技术，并能够综合应用相关技术来解决相应的大数据问题。

参考文献

[1] 林子雨.Spark 编程基础(Python 版)[M].第 1 版.北京:人民邮电出版社,2020.

[2] 黑马程序员.Spark 项目实战[M].第 1 版.北京:清华大学出版社,2021.

[3] 黑马程序员.Spark 大数据分析与实战[M].第 1 版.北京:清华大学出版社,2019.

[4] 黑马程序员.大数据项目实战[M].第 1 版.北京:清华大学出版社,2020.

[5] 曙光·瑞翼教育团队.Spark 大数据技术与应用[M].第 1 版.北京:人民邮电出版社,2019.

[6] 赵红艳,许桂秋.Spark 大数据技术与应用[M].第 1 版.北京:人民邮电出版社,2019.

[7] 肖芳,张良均等.Spark 大数据技术与应用[M].第 1 版.北京:人民邮电出版社,2018.

[8] 黑马程序员.Hadoop 大数据技术原理与应用[M].第 1 版.北京:清华大学出版社,2019.